零点起飞 电脑培训学校

畅销品牌

导向工作室 编著

Office 2010办公自动化
培训教程

人民邮电出版社
北京

图书在版编目（CIP）数据

Office 2010办公自动化培训教程 / 导向工作室编著
. — 北京：人民邮电出版社，2014.2（2021.3重印）
ISBN 978-7-115-34050-4

Ⅰ．①o… Ⅱ．①导… Ⅲ．①办公自动化—应用软件
—技术培训—教材 Ⅳ．①TP317.1

中国版本图书馆CIP数据核字(2013)第294850号

内 容 提 要

本书以Office 2010版本为基础，结合实际工作中各种办公文档的制作，系统地讲述了Office在办公自动化中的应用。本书内容主要包括Office 2010办公自动化基础、Word 2010快速入门、设置文档格式、插入与编辑表格和图形对象、排版Word文档、编辑长文档、Excel 2010快速入门、编辑与美化表格、计算表格数据、统计表格数据、分析表格数据、PowerPoint 2010快速入门、制作与编辑幻灯片、设置幻灯片版式与动画、放映与输出幻灯片、Office组件的协同办公和项目实训等。

本书内容翔实，结构清晰，图文并茂，每一课均以课前导读、课堂讲解、上机实战、常见疑难解析和课后练习的结构进行讲述。通过大量的案例和练习，读者可快速有效地掌握Office操作技能。

本书不仅可供各类大中专院校或培训学校的办公自动化专业作为教材使用，还可供各行各业的办公人员及相关工作人员学习和参考。

◆ 编　著　导向工作室
责任编辑　李　莎
责任印制　程彦红　焦志炜

◆ 人民邮电出版社出版发行　　北京市丰台区成寿寺路11号
邮编　100164　电子邮件　315@ptpress.com.cn
网址　http://www.ptpress.com.cn
固安县铭成印刷有限公司印刷

◆ 开本：787×1092　1/16
印张：14.5
字数：382 千字　　　　　　　　2014 年 2 月第 1 版
印数：14 401－14 800册　　　　2021 年 3 月河北第 19 次印刷

定价：39.80 元（附光盘）

读者服务热线：(010)81055410　印装质量热线：(010)81055316
反盗版热线：(010)81055315
广告经营许可证：京东市监广登字20170147号

前　言

"零点起飞电脑培训学校"丛书自2002年推出以来，在10年时间里先后被上千所各类学校选为教材。随着电脑软硬件的快速升级以及电脑教学方式的不断发展，原来图书中的软件版本、硬件型号以及教学内容、教学结构等很多方面已不太适应目前的教学和学习需要。鉴于此，我们认真总结教材编写经验，用了3～4年的时间深入调研各地、各类学校的教材需求，并组织优秀的、具有丰富的教学经验和实践经验的作者团队对本丛书进行了升级改版，以帮助各类学校或培训班快速培养优秀的技能型人才。

本着"学用结合"的原则，我们在教学方法、教学内容以及教学资源上都做出了自己的特色。

教学方法

本书采用"课前导读→课堂讲解→上机实战→常见疑难解析→课后练习"五段教学法，激发学生的学习兴趣，细致而巧妙地讲解理论知识，重点训练动手能力，有针对性地解答常见问题，并通过课后练习帮助学生强化巩固所学的知识和技能。

◎ 课前导读：以情景对话的方式引入本课主题，介绍本课相关知识点所应用的实际情况，及与前后知识点之间的联系，以帮助学生了解本课知识点在Office 2010办公自动化当中的作用，及学习这些知识点的必要性和重要性。

◎ 课堂讲解：深入浅出地讲解理论知识，着重实际训练，理论内容的设计以"必需、够用"为度，强调"应用"，并配合经典实例介绍如何在实际工作当中灵活应用这些知识点。

◎ 上机实战：紧密结合课堂讲解的内容给出操作要求，并提供适当的操作思路以及专业背景知识供学生参考，要求学生独立完成操作，以充分训练学生的动手能力，并提高其独立完成任务的能力。

◎ 常见疑难解析：我们根据10多年的教学经验，精选出学生在知识学习和实际操作中经常会遇到的问题并进行答疑解惑，以帮助学生彻底吃透理论知识和完全掌握其应用方法。

◎ 课后练习：结合每课内容给出大量难度适中的上机操作题，学生可通过练习，强化巩固每课所学知识，从而能温故而知新。

教学内容

本书教学目标是循序渐进地帮助学生快速掌握Office三大办公组件的各种操作，使学生能使用Word编辑办公文档，使用Excel制作电子表格，使用PowerPoint制作幻灯片，并能够掌握Office各组件间的协同使用。全书共16课，可分为5部分，具体内容如下。

◎ 第1部分（第1课）：主要讲解Office 2010的基础知识，包括Office 2010办公自动化概述、Office 2010的启动和退出，以及使用Office 2010的帮助系统等。

◎ 第2部分（第2～6课）：主要讲解如何使用Word 2010编辑办公文档，包括Word 2010的界面与基本操作、设置字符和段落格式、插入并编辑表格、插入并编辑各种图形对象、设置分栏与特殊中文版式、设置边框和底纹、设置页面版式、排版长文档、审阅文档和打印文档等。

◎ 第3部分（第7～11课）：主要讲解如何使用Excel 2010制作电子表格，包括认识Excel 2010的操作界面、Excel 2010的基本操作、输入和编辑表格数据、美化单元格和工作表、使用公式计算数据、使用

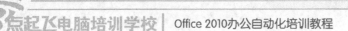

函数计算数据、排序数据、筛选数据、数据的分类汇总、插入与编辑图表，以及创建数据透视表和透视图等。

◎ 第4部分（第12~15课）：主要讲解如何使用PowerPoint 2010制作演示文稿，包括认识PowerPoint 2010的操作界面、演示文稿的基本操作、幻灯片的基本操作、制作与编辑幻灯片、插入各种对象、设置幻灯片母版、设计幻灯片主题、设置幻灯片动画，以及放映和输出幻灯片等。

◎ 第5部分（第16课）：主要讲解Word 2010、Excel 2010和PowerPoint 2010的协同办公，包括Word与其他组件的协同操作、Excel 与其他组件的协同操作以及PowerPoint 与其他组件的协同操作。

说明：本书以Office 2010环境为例，在讲解时如使用"在【开始】→【字体】组中……"则表示在"开始"功能选项卡的"字体"功能区中进行相应设置。

配套光盘

本书配套光盘提供立体化教学资源，不仅有书中的素材、源文件，而且提供了多媒体课件、演示动画，此外还有模拟试题和供学生做拓展练习使用的素材等，具体如下。

◎ 书中的实例素材与效果文件：书中涉及的所有案例的素材、源文件，以及最终效果文件，方便教学使用。

◎ 多媒体课件：精心制作的PowerPoint格式的多媒体课件，方便教师教学。

◎ 演示动画：提供本书"上机实战"部分的详细操作演示动画，供教师教学或学生反复观看。

◎ 模拟试题：汇集大量Office办公应用的相关练习及模拟试题，包括选择、填空、判断、上机操作等题型，并为本书专门提供两套模拟试题，既方便教师的教学活动，也可供学生自测使用。

◎ 可用于拓展练习的各种素材：与本书内容紧密相关的可用于拓展练习的大量图片、文档或模板等。

本书由导向工作室组织编写，参与资料收集、编写、校对及排版的人员有李秋菊、肖庆、黄晓宇、牟春花、李凤、熊春、蔡长兵、蔡飓、张倩、耿跃鹰、张红玲、高志清、刘洋、丘青云、谢理洋、曾全等。虽然编者在编写本书的过程中倾注了大量心血，精益求精，但恐百密之中仍有疏漏，恳请广大读者及专家不吝赐教。

编 者

目　录

第1课
Office 2010办公自动化基础

学生：老师，什么是Office软件？您先给我简单介绍一下吧。

老师：好的。Office软件是功能强大的电脑办公软件，通过它自带的各种组件，能够制作各式各样的文档、表格和演示文稿，以及管理数据库、收发邮件等，其作用几乎覆盖了电脑办公的各个领域。

学生：那什么是Office 2010呢？

老师：Office 2010是Microsoft公司推出的Office软件的一个版本，该版本主要包括Word 2010、Excel 2010、PowerPoint 2010、Access 2010和Outlook 2010等组件。下面就让我们一起来认识和了解Office 2010。

学生：好的！

学习目标

▶ 了解Office 2010在办公中的应用

▶ 掌握启动和退出Office 2010的方法

▶ 熟悉Office 2010的帮助系统

1.1 课堂讲解

本课堂将主要讲述办公自动化的概念、Office 2010在办公自动化中的作用、启动和退出Office 2010的方法，以及如何使用Office 2010的帮助系统等知识。通过知识点的学习和案例的制作，读者可以初步了解使用Office 2010实现办公自动化的相关知识。

1.1.1 Office 2010办公自动化概述

什么是办公自动化？Office 2010在办公中起到了什么样的作用？下面一一介绍。

1. 什么是办公自动化

办公自动化（Office Automation，OA）也被称为无纸办公，它是将现代化办公和电脑网络功能结合起来的一种新型办公方式，是当前新技术革命中一个非常活跃和具有很强生命力的技术应用领域，也是信息化社会的产物。

通常情况下，办公过程中将涉及大量文件处理业务，如公文的制作与管理、表格的制作与管理、演示文稿的制作与管理等。所以，利用电脑文字处理功能制作和存储各种文档，或利用如复印机、传真机等先进设备复制、传递文档，以及利用电脑网络技术传递文档，都是办公自动化的基本特征。

> 提示：办公自动化并没有统一的定义，凡是在传统的办公室中采用各种新技术、新机器、新设备从事办公业务，都属于办公自动化的领域；而无纸办公则强调办公中不会涉及纸张的使用。

2. Office 2010在办公中的应用

Office 2010在办公中的应用主要是指Office 2010的各个组件在办公中的应用。

Word 2010在办公中的应用

Word 2010是Office 2010中用于制作和编辑各种办公文档的组件，可以用来制作公司简介、邮件、个人简历、宣传单、日历、招标书、请柬、名片、求职信和传真等办公文档，具有十分强大的文字处理功能。图1-1所示为使用Word 2010制作的简历。

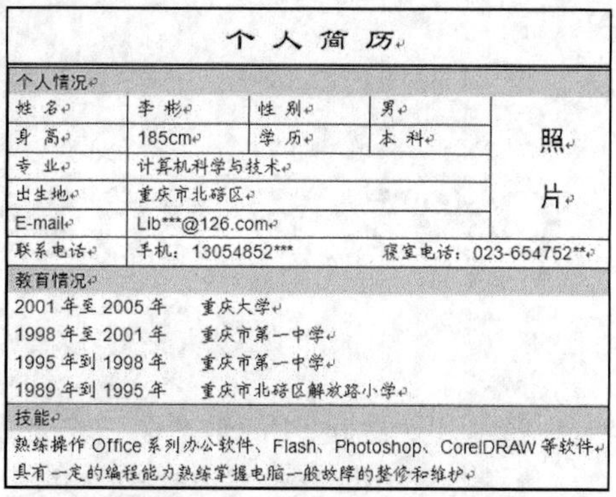
个人简历

个人情况				
姓名	李彬	性别	男	照片
身高	185cm	学历	本科	
专业	计算机科学与技术			
出生地	重庆市北碚区			
E-mail	Lib***@126.com			
联系电话	手机：13054852***		寝室电话：023-654752**	

教育情况

2001年至2005年　重庆大学
1998年至2001年　重庆市第一中学
1995年到1998年　重庆市第一中学
1989年到1995年　重庆市北碚区解放路小学

技能

熟练操作Office系列办公软件、Flash、Photoshop、CorelDRAW等软件
具有一定的编程能力熟练掌握电脑一般故障的整修和维护

图1-1　使用Word 2010制作的简历

Word 2010在办公中的具体应用如下。

- ◎ 可以进行文字输入、编辑和排版等操作，能快速制作出各种文本型文档。
- ◎ 可以在文档中插入各种对象，以丰富文档内容，包括SmartArt图形、形状图形、剪贴画、图片和表格等。
- ◎ 内置信函、传真和备忘录等模板和向导，可以创建和编辑各种专业文档。
- ◎ 可以同时处理多种语言的文档，并能对文档进行审阅和批注等。
- ◎ 可以将文档打印出来，或另存为PDF文档。

Excel 2010在办公中的应用

Excel 2010是Office 2010中用于制作和编辑电子表格的组件，可以用来制作生产计划表、财务报表、销售业绩表、生产统计表、人事统计表、办公室时间安排表和工资表等电子表格，具有十分强大的数据处理功能。图1-2所示为使用Excel 2010制作的日常费用开支表及图表。

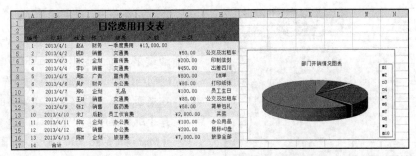

图1-2　使用Excel 2010制作的日常费用开支表及图表

Excel 2010在办公中的具体应用如下。

◎ 可以制作办公中常用的电子表格。

◎ 可以对电子表格中的数据进行计算。

◎ 可以对电子表格中的数据进行统计和分析。

◎ 可以将数据转换为各种形式的可视性图表并展示或打印出来。

PowerPoint 2010在办公中的应用

PowerPoint 2010是Office 2010中用于制作和展示演示文稿的组件，可以用来制作产品宣传、会议资料、课件、企业简介和产品简介等演示文稿，具有十分强大的多媒体处理功能。图1-3所示为使用PowerPoint 2010制作的培训演示文稿。

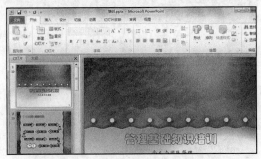

图1-3　使用PowerPoint 2010制作的培训演示文稿

PowerPoint 2010在办公中的具体应用如下。

◎ 可以制作包含文字、图片、表格和组织结构图等多个对象的幻灯片。

◎ 可以制作包含声音和影片等多媒体对象的幻灯片。

◎ 可以为幻灯片制作动画、统一配色等，使幻灯片更加生动和专业。

> 提示：Office 2010中还包括Access 2010、Outlook 2010、InfoPath 2010和Publisher 2010等组件。其中Access 2010可用于制作和管理数据库；Outlook 2010可用于管理个人和商务电子邮件；InfoPath 2010和Publisher 2010主要用于编辑动态表单和编辑出版物等。

1.1.2　Office 2010的启动和退出

Office 2010中各组件的启动和退出操作是具有共性的，其方法总体上相差不大，只要掌握其中一种组件的启动和退出的方法，就能很快熟练启动和退出Office 2010其他的组件。

1．启动Office 2010组件

启动Office 2010中各组件主要有以下几种方法。

◎ 从桌面快捷方式图标启动：双击桌面上相应组件的快捷图标启动相应的组件。

> 技巧：创建桌面快捷方式图标的方法为选择【开始】→【所有程序】→【Microsoft Office】命令，在打开的子菜单中的相应组件上单击鼠标右键，在弹出的快捷菜单中选择【发送到】→【桌面快捷方式】命令。图1-4所示为创建Excel 2010桌面快捷方式图标的方法。

◎ 从"开始"菜单启动：选择【开始】→【所有程序】→【Microsoft Office】命令，在打开的子菜单中选择组件对应的命令。

图1-4　创建桌面快捷方式图标

◎ 双击文档启动：若电脑中保存有某个组件生成的文档，双击该文档即可启动相应的组件并打开该文档。

◎ 在"我最近的文档"中启动：选择【开始】→【最近使用的项目】命令，在弹出的子菜单中将显示电脑中最近打开过的Office文件，选择需要打开的文档即可。

2. 退出Office 2010组件

退出Office 2010中各组件通常有以下5种方法。

◎ 单击Office 2010某个组件标题栏右侧的 ✕ 按钮。

◎ 在Office 2010某个组件的操作界面中选择【文件】→【退出】命令。

◎ 在Office 2010某个组件的操作界面中按【Alt+F4】键。

◎ 双击相应组件操作界面标题栏上的控制菜单图标，如Word 2010中的 W 图标。

◎ 单击相应组件操作界面标题栏上的控制菜单图标，如Word中的 W 图标，在弹出的下拉菜单中选择【关闭】命令，如图1-5所示。

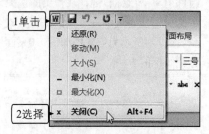

图1-5　退出Word 2010

3. 案例——启动并退出Word 2010

本例将从"开始"菜单启动Word 2010，然后通过菜单命令退出Word 2010，以进一步掌握启动与退出Office 2010某个组件的方法。

❶ 在桌面上单击 按钮，在弹出的菜单中选择【所有程序】→【Microsoft Office】→【Microsoft Word 2010】命令，如图1-6所示。

图1-6　启动Word 2010

❷ 在打开的Word 2010的操作界面中选择【文件】→【退出】命令，如图1-7所示，便可退出Word 2010。

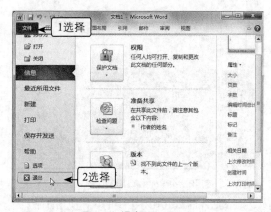

图1-7　退出Word 2010

试一试

根据前面的介绍，尝试创建Excel 2010的桌面快捷方式图标，并通过双击该图标启动Excel 2010，然后利用快捷键退出该组件。

1.1.3 Office 2010的帮助系统

Office 2010提供了较为完善的帮助系统，以帮助用户及时解决实际操作过程中遇到的问题。如在Word 2010中单击功能选项卡右侧的"帮助"按钮 ❓，即可打开如图1-8所示的"Word帮助"窗口。

图1-8 "Word帮助"窗口

在"Word帮助"窗口中选择帮助主题依次进行查看，或在文本框中输入需要的信息，单击文本框右侧的 🔍搜索 ▾ 按钮，即可在窗口下方显示与该搜索信息相关的超链接，单击便可进行查看，如图1-9所示。

图1-9 搜索帮助信息

> ⚠️ 技巧：如需获取网络中的Office帮助信息，可以单击"Word帮助"窗口右下角的 🌐脱机 按钮，在打开的下拉菜单中选择"显示来自Office.com的内容"命令，即可连接到Office官方网站，搜索相应信息。

1.2 上机实战

本课上机实战将利用已有工作簿启动Excel 2010，并在PowerPoint 2010中查找"动画"帮助信息，综合练习本课所学的知识点。

上机目标：
◎ 熟练掌握Office 2010各组件的启动和退出方法，初步观察Excel 2010和PowerPoint 2010操作界面的组成；
◎ 熟练掌握使用Office 2010帮助系统的方法。

建议上机学时：0.5学时。

1.2.1 启动和退出Excel 2010

1. 操作要求

本例要求利用电脑中已有的Excel工作簿启动Excel 2010，观察其界面组成后再利用窗口控制按钮退出Excel 2010。通过本例的操作，熟练掌握启动和退出Office组件的方法。

2. 操作思路

根据上面的操作要求，本例的操作思路如图1-10所示。在操作时读者可以使用自己电脑中的任意Excel文件来练习（注意观察Office 2010各组件生成的文件图标样式）。

（1）启动Excel 2010

（2）退出Excel 2010

图1-10 启动和退出Excel 2010的操作思路

演示\第1课\启动和退出Excel 2010.swf

本例的主要操作步骤如下。

❶ 在工作簿文件上单击鼠标右键，在弹出的快捷菜单中选择“打开”命令，或直接双击文件启动Excel 2010。

❷ 单击Excel 2010窗口主界面右上角的 按钮，退出程序。

1.2.2 在PowerPoint中查找帮助信息

1. 操作要求

本例要求先启动PowerPoint 2010，然后通过帮助系统查看PowerPoint 2010的新增功能，再搜索查找“动画”相关的帮助信息，最后退出PowerPoint 2010。通过本例的操作，读者应进一步掌握帮助系统的使用方法。

2. 操作思路

根据上面的操作要求，本例的操作思路如图1-11所示。在操作过程中需要注意的是，启动与退出PowerPoint 2010的方法有很多种，这里只涉及其中一种，读者也可以选择适合自己的方式进行操作。

演示\第1课\在PowerPoint中查找帮助信息.swf

本例的主要操作步骤如下。

❶ 单击 按钮，选择【所有程序】→【Microsoft Office】→【Microsoft PowerPoint 2010】命令，启动软件。

❷ 单击 按钮，在打开的“PowerPoint帮助”窗口中单击“新增功能”超链接，再单击“PowerPoint 2010 中的新增功能”超链接进行查看。

❸ 在帮助窗口的文本框中输入“动画”，单击 搜索 按钮进行搜索，单击其中的搜索结果查看详细信息。

❹ 关闭帮助窗口和PowerPoint软件。

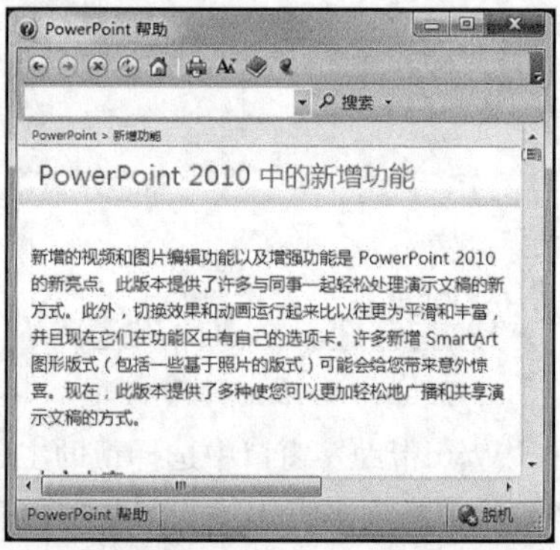

（1）查看PowerPoint 2010的新增功能

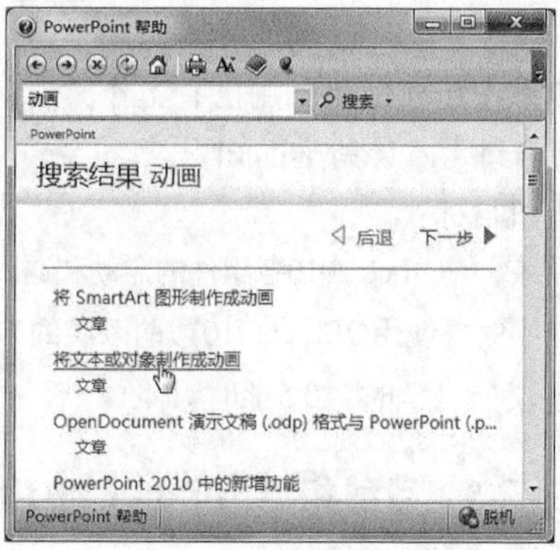

（2）搜索“动画”帮助主题

图1-11 在PowerPoint中查找帮助信息的操作思路

1.3 常见疑难解析

问：启动Word等Office 2010组件还有其他方法吗？

答：除了本课中所讲的操作以外，还可以通过“运行”对话框来启动，方法是单击桌面左下角的 按钮，在打开的“开始”菜单中选择“运行”命令，打开“运行”对话框，在“打开”文本框中输入“Word.exe”，然后单击 确定 按钮即可启动Word 2010（启动Excel时则可输入“Excel.exe”）。

问：可以通过直接关机的方式退出Office 2010组件吗？

答：不能，这样做有可能破坏文档数据以及Office 2010组件的程序，使其无法再次运行。除了Office 2010组件以外，退出其他程序也不能采取这种方法。

问：怎样安装Office 2010组件？

答：将Office 2010的安装光盘放入光驱中，系统将自动运行安装配置向导，然后按照向导的提示安装即可。

1.4 课后练习

（1）为Office 2010所有组件建立桌面快捷方式图标。

（2）从"开始"菜单中启动Excel 2010，并在其中搜索"单元格"的帮助信息。

（3）分别启动Word 2010、Excel 2010和PowerPoint 2010，观察并总结3个组件的操作界面的共同之处以及不同的地方，然后分别利用标题栏左端的控制菜单图标、右侧的按钮及快捷键等方式退出这3个组件。

第2课
Word 2010快速入门

学生：老师，经过第1课的学习，我对Office 2010的基础知识已经有了初步的了解，发现
　　　Office三大组件的界面有一些共同的组成部分，但是这些组成部分的作用我还是不
　　　太熟悉。

老师：本课我们将开始学习Word 2010软件的基本操作，以及如何输入和编辑文本。在这
　　　之前将具体介绍Word 2010操作界面各组成部分的作用。

学生：老师，学完本课就可以制作各种办公文档了吗?

老师：Word 2010的功能非常强大，后面我们还将继续学习，但通过本课的学习后，对于
　　　一般的办公文档的内容输入和编辑操作可以熟练掌握，为后面的学习打下基础。

学生：原来是这样，那我可得认真听讲了。

学习目标

▶ 掌握 Word 2010 界面的组成及设置

▶ 熟悉文档的基本操作

▶ 掌握输入文本和符号的方法

▶ 掌握编辑文本的方法

2.1 课堂讲解

本课堂将主要讲述Word 2010的操作界面的组成、设置Word 2010操作界面、文档的基本操作，以及输入和编辑文本等知识。通过相关知识点的讲解和案例的制作，读者可以掌握编辑和制作Word文档的基本操作。

2.1.1 认识Word 2010操作界面

Word、Excel和PowerPoint这三大Office组件的操作界面相差不大，都包括快速访问工具栏、标题栏、功能选项卡、功能区、对象编辑区和状态栏等部分，但不同的组件，其对象编辑区的结构是不相同的，如Excel的工作表编辑区，以及PowerPoint的"幻灯片/大纲"窗格和备注窗格等。下面以Word 2010操作界面为例，进行具体讲解。

启动Word 2010后，即可看到如图2-1所示的Word 2010操作界面。该界面主要由快速访问工具栏、标题栏、功能选项卡、功能区、标尺、文档编辑区、状态栏和视图栏等部分组成。

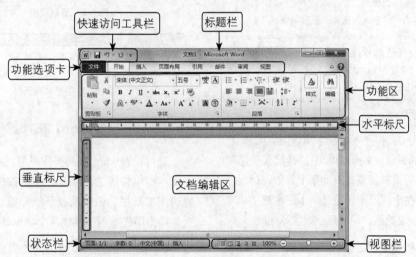

图2-1　Word 2010操作界面

1. 快速访问工具栏

快速访问工具栏位于窗口主界面的左上角，其默认的按钮包括"保存"按钮、"撤销"按钮和"恢复"按钮。

单击按钮后，在打开的下拉菜单中包含多个选项，其中前面有标记的表示该选项的相应按钮已经被添加到快速访问工具栏中，否则表示未被添加，如图2-2所示。

2. 标题栏

标题栏位于Word 2010操作界面上方的右侧，主要包括文件名和程序名，以及"最小化"按钮、"最大化"按钮和"关闭"按钮，单击相应按钮即可快速实现其功能。其中，当"最大化"按钮变为图标时，表示窗口已经最大化，单击该按钮可将窗口恢复至最大化之前的大小。

图2-2　快速访问工具栏下拉菜单

3. 功能选项卡和功能区

Word 2010的功能选项卡与功能区是对应的，单击选项卡即可打开相应的功能区。每个功能区都包括多个功能组，组中提供了常用的命令按钮或列表框。一些功能区的右下角包含"功能扩展"按钮，单击即可打开相应的对话框或任务窗格，在其中可对文档进行详细设置。图2-3所示即为"插入"选项卡及其对应的功能区。

图2-3 "插入"选项卡及其功能区

注意：有些选项卡在进行某项设置后才会出现，如在Word中插入文本框后，将显示"格式"选项卡。

4. 标尺

标尺分为水平标尺与垂直标尺。在Word 2010的默认文档编辑区中，标尺是被隐藏的，单击文档编辑区垂直滚动条上方的"标尺"按钮，或在【视图】→【显示】组中选中或取消选中□ 标尺复选框，即可显示或隐藏标尺。

5. 文档编辑区

文档编辑区位于操作界面的中间，是Word中最重要的部分，所有关于文本编辑的操作都在该区域完成。文档编辑区闪烁的光标是文本插入点，用于定位文本的输入位置。

6. 导航窗格

导航窗格位于窗口界面左侧。Word 2010默认的操作界面中并没有显示导航窗格，如需显示或隐藏导航窗格，在【视图】→【显示】组中选中或取消选中□ 导航窗格复选框即可，如图2-4所示。

7. 状态栏和视图栏

状态栏位于Word 2010操作界面的底部。

Word 2010在旧版本的基础上做了较大改进，在状态栏右侧增加了一个视图栏，其中包括"页面视图"按钮、"阅读版式视图"按钮、"Web版式视图"按钮、"大纲视图"按钮、"草稿视图"按钮及"显示比例"滑块。如需切换文档视图，直接单击该栏中的对应按钮即可，如图2-5所示。

图2-4 导航窗格

图2-5 状态栏和视图栏

2.1.2 设置Word 2010操作界面

通过设置Word 2010操作界面，用户可以自定义界面中快速访问工具栏中的按钮、调整快速访问工具栏的位置及显示或隐藏功能区等。这些操作同样适用于其他两个Office组件。

1. 添加或删除快速访问工具栏按钮

添加快速访问工具栏按钮的具体操作如下。

❶ 单击快速访问工具栏中的▼按钮，在打开的下拉列表中选择"其他命令"选项，打开"Word选项"对话框。

❷ 在"从下列位置选择命令"下拉列表中选择需要添加的选项卡名称，然后在下面的列表框中选择需要添加的快捷按钮，这里选择"常用命令"中的"另存为"按钮，如图2-6所示。

❸ 单击 添加(A) >> 按钮将选中的快捷按钮添加到右侧列表框中，最后单击 确定 按钮即可将"另存为"按钮添加到快速访问工具栏。

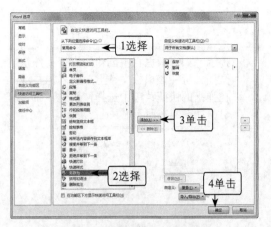

图2-6　添加快速访问工具栏按钮

如需删除快速访问工具栏中的按钮，在该对话框右侧选择需要删除的按钮，单击 << 删除(R) 按钮后，再单击 确定 按钮即可删除该按钮。

> 提示：利用鼠标右键单击快速访问工具栏中需要删除的按钮，在打开的下拉列表中选择"从快速访问工具栏删除"命令，也可以删除快速访问工具栏中的按钮。

2. 调整快速访问工具栏的位置

快速访问工具栏默认位于窗口左上方，如需将快速访问工具栏移动到功能区下方，方法是：在功能区任意空白区域单击鼠标右键，在弹出的快捷菜单中选择"在功能区下方显示快速访问工具栏"命令，或单击快速访问工具栏中的 ▾ 按钮，在打开的下拉列表中选择"在功能区下方显示"命令即可。

3. 显示或隐藏功能区

在Word 2010中，可以自定义显示或隐藏功能区，方法是在功能区任意空白区域单击鼠标右键，在弹出的快捷菜单中选择"功能区最小化"命令，即可将其隐藏，单击任意选项卡即可将功能区再次显示出来。

> 技巧：单击功能选项卡右侧的 ⌃ 按钮，或按【Ctrl+F1】键可以快速显示或隐藏功能区。

4. 案例——自定义Word 2010操作界面

本例将练习在快速访问工具栏中添加"打开"按钮，隐藏功能区，并通过视图栏调整文档的显示比例。通过该案例的学习，读者应掌握自定义Word 2010操作界面的方法。

❶ 在桌面上单击 按钮，在打开的"开始"菜单中选择【所有程序】→【Microsoft Office】→【Microsoft Word 2010】命令，启动Word 2010。

❷ 单击快速访问工具栏中的 ▾ 按钮，在打开的下拉列表中选择"打开"选项，即可将"打开"按钮 添加至快速访问工具栏，如图2-7所示。

图2-7　添加"打开"按钮

❸ 在功能区任意位置单击鼠标右键，在弹出的快捷菜单中选择"功能区最小化"命令，隐藏功能区，如图2-8所示。

❹ 拖动窗口右下角视图栏中的滑块，即可调整文档的显示比例。

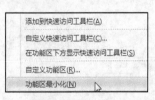

图2-8　隐藏功能区

⏱ 试一试

将"保存"按钮从快速访问工具栏中删除后再进行添加。

2.1.3 文档的基本操作

在Word 2010文档的制作过程中，会涉及文档的各种基本操作，下面进行详细介绍。

1. 新建文档

根据操作的不同，新建文档可以分为新建空白文档和新建基于模板的文档。

新建空白文档

启动Word 2010后，系统会自动新建一个名为"文档1"的空白文档。除此之外，新建空白文档还有以下3种方法。

◎ 选择【文件】→【新建】命令，在打开的列表框中选择"空白文档"选项，然后单击右侧的"创建"按钮即可。

◎ 单击快速访问工具栏中的"新建"按钮。

◎ 按【Ctrl+N】键。

新建基于模板的文档

新建基于模板的文档是指根据Word 2010提供的预设模板或自主创建的模板文件创建的文档，如名片、信函、备忘录和会议纪要等。

方法是：选择【文件】→【新建】命令，在打开的"可用模板"列表中选择需要创建的模板样式，如选择"博客文章"选项，单击右侧的"创建"按钮即可基于该模板创建一篇博客文章，如图2-9所示。

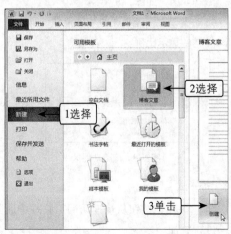

图2-9 新建基于预设模板的文档

提示：如需根据自主创建的模板文件新建文档，可在该模板文件上单击鼠标右键，在弹出的快捷菜单中选择"新建"命令即可，如图2-10所示。

图2-10 根据自主创建的模板文件新建文档

2. 打开文档

如需对电脑中已存在的文档进行编辑，需先将其打开。打开文档的具体操作如下。

❶ 选择【文件】→【打开】命令，打开"打开"对话框。

❷ 在该对话框左侧选择文件路径，这里选择F盘，在右侧列表框中选择需要打开的文档，这里选择"邀请函.docx"，完成后单击 打开(O) 按钮，如图2-11所示。

提示：单击快速访问工具栏中的 按钮或按【Ctrl+O】键，也可以打开"打开"对话框。

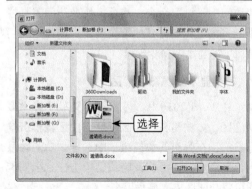

图2-11 打开文档

3. 加密文档

为防止他人擅自修改重要文档，可根据实际情况对文档进行加密，加密后的文档只有输入正确密码后才能打开。

❶ 选择【文件】→【信息】命令，在右侧列表中单击"保护文档"按钮 🔒，在打开的下拉列表中选择"用密码进行加密"命令，打开"加密文档"对话框，如图2-12所示。

图2-12　加密文档

❷ 在"密码"文本框中输入密码，单击 确定 按钮，打开"确认密码"对话框，如图2-13所示。

图2-13　确认密码

❸ 再次输入密码，单击 确定 按钮，完成对文档的加密操作。

> 提示：打开加密文档时，系统将自动打开"密码"对话框，输入正确密码即可打开文档。

4. 保存文档

新建或编辑文档后可将其保存在电脑中。保存文档主要包括保存从未保存过的文档和保存已保存过的文档，下面进行具体讲解。

📝 保存未保存过的文档

保存未保存过的文档的具体操作如下。

❶ 选择【文件】→【保存】命令，打开"另存为"对话框。

❷ 在该对话框左侧的列表框中选择文档的保存路径，在"文件名"文本框中输入文件的保存名称，完成后单击 保存(S) 按钮即可，如图2-14所示。

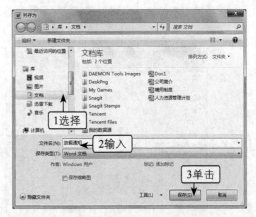

图2-14　"另存为"对话框

📝 保存已保存过的文档

对于已经保存过的文档，单击快速访问工具栏中的"保存"按钮 📁 或直接按【Ctrl+S】键保存文档。

> 提示：如果不希望修改过的文档将原文档内容覆盖或替换，可选择【文件】→【另存为】命令或按【F12】键，在打开的"另存为"对话框中重新设置文档的保存路径和文件名，然后单击 保存(S) 按钮。

5. 关闭文档

关闭文档是指关闭当前已打开的文档，主要有以下3种方法。

◎ 选择【文件】→【关闭】命令。
◎ 单击窗口右上角的 ✕ 按钮。
◎ 按【Ctrl+W】键或【Ctrl+F4】键。

6. 案例——根据本机上的模板新建并保存文档

本例将根据本机上的模板新建"基本简历"文档，然后将其保存在电脑中，最后关闭文档。通过该案例的学习，读者应进一步掌握新建、保存和关闭文档的操作。

❶ 启动Word 2010，选择【文件】→【新建】命令，在打开的"可用模板"列表中选择"样本模板"选项，打开"样本模板"列表。

❷ 在"样本模板"列表中选择"基本简历"选项，单击右侧的"创建"按钮□即可新建基于该模板的文档，如图2-15所示。

图2-15 基于"基本简历"模板创建文档

❸ 选择【文件】→【保存】命令，打开"另存为"对话框。

❹ 选择文件的保存路径为F盘，输入文件名为"基本简历"，完成后单击 保存(S) 按钮，如图2-16所示。

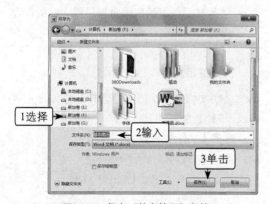

图2-16 保存"基本简历"文档

❺ 单击窗口右上角的 X 按钮，关闭文档。完成本案例的所有操作。

🕐 试一试

利用快捷按钮新建一个空白文档，加密后将其保存在桌面上，关闭Word 2010，然后将其再次打开。

2.1.4 输入和编辑文本

创建或打开一篇文档后便可根据需要输入相应的文本内容，再对其文本进行编辑修改，包括选择、删除、复制和移动、查找和替换，以及撤销与恢复操作等。

1. 输入文本

在Word 2010中输入文本的方法十分简单，只需在文档编辑区中定位光标插入点（闪烁的黑色光标"|"），然后依次输入所需的普通文本、符号和特殊符号即可。

🖊 输入普通文本

在文档中单击定位光标插入点，切换至中文输入法后，即可输入文本。文本输入满一行后，光标插入点会自动跳转到下一行开始位置，如需手动换行，按【Enter】键即可。

🖊 输入符号

结合【Shift】键，按键盘上符号对应按键即可插入符号。另外，在【插入】→【字符号】组中单击"符号"按钮Ω，在打开的下拉列表中也可选择需要插入的符号。

> ⚠ 技巧：单击选择"其他符号"选项，在打开的"符号"对话框中选择需要输入的符号，单击 插入(I) 按钮也可输入符号。

🖊 输入特殊字符

输入特殊字符的方法与输入一般符号的操作相似。如在文档中输入特殊字符"®"的具体操作如下。

❶ 定位光标插入点后，在【插入】→【字符号】组中单击"符号"按钮Ω，在打开的下拉列表中选择"其他符号"命令，打开"符号"对话框。

❷ 单击"特殊字符"选项卡，在"字符"列表框中选择"注册"选项，然后单击 插入(I)

按钮即可,如图2-17所示。

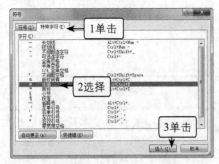

图2-17　插入特殊字符

2. 选择文本

选择文本主要包括选择单个词组、选择整行文本、选择整段文本和全选等多种方式,文本选中后,将以黑底白字显示。

选择单个词组

在需要选择的词组前单击鼠标定位光标插入点,按住鼠标左键不放并拖动鼠标,或在需要选择的词组中双击鼠标即可选择所需词组,效果如图2-18所示。

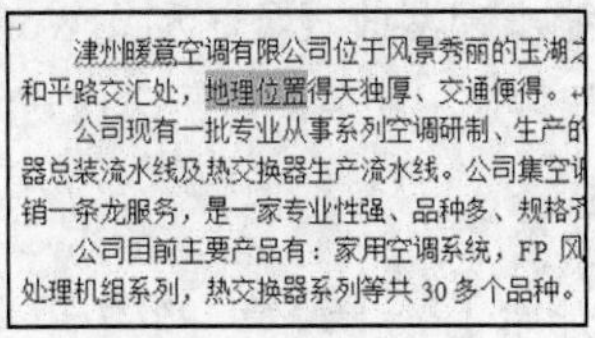

图2-18　选择单个词组

选择整行文本

选择整行文本可利用鼠标结合键盘上的相应按键进行选择,其方法主要包括以下两种。

◎　将鼠标指针移至选择行左侧,当鼠标指针变为形状时,单击鼠标即可选择整行文本,效果如图2-19所示。

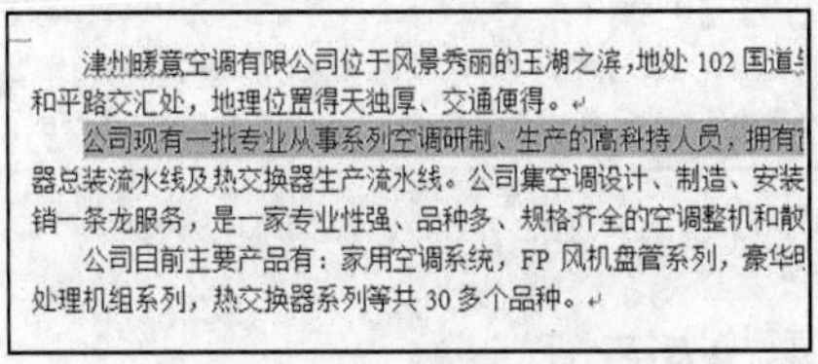

图2-19　选择整行文本

◎　将鼠标移到选择行行首,单击定位光标插入

点,按住鼠标左键不放拖动鼠标至行尾,即可选择该行文本。

选择整段文本

在编辑文本过程中,有时需要对整段文本进行调整,这就需要先选择该段文本,其方法有以下3种。

◎　将鼠标指针移至选择段落左侧,当鼠标指针变为形状时,双击鼠标即可选择整段文本,其效果如图2-20所示。

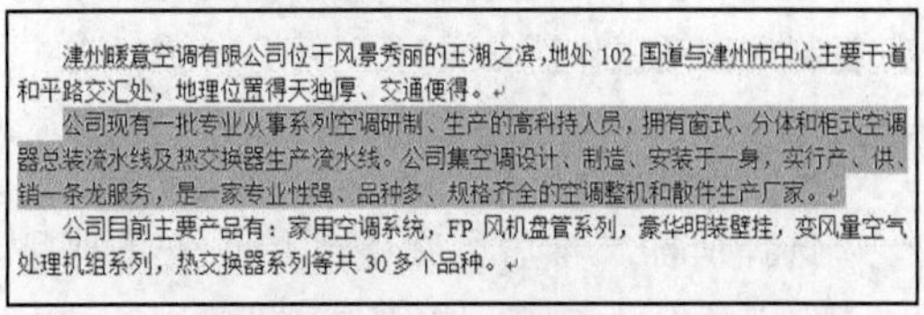

图2-20　选择整段文本

◎　将鼠标指针移至该段中的任一位置,快速单击鼠标左键3次即可选择整段文本。

◎　将光标插入点定位至该段文本开始位置,单击拖动鼠标至段尾即可选择整段文本。

全选文本

全选是指将文档中的全部内容选中,包括文本、图表和数据等,其方法有以下4种。

◎　将鼠标指针移到文档左侧任意位置,当鼠标指针变为形状时,连续3次单击鼠标即可实现全选。

◎　将插入点移到文档最前面,按住鼠标左键不放的同时拖动鼠标至文档结尾处选中全部文本,效果如图2-21所示。

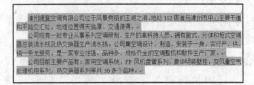

图2-21　全选文本

◎　将鼠标指针移到文档第一行左侧,当鼠标指针变为形状时,按住鼠标左键不放的同时拖动鼠标至文档结尾处选择全部文本。

◎　按【Ctrl+A】键。

3. 删除文本

在编辑文档过程中，多输或错输文本后，可选择需要删除的文本，按【BackSpace】键或【Delete】键删除文本。

> 提示：按【BackSpace】键可删除光标插入点之前的文本，按【Delete】键可删除光标插入点之后的文本。

4. 复制和移动文本

在编辑文本的过程中，经常需要对文本进行复制或移动操作。

复制文本

选择所需文本后，在【开始】→【剪贴板】组中单击"复制"按钮或按【Ctrl+C】键或者单击鼠标右键，在弹出的快捷菜单中选择"复制"命令，如图2-22所示。

将光标插入点定位到需要粘贴的位置，单击鼠标右键，在弹出的快捷菜单中选择"粘贴选项"组中的"只保留纯文本"按钮，或者直接按【Ctrl+V】键，即可查看复制文本后的效果。

图2-22 复制文本

移动文本

移动文本是指将文本从原来的位置移动到文档中的其他位置。

❶ 选择要移动的文本，单击鼠标右键，在弹出的快捷菜单中选择"剪切"命令或按【Ctrl+X】键，如图2-23所示。

❷ 将光标插入点定位到目标位置，单击鼠标右键，在弹出的快捷菜单中选择"粘贴"命令或按【Ctrl+V】键粘贴文本，即可发现原位置的文本在粘贴处显示。

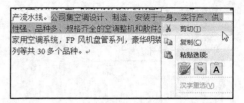

图2-23 剪切文本

> 提示：复制或移动文本后都会出现如图2-24所示的图标，单击该图标可在打开的下拉列表中选择所需的格式保留选项。

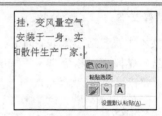

图2-24 选择是否保留格式

5. 查找和替换文本

在编辑文档时，若需对文档中某个字或词进行大量更正，在文档中逐个寻找不仅费时费力，还可能出现漏改现象，利用Word 2010中的"查找和替换"功能即可解决这一问题。

查找文本

在【开始】→【编辑】组中单击按钮，或直接按【Ctrl+F】键，在导航窗格中的"导航"文本框中输入需要查找的文本，如输入"叶子"，按【Enter】键，文档中所有查找到的文本将以黄底黑字显示出来，如图2-25所示。

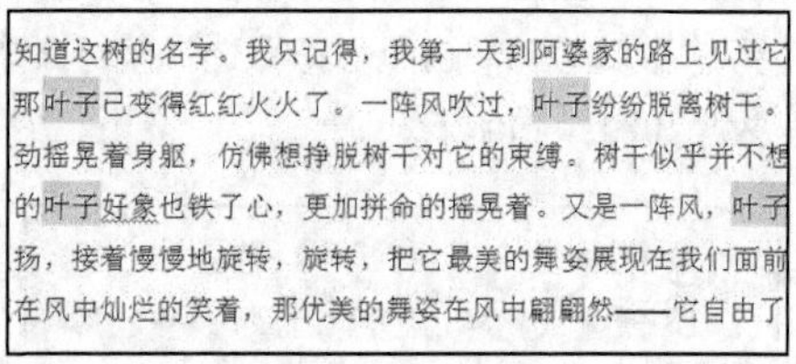

知道这树的名字。我只记得，我第一天到阿婆家的路上见过它那叶子已变得红红火火了。一阵风吹过，叶子纷纷脱离树干。劲摇晃着身躯，仿佛想挣脱树干对它的束缚。树干似乎并不想的叶子好象也铁了心，更加拼命的摇晃着。又是一阵风，叶子扬，接着慢慢地旋转，旋转，把它最美的舞姿展现在我们面前在风中灿烂的笑着，那优美的舞姿在风中翩翩然——它自由了

图2-25 查找文本

替换文本

替换文本是指将原有的文本替换为更正后的文本。

❶ 按【Ctrl+H】键或在【开始】→【编辑】组中单击 替换按钮，打开 "查找和替换"对话框。

❷ 在 "查找内容"下拉列表框中输入需要查找的文本，如输入 "叶子"，在 "替换为"下拉列表框中输入 "树叶"，如图2-26所示。

图2-26 替换文本

❸ 单击 替换(R) 按钮，系统自动查找并替换插入点后面的第一个符合要求的文本。如需替换文档中所有 "叶子"文本，单击 全部替换(A) 按钮。完成后系统将打开如图2-27所示的提示框，单击 确定 按钮即可。

图2-27 提示对话框

6. 撤销与恢复操作

在编辑文档过程中，Word 2010会将最新操作和前面执行过的命令记录下来，利用这一功能，用户可通过撤销或恢复操作来还原误操作。

撤销操作

在文档编辑过程中发生了错误操作，单击快速访问工具栏中的 "撤销"按钮 或按【Ctrl+Z】键即可撤销上一步操作。单击该按钮右侧的下拉按钮，可在打开的下拉列表中选择需要撤销到的步骤。

恢复操作

在编辑文档过程中，若撤销有误，可单击 "恢复"按钮 或按【Ctrl+Y】键，将操作恢复到撤销操作之前的状态，如图2-28所示。

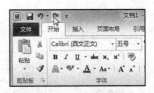

图2-28 恢复操作

7. 案例——输入和编辑 "放假通知"文档

本例将制作一个 "放假通知"文档，效果如图2-29的所示。通过该案例的学习，读者应进一步掌握输入和编辑文本的方法。

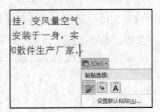

图2-29 "通知"文档效果

效果\第2课\课堂讲解\放假通知.docx

❶ 启动Word 2010并新建一篇空白文档，将输入法切换至中文输入法后依次输入文本内容，完成后的效果如图2-30所示。

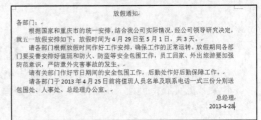

图2-30 输入文本

❷ 将光标插入点定位到第3段 "请"文本前面，在【插入】→【字符号】组中单击 "符号"按钮Ω，在打开的下拉列表中选择 "其他符号"选项，打开 "符号"对话框。

❸ 在 "符号"选项卡中的 "字体"下拉列表框中选择 "Wingdings"，在 "字符"列表框中选择 "●"选项，单击 插入(I) 按钮即可插入符号，如图2-31所示。

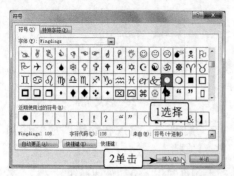

图2-31 插入符号

❹ 单击 关闭 按钮，选择前面插入的"●"符号，按【Ctrl+C】键复制文本，在第4、5段段首位置定位光标插入点，按【Ctrl+V】键粘贴文本，粘贴后的效果如图2-32所示。

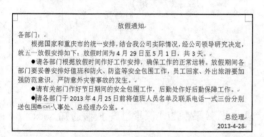

图2-32 复制符号

❺ 此时发现将"保卫"文本错误输入为"包围"文本，需要进行修改，在【开始】→

【编辑】组中单击 替换 按钮，打开"查找和替换"对话框。

❻ 在该对话框中的"查找内容"下拉列表框中输入文本"包围"，在"替换为"下拉列表框中输入文本"保卫"，单击 全部替换(A) 按钮即可替换文本，如图2-33所示。

❼ 替换完成后系统将打开提示对话框，单击 确定 按钮，关闭对话框后保存文档为"放假通知"，完成制作。

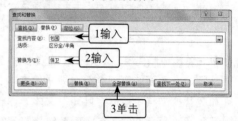

图2-33 替换文本

🕐 试一试

进行查找与替换操作后单击快速访问工具栏中的"撤销"按钮 ，查看撤销效果，再选择"人事处"文本后，按【Ctrl+X】键，看看会有什么样的效果。

2.2 上机实战

本课上机实战将创建"介绍信"文档和编辑"邀请函"文档，综合练习本课所学的知识点。

上机目标：

◎ 熟练掌握新建与保存文档的方法；
◎ 熟练掌握文本输入的方法；
◎ 熟练掌握查找与替换文本的方法。

建议上机学时：1学时。

2.2.1 创建和加密"介绍信"文档

1. 操作要求

本例要求创建"介绍信"文档，然后对文档设置加密保护后保存文档，效果如图2-34所示。具体操作要求如下。

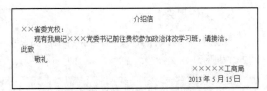

图2-34 "介绍信"文档效果

◎ 新建一篇空白文档。
◎ 在文档中输入介绍信的相关内容。
◎ 修改文档内容。
◎ 加密保护文档（密码123），并保存文档。

2. 专业背景

介绍信是用来介绍联系接洽事宜的一种应用文体，也是应用写作研究的文体之一，它具有介绍、证明的双重作用。

介绍信的作用是能够让对方了解来人的身份和目的，从而得到对方的信任和支持。介绍信同时也是机关团体、企事业单位派人到其他单位联系工作、了解情况或参加各种社会活动时用的函件，其应用范围相当广泛。

介绍信的写作要求主要包括以下3点。
◎ 接洽事宜要具体、简明。
◎ 注明使用介绍信的有效期限。
◎ 字迹要工整，不可随意涂改。

3. 操作思路

根据上面的操作要求，本例的操作思路如图2-35所示。在操作过程中需要注意的是，修改文本可以在输入过程中同步进行，也可以输入完后通过检查进行修改。

效果\第2课\上机实战\介绍信.docx
演示\第2课\创建和加密"介绍信"文档.swf

本例的主要操作步骤如下。
❶ 启动Word 2010，新建一篇空白文档。
❷ 定位光标插入点，切换至中文输入法后依次输入文本内容，然后将"党委书记"文本修改为"党委副书记"文本。
❸ 选择【文件】→【信息】命令，在中间的列

表中单击"保护文档"按钮，在打开的下拉列表中选择"用密码进行加密"命令，进行加密设置。
❹ 按【Ctrl+S】键，打开"另存为"对话框，将文档保存为"介绍信"，完成制作。

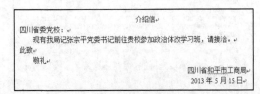

（1）新建并输入文档

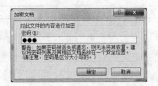

（2）加密文档

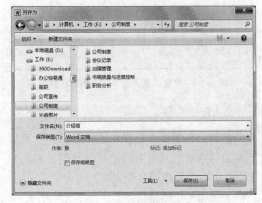

（3）保存文档

图2-35 创建"介绍信"文档的操作思路

2.2.2 编辑"邀请函"文档

1. 操作要求

本例要求对已经创建的"邀请函"文档进行编辑，再另存为其他文档。编辑前后的对比效果如图2-36所示。

具体操作要求如下。
◎ 通过【Ctrl+C】键和【Ctrl+V】键复制并粘贴文本。
◎ 通过"查找和替换"对话框将"实验学校"

文本替换为"实验小学"文本。

◎ 将"地点：各班教室"该段文本上移一段。

◎ 另存文档到其他位置。

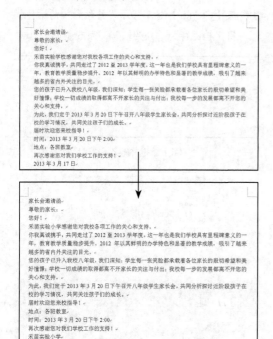

图2-36 编辑"邀请函"文档的前后效果

2. 专业背景

邀请函是邀请亲朋好友或知名人士、专家等参加某项活动时所发的请约性书信，它是现实生活中常用的应用写作文种。

邀请函的主体结构主要由以下几项组成。

◎ **标题**：由礼仪活动名称和文名组成，还包括个性化的活动主题标语。

◎ **称谓**：邀请函的称谓均使用"统称"，并在统称前加敬语。

◎ **正文**：邀请函的正文是指礼仪活动主办方正式告知被邀请方举办礼仪活动的缘由、目的、事项及要求，写明礼仪活动的日程安排、时间、地点，并对被邀请方发出得体、诚挚的邀请。

◎ **落款**：落款要写明礼仪活动主办单位的全称和成文日期，不能漏写或不写。

3. 操作思路

根据上面的操作要求，本例的操作思路如图2-37所示。

素材\第2课\上机实战\邀请函.docx
效果\第2课\上机实战\邀请函.docx
演示\第2课\编辑"邀请函"文档.swf

（1）打开文档

（2）复制文本

（3）替换文本

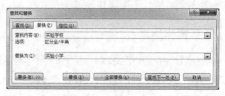

（4）移动文本

图2-37 编辑"邀请函"文档的操作思路

本例的主要操作步骤如下。

❶ 打开"邀请函"文档，拖动鼠标选择"禾苗实验学校"文本后，按【Ctrl+C】键复制文本，将光标插入点移动至文本"支持！"后，按【Enter】键换行后再按【Ctrl+V】粘

贴文本。

❷ 打开"查找和替换"对话框，在"查找内容"下拉列表框中输入文本"实验学校"，在"替换为"下拉列表框中输入文本"实验小学"，依次查找并进行替换。

❸ 选择"地点：各班教室"该段文本，利用剪切、粘贴操作或直接拖动至上一段文本前面进行移动。

❹ 选择【文件】→【另存为】命令，另存文档到其他位置，完成操作。

2.3 常见疑难解析

问：有什么方法可以快速改变文档的显示比例吗？

答：Word 2010默认的文档显示比例是100%，如需更改文档的显示比例，较为快速的方法是按住【Ctrl】键的同时滚动鼠标的滚轮，通常情况下，向前滚动可放大显示比例，向后滚动可缩小显示比例。

· ·

问：Word 2010可以恢复未被正常保存的文档内容吗？

答：可以。在编辑文本过程中，如果遇到断电等非正常关闭Word 2010的情况，下次运行Word 2010时，软件将自动询问用户是否打开之前自动保留的文档版本内容。如果选择"是"，Word便可打开并恢复未被保存的文档内容，恢复后再次执行保存操作即可。

· ·

问：为文档添加密码后，可以再修改或删除密码吗？

答：可以。首先打开加密文档，选择【文件】→【信息】命令，在中间的列表中单击"保护文档"按钮🔒，在打开的下拉列表中选择"用密码进行加密"命令，打开"加密文档"对话框，修改或删除"密码"文本框中的密码，然后按提示进行操作即可。

· ·

问：Word 2010中的回车符能否设置为隐藏？

答：Word 2010中的回车符可以设置为隐藏，方法是选择【文件】→【选项】命令，打开"Word选项"对话框，单击左侧的"显示"选项卡，取消选中右侧"始终在屏幕上显示这些标记"栏中的"段落标记"复选框，单击 确定 按钮即可。如果再选中此复选框即设置为"显示"。

· ·

2.4 课后练习

（1）启动Word 2010，在快速访问工具栏中添加"打印预览和打印"快捷按钮🔍，然后隐藏功能区。

（2）运用本课介绍的相关知识，创建"名词"文档，效果如图2-38所示，具体操作要求如下。

效果\第2课\课后练习\名词.docx
演示\第2课\创建"名词"文档.swf

◎ 新建一篇空白文档，并将其以"名词"为名进行保存。

◎ 在"名词"文档中输入相关文本内容。

◎ 在标题"名词"文本前后各插入一个"※"符号。

◎ 保存对文档所做的修改。

※名词※

名词是词性的一种，也是实词的一种。名词是指待人、物、事、时、地、情感、概念等实体或抽象事物的词，可以独立成句。在短语或句子中通常可以用代词来替代。名词可以分为专有名词和普通名词，专有名词是某个（些）人，地方，机构等专有的名称。普通名词是一类人或东西或是一个抽象概念的名词。

图2-38 "名词"文档效果

（3）运用本课介绍的相关知识，对"工作计划"文档进行编辑，效果如图2-39所示，具体要求如下。

 素材\第2课\课后练习\进度安排.docx　　效果\第2课\课后练习\工作计划.docx
演示\第2课\编辑"工作计划"文档.swf

◎ 打开文档，将标题中的"进度"文本改为"工作"文本。

◎ 在文档中查找"安排"文本，并将文档中所有"安排"文本替换为"计划"。

◎ 在每一个项目前插入"●"符号。

◎ 对文档进行加密，将打开密码和修改密码均设置为"123456"。

◎ 将文档以"工作计划"为名另存在电脑磁盘中。

工作计划

在制定项目进度计划时，主要依据是合同书和项目计划。通常的做法是把复杂的整体项目分解成许多可以准确描述、度量、可独立操作的相对简单的任务，然后计划这些任务的执行顺序，确定每个任务的完成期限、开始时间和结束时间。开始需要考虑的主要问题是：

●项目可以支配的人力及资源

●项目的关键路径

●生存周期各个阶段工作量的划分

●工程进展如何度量

●各个阶段任务完成标志

●如何自然过渡到下一阶段的任务等。

图2-39 "工作计划"文档效果

第3课
设置文档格式

学生：老师，我已经学会了文档的基本操作，以及输入和编辑文本的方法，可是文档看起来并不美观，有什么方法可以解决这一问题吗？

老师：当然有。美化文档的第一步是设置文档格式，也就是对文本和段落设置各种各样的格式，如字体格式、段落缩进格式、项目符号和编号等。通过这些设置，文档才能变得更加专业和美观。

学生：看来设置文档格式在文档制作中非常重要，需要认真学习和掌握。

老师：你说得很正确，因为对于一篇优秀的文档而言，文档的字符格式是否漂亮、统一，段落层次是否清晰，都是非常重要的因素，所以在日常办公过程中，往往会根据不同的需要和使用目的对Word文档进行格式设置，从而达到突出显示重要文本内容的目的，满足各种阅读和使用需求。

学生：原来制作漂亮的文档要考虑这么多因素！老师，您快点教我设置文档格式的方法吧。

学习目标

▶ 掌握设置字符格式的方法

▶ 掌握设置段落格式的方法

▶ 掌握设置项目符号和编号的方法

3.1 课堂讲解

本课堂主要讲述如何设置Word文档格式，包括设置字符和段落格式、项目符号和编号等知识。通过相关知识点的学习和案例的制作，读者可以掌握美化文档格式的基本方法，如设置字体、字号大小、字形和字符颜色，以及设置段落缩进、段间距、对齐方式、项目符号和编号等。

3.1.1 设置字符格式

文档中常见的字符格式有以下几种。

◎ **字体**：指文字的外观，如黑体、楷体等字体。不同的字体，其外观也不同。Word默认的中文字体为"宋体"，英文字体为"Calibri"。

◎ **字号**：指文字的大小，默认为"五号"。其度量单位有"字号"和"磅"两种，其中字号越大文字越小，最大的字号为"初号"，最小的字号为"八号"；当用"磅"作度量单位时，磅值越大文字越大。

◎ **字形**：指文字的一些特殊外观，如加粗、倾斜等。

◎ **文字效果**：指下划线、边框、底纹、上标和阴影等。

◎ **字符缩放**：默认字符缩放是100%，表示正常大小；比例大于100%时得到的字符趋于宽扁；小于100%时得到的字符趋于瘦高。

◎ **字符位置**：指字符在文本行的垂直位置，包括"提升"和"降低"两种。

◎ **字符间距**：Word中的字符间距包括"加宽"或"紧缩"两种，可设置加宽或紧缩的具体值。当末行文字只有一两个字符时可通过紧缩方法将其调到上一行。

在Word中，浮动工具栏主要用于快捷设置所选文本的字符格式及段落格式；功能区【字体】组主要用于对所选文本进行字体格式设置，其选项要比浮动工具栏多，但不能对段落进行设置；而"字体"对话框则拥有较之前两种方法更多的设置功能。

1. 利用浮动工具栏设置

用户选中一段文本后，将鼠标指针移到被选择文本的右上角，将会出现浮动工具栏。该浮

动工具栏最初为半透明状态显示，将鼠标指针指向该工具栏时会清晰地完全显示。其中包含常用的设置选项，单击相应的按钮或进行相应选择即可对文本的字符格式进行设置，如图3-1所示。

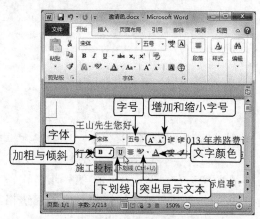

图3-1　浮动工具栏

2. 利用功能区设置

在Word 2010默认功能区的【开始】→【字体】组中可直接设置文本的字符格式，包括字体、字号、颜色和字形等，如图3-2所示。

选择需要设置字符格式的文本后，在【字体】组中单击相应的按钮或选择相应的选项即可进行相应设置。

图3-2　【字体】组

在【字体】组中除了有与浮动工具栏中部分相同的格式按钮外，还有以下设置选项。

◎ **文本效果** A：单击 A 按钮右边的 ▾ 按钮，在打开的下拉列表中选择需要的文本效果，如

阴影、发光、映像等效果，在弹出的菜单命令中可对这些效果进行修改。

◎ **下标与上标** x₂ x²：单击 x₂ 按钮可将选择的字符设置为下标效果；单击 x² 按钮可将选择的字符设置为上标效果。

◎ **更改大小写** Aa⁻：在编辑英文文章时，可能需要对其大小写进行转换，单击"字体"组的 Aa⁻ 按钮，在打开的下拉列表中提供了"全部大写"、"全部小写"和"句首字母大写"等转换选项。

◎ **清除格式** ：单击将清除所选字符的所有格式，使其恢复到默认的字符格式。

3. 利用"字体"对话框设置

在【开始】→【字体】组中单击其右下角的 按钮或按【Ctrl+D】键，打开"字体"对话框。在"字体"选项卡中可设置字体格式，如字体、字形、字号、字体颜色和下划线等，还可以即时预览设置字体后的效果，如图3-3所示。

在"字体"对话框中单击"高级"选项卡，可以设置字符间距、缩放大小和字符位置等。

图3-3 "字体"对话框

4. 案例——设置"市场规划"文档的字符格式

本例将运用浮动工具栏、【字体】组和"字体"对话框设置"市场规划"文档的字符格式，效果如图3-4所示。通过该案例的学习，读者可以掌握设置常见字符格式的方法。

图3-4 设置"市场规划"文档的字符格式

素材\第3课\课堂讲解\市场规划.docx
效果\第3课\课堂讲解\市场规划.docx

❶ 打开"市场规划"文档，选择标题文本"市场规划"，在【开始】→【字体】组中单击 宋体 下拉列表框右侧的 按钮，在打开的下拉列表中选择"幼圆"选项，如图3-5所示。

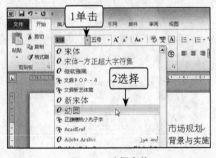

图3-5 选择字体

❷ 单击 五号 下拉列表框右侧的 按钮，在打开的下拉列表框中选择"二号"选项，如图3-6所示。

❸ 单击"加粗"按钮 **B**，对标题文本进行加粗。

❹ 单击"字体颜色"按钮 **A** 右侧的 按钮，在打开的颜色下拉列表中选择"蓝色"，如

图3-7所示。

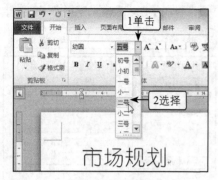

图3-6　选择字号

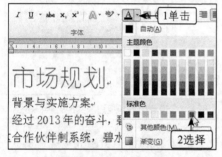

图3-7　设置字体颜色

❺ 按【Ctrl】键，同时选择二级标题文本"背景与实施方案"和"全新架构的信息管理"，单击【字体】组右下角的■按钮，打开"字体"对话框。

❻ 在"中文字体"下拉列表框中选择"黑体"选项，在"字号"列表框中选择"五号"选项，然后单击"高级"选项卡，在"间距"下拉列表框中选择"加宽"选项，在右侧的"磅值"数值框中输入"1磅"，如图3-8所示。

图3-8　设置字符间距

❼ 单击 确定 按钮应用设置。

❽ 分别选择二级标题下的正文文本，在浮动工具栏中将字体设为"方正仿宋简体"，完成本例的制作。

⏱ 试一试

选择"市场规划"文档中的二级标题文本，在【字体】组中单击 A 按钮，查看其效果。

❗ 技巧：选择文本后按【Ctrl+】】键可以逐渐放大字号，按【Ctrl+[】键可以逐渐缩小字号。

3.1.2　设置段落格式

通过设置段落的缩进方式、对齐方式、段间距和行间距等，可以使文档结构清晰、层次分明，有利于阅读。

1. 设置段落对齐方式

段落对齐方式主要包括左对齐、居中对齐、右对齐、两端对齐和分散对齐等。其设置方法主要有以下3种。

◎ 选择要设置的段落，在【开始】→【段落】组中单击相应的对齐按钮，即可设置文档段落的对齐方式，如图3-9所示。

图3-9　设置段落对齐方式

◎ 选择要设置的段落，在浮动工具栏中单击 ≣ 按钮，可以设置段落为居中对齐。

◎ 选择要设置的段落，单击【段落】组右下角的■按钮，打开"段落"对话框，在该对话框中的"对齐方式"下拉列表中进行设置。

2. 设置段落缩进

段落缩进包括左缩进、右缩进、首行缩进和悬挂缩进4种，一般利用标尺和"段落"对话框进行设置，其方法分别如下。

◎ 利用标尺设置：单击滚动条上方的"标尺"按钮🔲在窗口中显示出标尺，然后拖动水平标尺中的各个缩进滑块，可以直观地调整段落缩进。其中▽表示首行缩进，△表示悬挂缩进，⬜表示右缩进，如图3-10所示。

图3-10　利用标尺设置段落缩进

◎ 选择要设置的段落，在【开始】→【段落】组中单击右下角的◪按钮，打开"段落"对话框，在该对话框中的"缩进"栏中进行设置。

> ⓘ 提示：在【开始】→【段落】组中单击"减少缩进量"按钮◪或"增加缩进量"按钮◪可以逐次增加或减少段落的缩进量。

3. 设置行和段落间距

合适的行距可使文档一目了然，包括行间距和段落前后间距，其设置方法分别如下。

◎ 选择段落，在【开始】→【段落】组中单击"行和段落间距"按钮⬛，在打开的下拉列表中选择"1.5"等行距倍数选项。

◎ 选择段落，打开"段落"对话框，在"间距"栏中的"段前"和"段后"数值框中输入值，在"行距"下拉列表框中选择相应的选项，即可设置行和段落间距，如图3-11所示。

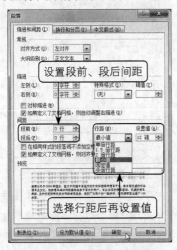

图3-11　"段落"对话框

4. 案例——设置"劳动合同"文档的段落格式

本例将为"劳动合同"文档设置段落格式，使文档更富有层次,完成后的效果如图3-12所示。通过本例的操作，读者应熟练掌握设置段落对齐方式、缩进和行距的方法。

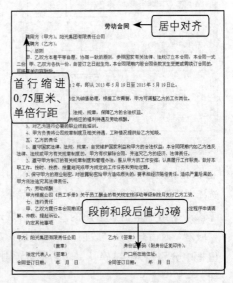

图3-12　"劳动合同"文档效果

> 💿 素材\第3课\课堂讲解\劳动合同.docx
> 效果\第3课\课堂讲解\劳动合同.docx

❶ 打开"劳动合同"文档，将插入光标定位在标题"劳动合同"段落中，在【开始】→【段落】组中单击▤按钮，设置为居中对齐。

❷ 拖动选择除标题和文档最后的落款外的所有正文段落文本，单击鼠标右键，在弹出的快捷菜单中选择"段落"命令，打开"段落"对话框。

❸ 在"对齐方式"下拉列表框中选择"两端对齐"，在"缩进"栏中的"特殊格式"下拉列表框中选择"首行缩进"，在"缩进量"数值框中输入"0.75厘米"（或"2字符"），在"间距"栏中的"行距"下拉列表框中选择"单倍行距"，其他保持默认，单击 按钮，如图3-13所示。

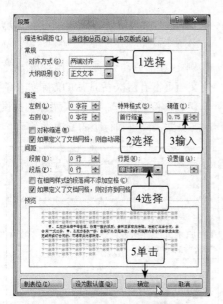

图3-13　设置对齐方式、段落缩进和行距

❹ 选择文档最后的所有落款段落，在【开始】→
【段落】组中单击右下角的按钮，打开
"段落"对话框，在"段前"和"段后"数
值框中分别输入"3磅"，单击 确定 按
钮，完成设置。

试一试

将"劳动合同"文档的正文文本的段落对
齐方式改为"左对齐"，段落左侧缩进"1字
符"，行距为"1.5倍行距"，看看会产生什么
样的效果。

技巧：选择设置好格式后的文本或段落，
然后在【开始】→【剪贴板】组中单击
"格式刷"按钮，此时鼠标指针变成
形状，拖动选中其他要应用相同格式
的文本或段落，便可快速应用格式。

3.1.3　设置项目符号和编号

在办公文档中设置项目符号和编号，可以
清晰地表达段落之间的结构和关系。

1. 添加项目符号

选择需要添加项目符号的段落，在【开
始】→【段落】组中单击"项目符号"按钮

右侧的按钮，在打开的下拉列表中选择一
种项目符号样式，即可对段落添加项目符号，
如图3-14所示。

图3-14　添加项目符号

2. 自定义项目符号

Word 2010中默认的项目符号样式共7种，
如果需自定义项目符号，可进行如下操作。

❶ 选择需要添加自定义项目符号的段落，在
【开始】→【段落】组中单击"项目符号"
按钮右侧的按钮，在打开的下拉列表
中选择"定义新项目符号"命令，打开"定
义新项目符号"对话框。

❷ 在"项目符号字符"栏中单击 图片(P)... 按
钮，打开"图片项目符号"对话框，在该对
话框中的下拉列表中选择项目符号样式后，
单击 确定 按钮，如图3-15所示，返回
"定义新项目符号"对话框。

图3-15　自定义项目符号

❸ 在"对齐方式"下拉列表中选择项目符号的
对齐方式，此时可以在下面的预览窗口中预
览设置效果，最后单击 确定 按钮即可。

3. 添加编号

在制作办公文档时，对于按一定顺序或层次结构排列的项目，可以为其添加编号。操作方法为：选择要添加编号的文本，在【开始】→【段落】组中单击"编号"按钮 右侧的 按钮，即可在打开的"编号库"下拉列表中选择需要添加的编号，如图3-16所示。

图3-16　添加编号

> 提示：如在"编号库"下拉列表中没有合适的编号，可以选择"定义新编号格式"命令来自定义编号格式。

4. 设置多级列表

多级列表主要用于规章制度等需要设置各种级别的编号的文档。设置多级列表的方法为：选择需要设置的段落，在【开始】→【段落】组中单击"多级列表"按钮 ，在打开的下拉列表中选择一种编号的样式即可。

> 注意：对段落设置多级列表后默认各段落标题级别是相同的，看不出级别效果，可以依次在下一级标题编号后面按一下【Tab】键，表示下降一级标题。

5. 案例——为"工作责任制度"文档设置项目符号和编号

本例要求为"工作责任制度"文档的内容段落添加"◆"项目符号，为正文标题添加"一、二、…"编号样式，完成后的效果如图3-17所示。通过本例的操作，读者应熟练掌握设置项目符号和编号的方法。

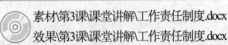

图3-17　"工作责任制度"文档效果

> 素材\第3课\课堂讲解\工作责任制度.docx
> 效果\第3课\课堂讲解\工作责任制度.docx

❶ 打开"工作责任制度"文档，选择标题"职务"下面的段落文本。

❷ 在【开始】→【段落】组中单击"项目符号"按钮 右侧的 按钮，在打开的下拉列表中选择"◆"样式，如图3-18所示。

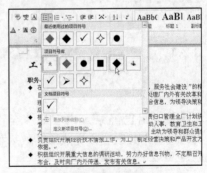

图3-18　添加项目符号

❸ 用同样的方法分别为"职权"和"职责"标题下面的段落添加"◆"项目符号。

❹ 选择"职务"标题后按住【Ctrl】键再选择"职权"和"职责"标题。

❺ 在【开始】→【段落】组中单击"编号"按钮 右侧的 按钮，在打开的下拉列表中选

择如图3-19所示的编号样式，完成编辑。

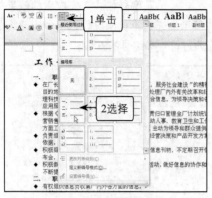

图3-19　添加编号

⏱ **想一想**

怎样将本例"工作责任制度"文档的"◆"项目符号颜色设置为红色？提示：选择带项目符号的段落，打开"定义新项目符号"对话框，单击字体按钮，设置字体颜色便可实现。

3.2 上机实战

本课上机实战将分别设置"招聘启事"文档和"会议记录"文档的文档格式。通过对这两个文档的美化，读者可以巩固和熟悉设置字符和段落格式的方法，以及添加项目符号和编号的方法。

上机目标：

◎ 熟练掌握设置字体、字号、字体颜色和文字效果的方法；

◎ 熟练掌握设置段落对齐方式、段落缩进和段落行距的方法；

◎ 熟练掌握设置和自定义项目符号和编号的方法；

◎ 熟悉使用格式刷快速复制格式的方法。

建议上机学时：1学时。

3.2.1　设置"会议记录"文档格式

1. 操作要求

本例要求对已经录入内容的"会议记录"文档进行格式设置，完成后的效果如图3-20所示。

具体操作要求如下。

◎ 将文档大标题设置为"黑体、20号、加粗、居中对齐"。

◎ 将除落款外的所有正文段落设置为"首行缩进2字符"。

◎ 将文档最前面的"会议主题"等6行文本字号设置为"小四"。

◎ 将"会议议题"等小标题设置为"黑体、小四、1.5倍行距"。

◎ 为文档中的部分段落添加数字编号，再将发言人对应的文本设置为"红色、加粗"。

◎ 将"会议结论"下的文本加粗并设置为红色。

◎ 将落款设置为"右对齐"，保存文档。

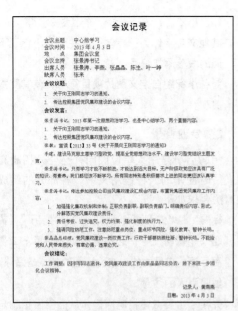

图3-20 "会议记录"文档最终效果

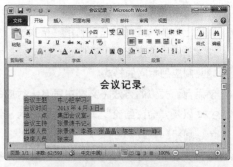

（1）设置标题和会议主题等格式

（2）设置文档小标题和发言人格式

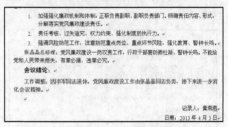

（3）添加段落编号和设置落款右对齐

图3-21 设置"会议记录"文档格式的操作思路

2. 专业背景

会议记录是为配合会议的召开而制作的文书，是记录会议的组织情况、议程、会议内容等基本情况的书面材料，是反映会务活动的重要材料，是形成会议纪要文件的蓝本。专业会议记录的格式和内容要求如下。

会议记录的格式

会议记录的开头包括会议主题、时间、地点、出席人数、缺席人（原因）、列席人（职位）、主持人及记录人。

会议记录的正文内容

记录的内容一般需包括会议的议题、会议的大致过程、会议发言或讲话的内容、传达的问题或作出的决议等。

3. 操作思路

根据上面的操作要求，本例的操作思路如图3-21所示。

素材\第3课\上机实战\会议记录.docx
效果\第3课\上机实战\会议记录.docx
演示\第3课\设置"会议记录"文档格式.swf

本例的主要操作步骤如下。

❶ 打开"会议记录"文档，选择文档大标题，在浮动工具栏中选择字体为"黑体"，字号选为"20"，单击 **B** 按钮，再在"段落"组中单击 ≡ 按钮，设置为居中对齐。

❷ 选择除落款外的所有正文段落，打开"段落"对话框，设置"首行缩进"为"2字符"。

❸ 选择文档最前面的"会议主题"等6行文本，将字号设置为"小四"。

❹ 选择"会议议题："小标题，在"字体"组中选择字体为"黑体"，选择字号为"小四"，再打开"段落"对话框，设置行距为

"1.5倍行距"。

❺ 保持上一步的选择状态，利用"格式刷"按钮 为"会议发言："和"会议结论："标题复制应用相同的格式。

❻ 使用前面类似的方法将文档中发言人对应的文本以及"会议结论"下的文本设置为"红色、加粗"。

❼ 选择文档中需要添加数字编号的段落，在【开始】→【段落】组中单击"编号"按钮，选择编号样式。

❽ 选择文档最后两行落款，在【开始】→【段落】组中设置为"右对齐"，完成本例文档的设置。

3.2.2 设置"招聘启事"文档格式

1. 操作要求

本例要求对已经录入完文字的"招聘启事"文档进行格式设置，完成后的效果如图3-22所示。

图3-22 "招聘启事"文档最终效果

具体操作要求如下。

◎ 先运用文本效果及字符和段落格式设置为文档大标题和各级小标题设置格式，使其突出显示，文档大标题居中对齐。

◎ 文档第一段正文字体格式要求设置为"楷体、小四、1.5倍行距、首行缩进2字符"。

◎ 其他文字字体为"楷体"，并为各小标题下面的段落添加编号。

◎ 为各小标题自定义图片项目符号，使其更加美观。

2. 专业背景

招聘启事是用人单位面向社会公开招聘有关人员时使用的一种应用文书。各部分的组成和写法要求如下。

◎ **标题：**常见的有两种，一是用"招聘启事"、"招聘"、"诚聘"等，这种标题简洁明了；二是用标语、口号式的，这种标题的特点是活泼、能吸引人的注意。

◎ **开头：**主要叙述招聘原因，从而引出招聘启事的正文。

◎ **正文：**主要列出招聘的专业（或岗位）、要求、数量和待遇等内容。

◎ **应聘方式：**主要有两种，一是直接参加面试；二是以书信报名、应聘。

3. 操作思路

根据上面的操作要求，本例的操作思路如图3-23所示。

素材\第3课\上机实战\招聘启事.docx
效果\第3课\上机实战\招聘启事.docx
演示\第3课\设置"招聘启事"文档格式.swf

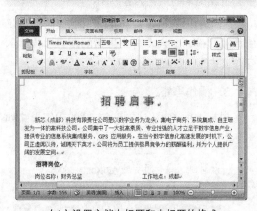

（1）设置文档大标题和小标题的格式

图3-23 设置"招聘启事"文档格式的操作思路

（2）设置除标题外的其他文字格式并添加编号

（3）自定义小标题的项符号样式

图3-23 设置"招聘启事"文档格式的操作思路（续）

本例的主要操作步骤如下。

❶ 打开"招聘启事"文档，选择文档大标题，在【字体】组中设置字体为"文鼎新艺体简"，字号为"二号"，单击 **B** 按钮，再添加文本效果（第一列第四种样式）。

❷ 在"段落"组中单击 ≡ 按钮，设置为"居中对齐"。

❸ 同时选择文档中的"招聘岗位"等小标题，将其字号设置为"小四"，然后添加文本效果（第四列第三种样式）。

❹ 保持选择状态，打开"段落"对话框，设置行距为"1.5倍行距"。

❺ 选择文档第一段正文文字，在【字体】组中设为"楷体、小四"，再打开"段落"对话框，设置首行缩进为"2字符"，行距为"1.5倍行距"。

❻ 分别选择各标题下面的文本，在浮动工具栏中的"字体"下拉列表框中选择"楷体"。

❼ 分别选择"任职条件"、"工作内容"和"应聘方式"各标题下的段落，在【开始】→【段落】组中选择数字编号样式。

❽ 选中"任职条件"标题，在【开始】→【段落】组中设置搜索到的图片作为项目符号样式。

❾ 用格式刷将自定义项目符号后的标题段落格式复制到其他两个标题中，完成设置。

3.3 常见疑难解析

问："字号"下拉列表框中默认提供的最大字号是"初号"，能不能将其设置得更大呢？

答：能。选择需设置字号大小的文字，在"字号"下拉列表框中直接输入所需的数值，其值范围为1～1638，也可以按【Ctrl】键不放，在键盘上连续按"]"键逐渐增大字号。

问：为什么在"段落"对话框的"设置值"数值框中输入值，行间距不会变小？

答：如果在"段落"对话框的"行距"下拉列表框中选择了"最小值"选项，则行间距的最小值不能小于默认值，如果该值小于默认值将使用默认值。此时可以选择"固定值"选项后再进行设置，即可改变行间距。

问：在设定行间距时，各选项的含义是什么？

答："单倍行距"表示将行距设置为该行最大字体的高度加上一小段额外间距；"1.5倍行

距"为单倍行距的1.5倍;"2倍行距"为单倍行距的2倍;"最小值"表示恰好能容纳本行中最大的文字或图形的距离,这是Word 2010在调整行距时所能使用的最小行距增量;"固定值"表示行距固定,使各行间距相等;"多倍行距"表示行距按指定比例增大或减小。在选择了"最小值"、"固定值"或"多倍行距"时,都可在"设置值"数值框中指定行间距的值。

问:利用标尺设置段落缩进时怎样知道缩进的值是多少?

答:将插入点定位到要缩进的段落或行中,按住【Alt】键的同时用鼠标拖动水平标尺上的段落标记,此时标尺将出现数值,它表示当前的缩进量,单位是"字符"(按住【Alt】键的作用是使拖动时能进行微量移动,以便更精确地调整缩进)。

问:有什么办法可以去除汉字与英文字母、数字之间的间隔?

答:按【Ctrl+A】键选择所有文档内容,在选择区域中单击鼠标右键,在弹出的快捷菜单中选择"段落"命令,打开"段落"对话框,单击"中文版式"选项卡,取消选中"自动调整中文与英文的间距"与"自动调整中文与数字的间距"复选框,单击 确定 按钮即可去除汉字与英文字母、数字之间的间隔。

问:在文档中为不同标题下的段落应用了编号后,编号是按顺序依次编号,可以重新开始新的编号吗?

答:可以。方法是选中应用了编号的段落,然后单击鼠标右键,在弹出的快捷菜单中选择"重新开始于1"命令便可重新开始编号,也可以选择"设置编号值"命令,在打开的对话框中输入新的编号列表起始值。

问:设置字体时找不到书中要求的字体怎么办?

答:可以购买字体光盘或从网上下载字体文件,然后将字体文件复制到电脑的C(系统盘):\Windows\Fonts文件夹下进行安装。

3.4 课后练习

(1)打开"面试通知单"文档,对其进行格式设置,完成后的效果如图3-24所示。

 素材第3课\课后练习\面试通知单.docx   效果\第3课\课后练习\面试通知单.docx
演示\第3课\设置"面试通知单"文档格式.swf

操作要求如下。

◎ 选择标题"面试通知",将其设置为"黑体、小二、居中对齐"。

◎ 选择所有正文和落款文本,将其字号设置为"小四"。

◎ 选择称呼,在"段落"对话框中设置段前为"24磅",段后为"12磅",行距为"1.5倍行距"。

◎ 选择通知的正文,在"段落"对话框中设置首行缩进为"2字符",行距为"1.5倍行距"。

◎ 将正文中的"5月10日"、"10:00"和"公司地址"相关文本进行加粗显示,最后将落款右对齐。

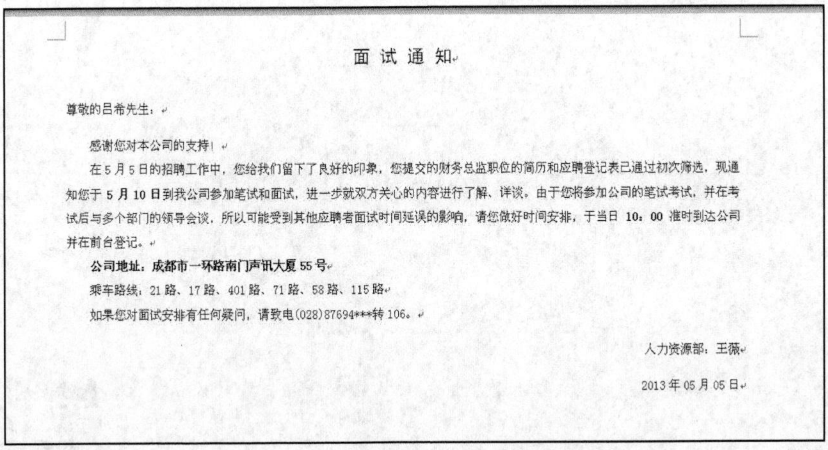

面 试 通 知

尊敬的吕希先生：

　　感谢您对本公司的支持！

　　在 5 月 5 日的招聘工作中，您给我们留下了良好的印象，您提交的财务总监职位的简历和应聘登记表已通过初次筛选，现通知您于 5 月 10 日到我公司参加笔试和面试，进一步就双方关心的内容进行了解、详谈。由于您将参加当日的笔试考试，并在考试后与多个部门的领导会谈，所以可能受到其他应聘者面试时间延误的影响，请您做好时间安排，于当日 10：00 准时到达公司并在前台登记。

　　公司地址：成都市一环路南门声讯大厦 55 号。

　　乘车路线：21 路、17 路、401 路、71 路、58 路、115 路。

　　如果您对面试安排有任何疑问，请致电（028）87694***转 106。

人力资源部：王薇

2013 年 05 月 05 日

图3-24　"面试通知单"文档最终效果

（2）打开"联合公文"文档，对其进行格式设置，完成后的效果如图3-25所示。

素材\第3课\课后练习\联合公文.docx　　　效果\第3课\课后练习\联合公文.docx
演示\第3课\设置"联合公文"文档格式.swf

操作要求如下。

◎　选择前3行标题，设置为"居中对齐"，将第一行的标题文字颜色修改为红色。

◎　选择除前3行标题外的所有正文和落款文本，将其字号设置为"仿宋、小四"。

◎　为正文中"具体意见如下："下的3行文本添加自动编号效果。

◎　选择署名和日期，将其设置为"右对齐"。

◎　分别选择最后的"主题词"等相关文本，为其添加下划线效果。

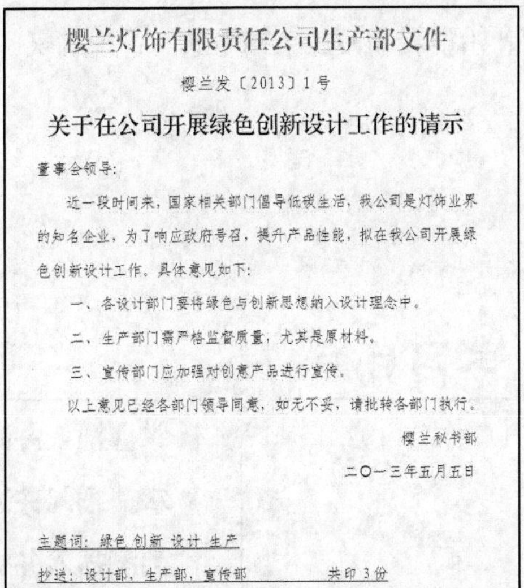

櫻兰灯饰有限责任公司生产部文件

櫻兰发〔2013〕1号

关于在公司开展绿色创新设计工作的请示

董事会领导：

　　近一段时间来，国家相关部门倡导低碳生活，我公司是灯饰业界的知名企业，为了响应政府号召，提升产品性能，拟在我公司开展绿色创新设计工作。具体意见如下：

　　一、各设计部门要将绿色与创新思想纳入设计理念中。

　　二、生产部门需严格监督质量，尤其是原材料。

　　三、宣传部门应加强对创意产品进行宣传。

　　以上意见已经各部门领导同意，如无不妥，请批转各部门执行。

櫻兰秘书部

二〇一三年五月五日

主题词：绿色 创新 设计 生产

抄送：设计部、生产部、宣传部　　　共印 3 份

櫻兰灯饰有限责任公司秘书部　2013 年 5 月 10 印发

图3-25　"联合公文"文档最终效果

第4课
插入与编辑表格和图形对象

学生：老师，设置了文档格式后，文档果然变漂亮了，可是要使文档中出现漂亮的图片或表格等内容，那又该怎样操作呢？

老师：其实在文档中我们可以添加很多种图形对象，比如图片、艺术字、图示、自选图形和文本框，甚至可以添加表格，而且，Word 2010还提供了对这些元素的编辑功能。有了这些元素的加入，Word文档的内容会更加丰富，外形也会更加美观。

学生：对啊！如果要制作一个产品说明文档，里面再加入各种产品的图片，这样的文档肯定会更加吸引眼球。

老师：没错，我们现在就开始学习如何在文档中插入各种对象。

学习目标

▶ 掌握插入并编辑表格的方法

▶ 掌握插入并编辑图片的方法

▶ 熟悉插入并编辑艺术字的方法

▶ 熟悉插入并编辑组织结构图的方法

▶ 了解绘制并编辑自选图形的方法

▶ 掌握插入并编辑文本框的方法

4.1 课堂讲解

本课堂将主要讲述在文档中插入各种对象的方法，包括表格、图片、剪贴画、形状图形、SmartArt图形、艺术字和文本框等。通过相关知识点的学习和案例的制作，读者可以掌握运用表格和图形对象等丰富文档内容的方法。

4.1.1 插入并编辑表格

表格是由多个单元格按行、列的方式组合而成，使用表格记录信息可以使信息更加清晰明了、便于查看。Word的表格处理功能非常强大，用户不仅可以插入相应行、列数的表格，还可以对表格进行各种编辑和美化操作，下面将具体进行讲解。

1. 插入表格

在Word中插入表格的具体操作如下。

❶ 将插入点定位到需插入表格的位置，在【插入】→【表格】组中单击"表格"按钮▦。

❷ 打开一个下拉列表，在其中按住鼠标左键不放并拖动，直到达到需要的表格行列数，如图4-1所示。

❸ 释放鼠标左键即可在插入点位置插入表格。

图4-1 通过"插入表格"按钮插入表格

> 💧 提示：在图4-1所示的下拉列表中选择"插入表格"命令，打开"插入表格"对话框，在该对话框中可以自定义表格的行列数和列宽，如图4-2所示，然后单击 确定 按钮也可创建表格。

图4-2 "插入表格"对话框

2. 绘制表格

通过自动插入只能插入比较规则的表格，对于一些复杂的表格，可以手动绘制。

❶ 在【插入】→【表格】组中单击"表格"按钮▦，在打开的下拉列表中选择"绘制表格"选项。

❷ 此时鼠标指针变成✐形状，在需要插入表格处按住鼠标左键不放并拖动，出现一个虚线框显示的表格，拖动鼠标调整虚线框到适当大小后释放鼠标，绘制出表格的边框，效果如图4-3所示。

图4-3 绘制表格外边框

❸ 按住鼠标左键从一条线的起点拖至终点释放，即可在表格中画出横线、竖线和斜线，从而将绘制的边框分成若干单元格，并形成各种各样的表格，如图4-4所示。

图4-4　绘制表格行列线

> **技巧：** 在手动绘制表格过程中，还可以随时擦除多余的表格线，方法是在【表格工具】→【设计】→【绘图边框】组中单击"擦除"按钮，再单击需擦除的表格线便可将其擦除掉。

3. 输入和选择表格对象

绘制表格后，在相应的单元格中单击鼠标定位插入点，然后输入文本即可。

对表格中的文本或单元格进行编辑时，通常需要先选择其中的文本。选择表格中的文本和在Word中选择普通文本的操作相同，通过拖动鼠标即可。如果要选择表格行、列或整个表格，其方法分别如下。

◎ **选择表格行、列：** 将鼠标指针移到表格某一列的上方或某一行的左侧，鼠标指针会变为 ↓ 或 ↗ 形状，此时单击鼠标可选择该列或该行，如图4-5所示。

日期	事项	备注
星期一	上午：主持员工大会	记得安排会议室
	下午：歇市场调查	
星期二	上午：写市场调查报告	
	下午：向厂长汇报调查情况	

图4-5　选择表格列

◎ **选择整个表格：** 将鼠标指针移至表格上时，表格左上角会出现田图标，单击该图标可选择整个表格对象。

4. 添加和删除表格行、列

添加表格行或列的操作基本相同，添加行或列时，可将文本插入点定位在表格中要添加行或列的单元格中，然后在【表格工具】→【布局】→【行和列】组中单击"在上方插

入"等按钮，如图4-6所示，即可插入相应的行和列。

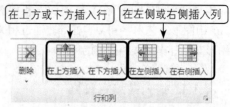

图4-6　添加行、列

删除行或列时，先选择需要删除的行或列，然后在【表格工具】→【布局】→【行和列】组中单击"删除"按钮，在打开的下拉列表中选择相应的删除选项即可。

> **技巧：** 用鼠标选择行或列后，在选择的区域上单击鼠标右键，在弹出的快捷菜单中也可选择相应的命令添加或删除行或列。

5. 合并和拆分单元格

有些表格的表头内容包含多列或多行内容，此时为了使表格整体看起来更直观，可合并相应的单元格，也可根据需要拆分单元格。合并和拆分单元格的方法分别如下。

◎ **合并单元格：** 选择要合并的单元格后单击鼠标右键，在弹出的快捷菜单中选择"合并单元格"命令。

◎ **拆分单元格：** 将插入点定位到要拆分的单元格中，并单击鼠标右键，在弹出的快捷菜单中选择"拆分单元格"命令，在打开的"拆分单元格"对话框中输入要拆分的行列数后单击 确定 按钮，如图4-7所示。

图4-7　拆分单元格前后效果

6. 设置表格属性

通过设置表格属性可以设置表格与文字的对齐方式，以及表格的行高和列宽值等。

设置的方法是：选择整个表格或将文本插入点定位到表格中，单击鼠标右键，在弹出快捷菜单中选择"表格属性"命令，打开"表格属性"对话框，各主要选项卡的作用如下。

◎ **"表格"选项卡**："尺寸"栏用于设置表格的宽度；"对齐方式"栏主要用于设置表格与文本的对齐方式，以及表格的左缩进值；"文字环绕"栏主要用于设置文本在表格周围的环绕方式，如图4-8所示。

图4-8　"表格"选项卡

◎ **"行"选项卡**：选中☑ 指定高度(S):复选框，然后在"行高值是"下拉列表框中选择"固定值"选项，再在左侧"指定高度"数值框中输入行高值，便可设置整个表格的行高，如图4-9所示。

图4-9　"行"选项卡

◎ **"列"选项卡**：选中☑ 指定宽度(W):复选框，然后在"度量单位"下拉列表框中选择"固定值"选项，再在左侧"指定宽度"数值框中

输入列宽值，便可设置整个表格的列宽。

◎ **"单元格"选项卡**：可以设置单元格字号大小和数值的垂直对齐方式等。

⓵ 技巧：在Word 2010中还可将一个表格拆分为两个表格，方法是先将文本插入点定位于需拆分为第二个表格的首行中，在【表格工具】→【布局】→【合并】组中单击"拆分表格"按钮，即可在插入点的位置将表格一分为二。

---

7. 套用表格样式

Word 2010提供了许多漂亮的表格样式，用户可直接使用，也可根据需要进行修改。

方法是：选择表格，在【表格工具】→【设计】→【表格样式】组中单击 按钮展开样式列表，在列表中选择需要的样式，如图4-10所示。

图4-10　套用表格样式

8. 案例——制作"公司员工情况表"

本例将新建一个"公司员工情况表"文档，然后添加并编辑表格，完成后的效果如图4-11所示。通过该案例的学习，读者应掌握插入和编辑表格的方法。

公司员工情况表

姓名	性别	年龄	婚否	籍贯	联系方式	入职时间	职位
张梅	女	31	是	北京	13025445***	2007-9-1	总经理
李林	男	32	否	云南	13354564***	2009-6-1	会计
杨瑞	男	29	否	河南	1330818***	2013-3-1	销售员
吴小刚	男	24	否	四川	13674221***	2006-4-3	办公室主任
王蕙	女	27	是	四川	13352554***	2009-4-8	销售经理
张小庆	男	22	是	湖南	13498465***	2012-1-6	客户经理
							行政经理

图4-11　最终效果

效果\第4课\课堂讲解\公司员工情况表.docx

❶ 新建文档并保存为"公司员工情况表.docx"，然后在文档中输入表格标题，将其设置为"华文行楷、三号、居中对齐"，完成后按【Enter】键换行。

❷ 将文本插入点定位在第二行中，在【插入】→【表格】组中单击"表格"按钮，在打开的下拉列表中选择"插入表格"命令，打开"插入表格"对话框，在"列数"数值框中输入"8"，在"行数"数值框中输入"6"，单击 确定 按钮插入表格，如图4-12所示。

图4-12　利用"插入表格"对话框插入表格

❸ 在表格单元格中输入相应内容，根据内容多少拖动各列表格框线调整其列宽，然后选择所有表格文字，将字号设置为"五号"，效果如图4-13所示。

❹ 将文本插入点定位在"吴小刚"单元格中，然后在【表格工具】→【布局】→【行和列】组中单击"在上方插入"按钮，在上方插入一个空行，如图4-14所示。

图4-13　输入和设置表格文本

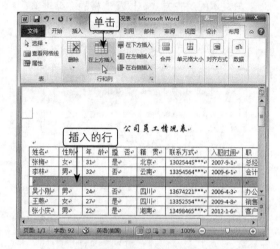

图4-14　插入行

❺ 在插入的空行中输入相应的表格数据，然后选择"客户经理"单元格，单击鼠标右键，在弹出的快捷菜单中选择"拆分单元格"命令，在打开的"拆分单元格"对话框中的"行数"数值框中输入"2"，单击 确定 按钮，如图4-15所示。

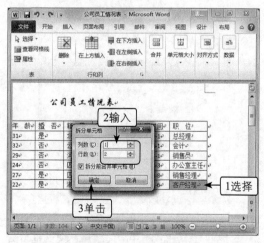

图4-15　拆分单元格

❻ 在拆分后的单元格中输入文字"行政经理"，

单击表格左上角的田图标选择整个表格。

❼ 单击鼠标右键，在弹出快捷菜单中选择【表格属性】命令，打开"表格属性"对话框。

❽ 单击"行"选项卡，选中☑指定高度(S)：复选框，在"行高值是"下拉列表框中选择"固定值"选项，在"指定高度"数值框中输入"0.8厘米"，单击 确定 按钮，设置行高。

❾ 保持整个表格的选择状态，在【表格工具】→【设计】→【表格样式】组中单击▾按钮展开样式列表，在列表中选择第二行的第六种样式，完成本例表格的制作。

⏱ 试一试

删除"王燕"所在行的整行数据，将最后一行末尾两个单元格合并为一个单元格，再选中整个表格，在【表格工具】→【布局】→【对齐方式】组中单击各个对齐按钮查看对齐效果。

4.1.2 插入并编辑图片和剪贴画

为了使文档内容更丰富，还可以在文档中插入相关图片和剪贴画，下面分别进行介绍。

1. 插入图片

在文档中可以插入电脑中的图片，方法为：将文本插入点定位到需插入图片的位置，在【插入】→【插图】组中单击"图片"按钮，打开如图4-16所示的"插入图片"对话框，选择电脑中存储的图片，单击 插入(S) ▾ 按钮。

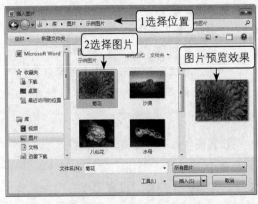

图4-16 "插入图片"对话框

2. 插入剪贴画

剪贴画是Office自带的一种矢量图片，包括人物、动物和风景等多种类型，可以根据需要将其插入到文档中，其具体操作如下。

❶ 将文本插入点定位到文档中需插入剪贴画的位置，在【插入】→【插图】组中单击"剪贴画"按钮，在操作界面右侧打开"剪贴画"任务窗格，如图4-17所示。

❷ 在"搜索文字"文本框中输入要插入剪贴画的关键字，如"人物"、"动物"等，在"结果类型"下拉列表框中选择所需剪贴画的类型，默认为搜索所有类型的剪贴画。

❸ 单击 搜索 按钮，在下方的列表框中将显示搜索到的剪贴画，单击任意一幅剪贴画即可将其插入到文档中。

图4-17 "剪贴画"任务窗格

3. 图片的编辑操作

单击选中插入的图片，可对其进行编辑操作，包括设置图片大小、颜色、亮度和对比度等，以及添加图片边框和图片样式等。这些操作都可通过【图片工具】→【格式】选项卡进行，如图4-18所示。

> ⓘ 提示：在图片上单击鼠标右键，在弹出的快捷菜单中选择【设置图片格式】命令，在打开的对话框中也可设置图片格式。

图4-18　图片的"格式"选项卡

调整图片的颜色和亮度等

选中图片后，利用【图片工具】→【格式】→【调整】组可以对图片的颜色、亮度等进行调整，各设置选项的作用如下。

◎ **"删除背景"按钮**：可以删除图片的背景，单击后可以调整要删除区域的大小。

◎ **"更正"按钮**：可以调整图片的亮度、对比度和锐化效果。

◎ **"颜色"按钮**：可以调整图片的饱和度、色调和重新着色效果，如图4-19所示。

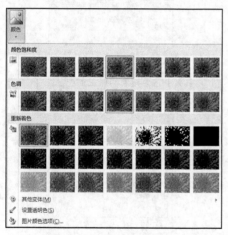

图4-19　"颜色"下拉列表

◎ **"艺术效果"按钮**：可以为图片添加马赛克、素描等艺术效果。

◎ **"压缩图片"按钮**：可以在打开的"压缩图片"对话框中设置压缩图片的内容。

◎ **"更改图片"按钮**：可以打开"插入图片"对话框，在其中选择图片后替换当前图片。

◎ **"重设图片"按钮**：可以将图片恢复到设置之前的最初状态。

设置图片样式

在Word 2010中还可为图片添加样式，设置图片边框、图片效果等，方法是：在【图片工具】→【格式】→【图片样式】组中单击列表框右侧的按钮，在打开的下拉列表框中选择一种图片样式选项，如图4-20所示。

图4-20　添加图片样式

在【图片样式】组右侧还有3个按钮，其作用分别如下。

◎ **"图片边框"按钮**：单击后可以在打开的下拉列表中为图片添加边框，并设置边框颜色和粗细等。

◎ **"图片效果"按钮**：单击后可以在打开的下拉列表中为图片添加阴影、映像等效果。

◎ **"图片版式"按钮**：单击后可以在打开的下拉列表中选择一种版式，使图片与SmartArt图形结合起来。

设置图片排列方式和环绕方式

选中图片后，利用【图片工具】→【格式】→【排列】组可以设置图片的环绕位置、排列顺序和对齐方式等，主要设置选项的作用如下。

◎ **"位置"按钮** : 单击后在打开的下拉列表中选择需要的选项, 设置图片在文档中与文字的环绕位置。如选择"顶端居左, 四周型文字环绕"选项, 则图片将被放置于文档顶端左侧, 文本环绕在其周围, 如图4-21所示。

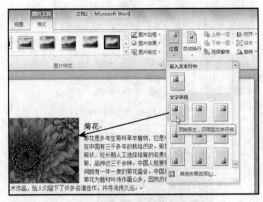

图4-21 设置图片位置

◎ **"自动换行"按钮** : 单击后在打开的下拉列表中可选择需要的选项, 设置图片和文字的布局方式。如选择"浮于文字下方"选项, 则图片将位于文字下方, 如图4-22所示。

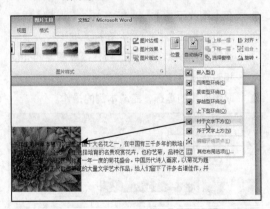

图4-22 设置图片自动换行

◎ **"上移一层"和"下移一层"按钮**: 若图片的"自动换行"方式为"浮于文字上方", 单击 上移一层 按钮和 下移一层 按钮, 可调整图片的层叠顺序。单击两个按钮右侧的 按钮, 可在打开的下拉列表中选择需要的选项。

◎ **"对齐"按钮** : 选择多张图片后, 单击

"对齐"按钮 , 可在打开的下拉列表中选择图片对齐方式。如选择"左对齐"选项, 则所选图片的左边缘将对齐。

◎ **"组合"按钮** : 单击后在打开的下拉列表中选择相应的命令, 对图片进行组合或取消组合。

设置图片大小

选中图片后, 利用【图片工具】→【格式】→【大小】组可以对图片进行裁剪或设置图片的大小, 其作用介绍如下。

◎ **"裁剪"按钮** : 单击后将鼠标指针移到图片边框的控制点上, 按住鼠标左键并拖动, 可对图片进行裁剪操作。

◎ **"宽度"和"高度"数值框**: 用于显示当前选中图片的大小, 重新输入值便可改变图片的大小。如果要等比例调整图片大小, 可以单击【大小】组右下角的"功能扩展"按钮 , 打开"布局"对话框, 在"缩放"栏中选中 锁定纵横比(A) 复选框, 再在"高度"和"宽度"数值框中输入合适的百分比。

> 技巧: 保持图片的选中状态, 将鼠标指针移动到图片左下角的控制点上, 当鼠标指针变为 形状时, 按住【Shift】键不放, 同时按住鼠标左键并拖动, 也可等比例缩放图片。

4. 案例——为"成都简介"文档添加图片

本例将为"成都简介"文档添加并编辑电脑中的图片, 最终效果如图4-23所示。通过该案例的学习, 读者应掌握插入和编辑图片的方法。

图4-23 最终效果

 素材\第4课\课堂讲解\成都简介.docx、
都江堰.jpg
效果\第4课\课堂讲解\成都简介.docx

❶ 打开"成都简介"文档,将文本插入点定位到第一段文字的开始处。

❷ 在【插入】→【插图】组中单击"图片"按钮 📷,打开"插入图片"对话框,在其中选择提供的"都江堰"图片素材,单击 插入(S) ▾ 按钮,效果如图4-24所示。

图4-24　插入图片效果

❸ 选择图片,在【图片工具】→【格式】→【大小】组单击"功能扩展"按钮 ▫,打开"布局"对话框,单击"大小"选项卡,选中 ☑锁定纵横比(A)复选框,将高度和宽度设为"36%",单击 确定 按钮,如图4-25所示。

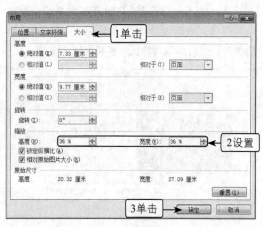

图4-25　缩放图片

❹ 保持图片的选择状态,在【图片工具】→【格式】→【图片样式】组中单击列表框右侧的 ▾ 按钮,在打开的下拉列表框中选择"映像圆角矩形"样式选项,如图4-26所示。

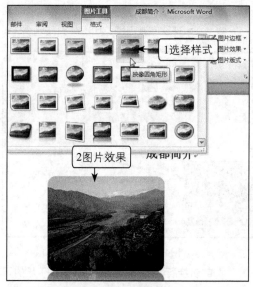

图4-26　设置图片样式

❺ 在【图片工具】→【格式】→【排列】组中单击"自动换行"按钮 ▫,在打开的下拉列表中选择"四周型环绕"选项。

❻ 在【图片工具】→【格式】→【调整】组中单击"更正"按钮 ※,在打开的下拉列表中选择如图4-27所示的选项,提高图像的亮度和对比度。

❼ 取消图片的选择,完成本例的操作。

图4-27　调整图片亮度与对比度

试一试

为"成都简介"文档插入一幅风景剪贴画，再按本例的方法进行编辑，查看其效果。

4.1.3 插入并编辑图形

Word 2010中提供了多种形状图形，包括线条、正方形、箭头、椭圆、流程图和旗帜等，将这些形状插入到文档中，并对其进行编辑，可制作非常漂亮的文档。另外，在文档中插入SmartArt图形，可使文档的内容更加生动。

1. 插入形状

在【插入】→【插图】组中单击"形状"按钮，在打开的下拉列表中即可选择所需形状，如图4-28所示，当鼠标指针变成+形状时，在文档的合适位置按住鼠标左键不放并拖动鼠标，即可绘制出各种形状图形。

图4-28 "形状"下拉列表

2. 编辑形状

插入形状后，用户可通过【绘图工具】→【格式】选项卡对其大小和外观等进行编辑，还可为其添加或更换不同的样式。

该选项卡中的【排列】组和【大小】组的作用与设置方法与前面介绍的【图片工具】的

格式设置基本类似，下面主要介绍其他各组主要选项的作用。

◎ 【插入形状】组：选择绘制的形状图形，单击"编辑形状"按钮，在打开的下拉列表中选择"更改形状"下的形状样式，可以更改当前形状样式；选择"编辑顶点"选项，拖动图形四周出现的控制柄可改变其形状。

◎ 【形状样式】组：在其列表框中选择一种图形样式选项，也可单击右侧的3个按钮自定义形状的填充颜色、轮廓颜色和阴影效果等。

◎ 【艺术字样式】组：在绘制的形状上单击鼠标右键，在弹出的快捷菜单中选择"添加文字"命令，形状中将出现文本插入点，输入文字后可通过该组设置形状中文字的艺术效果，如图4-29所示。

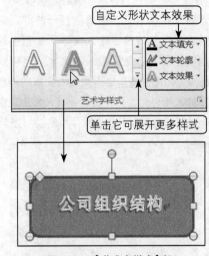

图4-29 【艺术字样式】组

◎ 【文本】组：用于设置形状中的文字排列方向和对齐位置。

> 提示：单击绘制好的形状，拖动形状四周出现的控制柄即可改变其形状和大小。

3. 插入SmartArt图形

运用Word中的SmartArt图形可以直观地表示数据关系、流程、结构层次等，如办公中经常需要创建的公司组织结构图、产品生产流程图和采购流程图等，从而让文档内容更加生动。

添加SmartArt图形的具体操作如下。

❶ 在【插入】→【插图】组中单击"SmartArt"按钮，打开"选择SmartArt图形"对话框。

❷ 在对话框左侧单击选择SmartArt图形的类型，如选择"层次结构"，在对话框右侧的列表中选择一种样式，如选择"水平组织结构图"选项，单击 确定 按钮，如图4-30所示。

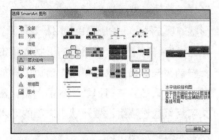

图4-30 选择SmartArt图形类型和样式

❸ 返回文档编辑区，在自动打开的"在此处键入文字"窗格中输入文本，文档中的结构图中将同步显示输入的文本。也可以在SmartArt图形中单击需要输入文本的形状，再输入相应文本，"在此处键入文字"窗格也将同步显示输入的文本，如图4-31所示。

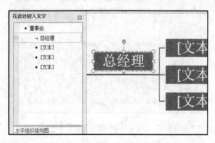

图4-31 添加SmartArt图形文本

❹ 在SmartArt图形的其他形状中输入文本，然后在文档其他位置单击鼠标，取消SmartArt图形的选中状态，即可查看效果。

4. 编辑SmartArt图形

插入SmartArt图形并输入基本内容后，可根据实际情况在激活的"设计"选项卡中对其样式进行编辑。各组的作用介绍如下。

◎ 【创建图形】组：单击"添加形状"按钮右侧的·按钮，在打开的下拉列表中选择相

应的选项可以在不同位置增加形状，如图4-32所示。在该组中单击相应的按钮还可以移动各形状的位置和调整级别大小。

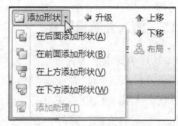

图4-32 "添加形状"下拉列表

◎ 【布局】组：单击列表框右侧的·按钮，在打开的下拉列表中选择一种该类别下的其他SmartArt图形布局样式，也可选择"其他布局"命令，打开"选择SmartArt图形"对话框，重新设置SmartArt图形的布局样式。

◎ 【SmartArt样式】组：在列表框中可选择三维效果等样式，单击"更改颜色"按钮可以设置SmartArt图形的颜色。

◎ 【重置】组：单击"重设图形"按钮，放弃对SmartArt图形所做的全部格式更改。

> 提示：选择SmartArt图形后，在激活的"格式"选项卡中可对各个形状图形的样式及文本效果进行设置，其设置参数与前面介绍的图片的格式设置基本相同。

5. 案例——绘制"面试流程图"

本例将利用SmartArt图形制作"面试流程图"，最终效果如图4-33所示。通过该案例的学习，读者应掌握插入和编辑SmartArt图形的方法。

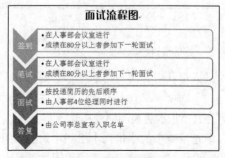

图4-33 最终效果

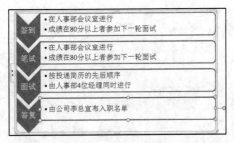

图4-36 添加形状并输入文本

 效果\第4课课堂讲解\面试流程图.docx

❶ 新建一篇文档，保存为"面试流程图"，输入文档标题"面试流程图"，设置为"方正粗倩简体、二号、居中对齐"。

❷ 将文本插入点定位到文档标题下方，在【插入】→【插图】组中单击"SmartArt"按钮，打开"选择 SmartArt 图形"对话框。

❸ 选择"流程"选项卡，在对话框右侧的列表中选择如图4-34所示的布局样式，单击 确定 按钮。

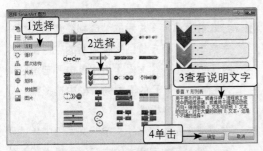

图4-34 选择流程图样式

❹ 在"在此处键入文字"窗格中依次输入各流程图形状中的文本内容，如图4-35所示。

图4-35 添加SmartArt图形文本

❺ 将文本插入点定位在"面试"形状图形中，在【SmartArt工具】→【设计】→【创建图形】组中单击"添加形状"按钮右侧的按钮，在打开的下拉列表中选择"在后面添加形状"选项，增加一个流程形状，再输入如图4-36所示的文本。

❻ 选择SmartArt图形，在【SmartArt工具】→【设计】→【SmartArt样式】组中单击"更改颜色"按钮，在打开的下拉列表中选择一种彩色，改变流程图颜色，如图4-37所示。

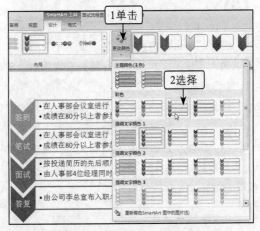

图4-37 设置SmartArt图形颜色

❼ 取消SmartArt图形的选择，保存文档，完成本例的制作。

试一试

将本例中的SmartArt图形布局样式修改为其他样式，然后运用"格式"选项卡下的工具对其进行美化和调整。

4.1.4 插入并编辑艺术字

艺术字是Word中一种具有特殊效果的文字，通常用于增加文档的可视性，突出文档所表达的主题。

1. 插入艺术字

插入艺术字的具体操作如下。

❶ 将文本插入点定位到需插入艺术字的位置，在【插入】→【文本】组中单击"艺术字"按钮，在打开的下拉列表框中选择需要的艺术字样式，如图4-38所示。

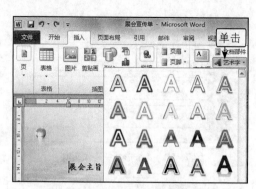

图4-38 "艺术字"下拉列表

❷ 在文档中出现的艺术字文本框中单击鼠标，输入相应的文本，再根据需要设置文本的字体和字号等。

❸ 将鼠标指针移动到艺术字文本框右下角的控制点上，当鼠标指针变为 形状时，拖动鼠标，根据文本调整文本框的大小。在文档其他位置单击鼠标，取消文本框的选中状态，即可查看艺术字效果。

2. 编辑艺术字

插入艺术字后，在文本框上单击选择艺术字，便可激活其"格式"选项卡，其中各组的主要作用介绍如下。

◎ 【插入形状】组：可以为艺术字添加形状边框，与前面所介绍的形状图形的编辑方法相同。

◎ 【形状样式】组：在其列表框中可选择一种形状样式选项，也可单击右侧的按钮自定义形状的填充颜色、轮廓颜色等。

◎ 【艺术字样式】组：用于设置艺术字的特殊效果，包括文本填充、文本轮廓和文字效果等。

◎ 【文本】组：用于设置艺术字文本的排列方向和对齐位置。

◎ 【排列】组：用于设置艺术字文本的环绕位置、排列顺序和对齐方式等。

◎ 【大小】组：用于设置艺术字文本的大小。

提示：将鼠标指针移动到艺术字文本框上方的控制柄 上，当鼠标指针变为 形状时，按住鼠标左键拖动，旋转艺术字至合适的角度后释放鼠标。

---

3. 案例——为"成都简介"添加艺术字

本例为前面制作的"成都简介"文档添加艺术字并设置填充、轮廓颜色等效果，最终效果如图4-39所示。通过该案例的学习，读者应掌握插入和编辑艺术字的方法。

图4-39 艺术字最终效果

效果\第4课\课堂讲解\成都简介1.docx

❶ 打开前面添加图片后的"成都简介"文档，将文本插入点定位到文档最后的空行位置，在【插入】→【文本】组中单击"艺术字"按钮 ，在打开的下拉列表框中选择第一列第四种艺术字样式。

❷ 在"请在此放置您的文字"文本框中单击鼠标，输入艺术字文本的内容"天府之国，休闲之都"，如图4-40所示。

图4-40 输入艺术字内容

❸ 选择艺术字，在【绘图工具】→【格式】→【艺术字样式】组中单击"文本填充"按钮 右侧的 按钮，在打开的下拉列表中选择"橙色"。

❹ 在"艺术字样式"组中单击"文本轮廓"按钮 右侧的 按钮，在打开的下拉列表中选择"黄色"。

❺ 保持文本的选中状态，在"艺术字样式"组中单击"文字效果"按钮 ，在打开的下拉列表中选择"转换"子菜单中的"弯曲"样式选项，如图4-41所示。

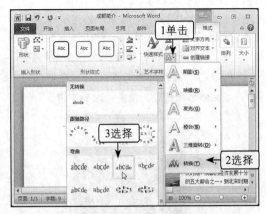

图4-41 设置艺术字效果

❻ 取消艺术字的选择状态，将文档另存为"成都简介1.docx"，完成本例的制作。

⏱ 想一想

艺术字与设置文本效果后的普通文本有什么区别和相同之处。

4.1.5 插入并编辑文本框

由于文本框可以被置于文档页面中的任何位置，而且文本框中可以放置图片、表格和艺术字等内容，所以利用文本框可以设计出较为特殊的文档版式。

1. 插入文本框

插入文本框的具体操作如下。

❶ 将文本插入点定位到需插入文本框的位置，在【插入】→【文本】组中单击"文本框"按钮，在打开的下拉列表中选择一种文本框样式，如图4-42所示。

图4-42 选择文本框样式

❷ 在文本框中输入文本，将鼠标指针移动到文

本框右侧中间的控制点上，按住鼠标左键不放，水平向左拖动，可以调整文本框宽度。

❸ 将鼠标指针移动到文本框边框上，按住鼠标左键不放，可以将文本框拖动到其他位置。

> ⓘ 提示：在"文本框"下拉列表中选择"绘制文本框"或"绘制竖排文本框"命令，鼠标指针变为+形状，按住鼠标左键不放，从左上角向右下角拖动至合适大小后，释放鼠标即可完成文本框的绘制。

2. 编辑文本框

在Word 2010中可根据需要为文本框设置各种样式。文本框绘制完成后将激活"格式"选项卡，在"格式"选项卡下的各组中即可为文本框设置各种效果，其中的设置参数与前面所介绍的艺术字相同。

另外，通过"设置形状格式"对话框也可对文本框进行编辑，方法是：在文本框的边框上单击鼠标右键，在弹出的快捷菜单中选择"设置形状格式"命令，打开如图4-43所示的"设置形状格式"对话框，在对话框左侧单击各个选项卡，再设置相应的参数，完成后单击 关闭 按钮。

图4-43 "设置形状格式"对话框

3. 案例——在"成都简介"文档中插入并编辑文本框

如果要为插入的图片配上文字标注，这时最好使用文本框。本例将为"成都简介"文档

中的图片通过文本框添加图注，并设置样式，效果如图4-44所示。通过该案例的学习，读者应掌握插入和编辑文本框的方法。

图4-44　最终效果

 效果\第4课\课堂讲解\成都简介2.docx

❶ 打开前面编辑的"成都简介"文档，在【插入】→【文本】组中单击"文本框"按钮，在打开的下拉列表中选择"简单文本框"样式。

❷ 在文本框中输入文本"美丽的都江堰"，将鼠标指针移动到文本框边框上，按住鼠标左键不放，将文本框拖动到图片的下方，然后再拖动文本框右侧中间的节点，调整文本框的宽度，如图4-45所示。

❸ 在文本框的边框上单击鼠标右键，在弹出的

快捷菜单中选择"设置形状格式"命令，打开"设置形状格式"对话框，单击"填充"选项卡，在右侧选中 ⊙ 无填充(N) 单选项，再单击"线条颜色"选项卡，在右侧选中 ⊙ 无线条(N) 单选项，单击 关闭 按钮。

图4-45　调整文本框位置和大小

❹ 保持文本框的选中状态，在【绘图工具】→【格式】→【艺术字样式】组中单击样式列表框右侧的 按钮，在弹出的列表框中选择第一行第四种样式选项。

❺ 单击其他位置，取消文本框的选择状态，将文档另存为"成都简介2.docx"，完成制作。

⏱ 试一试

在"成都简介"文档中插入"传统型提要栏"样式的文本框，然后编辑文本框内容。

4.2　上机实战

本课上机实战将分别制作"面试评价表"和"公司组织结构图"文档，综合练习本课所学知识。

上机目标：

◎ 熟练掌握插入并编辑表格的方法；

◎ 熟练掌握插入并编辑剪贴画、艺术字的方法；

◎ 熟练掌握插入并编辑SmartArt图形的方法；

◎ 熟练掌握绘制并编辑形状图形的方法。

建议上机学时：2学时。

4.2.1　制作"面试评价表"文档

1. 操作要求

本例要求利用Word制作"面试评价表"，用于填写应试人员的基本信息及面试考评成绩，完

成后的效果如图4-46所示。

具体操作要求如下。

◎ 输入表格名称、评价人姓名和面试时间等文本并设置相应的格式，然后通过 "插入表格" 操作插入30行×8列的表格。

◎ 通过单元格合并与拆分等编辑操作对表格中需要合并的单元格进行合并，对需要拆分的单元格进行拆分。

◎ 输入表格数据并设置字体格式，然后为部分需要突出显示的单元格设置底纹填充颜色。

图4-46 "面试评价表"文档效果

2. 专业背景

面试评价表是公司人员招聘过程中用到的一种表格，以便于对应试人的素质特征及工作能力、工作经验等进行合理判断。

在实际工作中，各个公司的面试评价表内容各不相同，但基本上都包括面试时间、姓名、评价方向、评价标准与等级、评价结构等方面的内容。具体来说，面试评价表的构成主要包括以下几个方面。

◎ 姓名、编号、性别、年龄。

◎ 应聘的单位与职位。

◎ 面试考察的重点内容及评价要素。

◎ 面试评价的标准与等级。

◎ 评价结果栏（包括录用建议或录用决策）。

◎ 安排再次面试时间等。

3. 操作思路

根据上面的操作要求，本例的操作思路如图4-47所示。在操作过程中需要注意的是，要实现本例表格的效果，其方法有多种，除了本例介绍的方法外还可结合绘制表格功能进行编辑。

效果\第4课\上机实战\面试评价表.docx

演示\第4课\制作"面试评价表"文档.swf

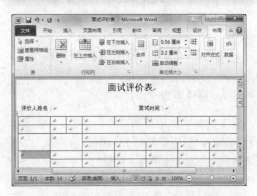

（1）插入表格后合并与拆分部分单元格

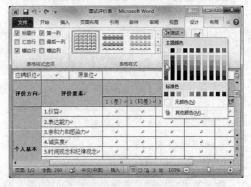

（2）编辑表格数据后设置填充底纹

图4-47 制作"面试评价表"的操作思路

本例的主要操作步骤如下。

❶ 新建一篇文档，保存为 "面试评价表.docx" 文档，输入表格名称，设置为 "方正小标宋

简体、小二、居中对齐", 再输入"评价人姓名: "和"面试时间: "文本, 设置字体格式为"汉仪细圆简"。

❷ 根据图4-46中的表格效果, 选择相应的单元格, 运用合并与拆分操作调整表格的布局, 完成后输入相应的表格文字, 并将其中需要突出显示的表格文字格式设为"汉仪细圆简、加粗显示"。

❸ 选择表格中需要居中对齐的文字, 在【表格工具】→【布局】→【对齐方式】组中单击"水平居中"按钮 进行对齐。

❹ 根据内容的多少适当调整部分行高和列宽。

❺ 选择需要添加底纹的单元格, 在【表格工具】→【设计】→【表格样式】组中单击"底纹"按钮 , 在打开的下拉列表中选择一种浅灰色底纹, 完成制作。

4.2.2 制作"公司组织结构图"

1. 操作要求

本例要求运用剪贴画、艺术字、形状图形和SmartArt图形制作"公司组织结构图", 完成后的最终效果如图4-48所示。

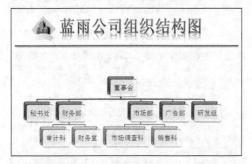

图4-48 "公司组织结构图"文档效果

具体操作要求如下。

◎ 新建一篇Word文档。

◎ 插入艺术字标题"蓝雨公司组织结构图"并设置相应的格式。

◎ 在艺术字标题左侧添加一幅"建筑"类别的剪贴画并设置其位置和大小等。

◎ 在标题下方绘制一个线条形状图形, 并设置

其格式。

◎ 插入SmartArt图形, 添加公司组织结构图内容并进行编辑。

2. 专业背景

组织结构图是一种表示公司成员、职称和群体关系的一种图表, 它能形象地反映出组织内各机构、岗位相互之间的关系。

不同行业的组织结构图并不相同, 因为不同行业的部门划分、部门人员职能及所需人员各不同, 因此企业要根据具体情况(如部门的划分、部门人员职能的划分)制定具体的、整体的、个性的组织架构图。

组织结构图的绘制是一种层次关系的表达, 可使用"层次结构"SmartArt图形来实现。

3. 操作思路

根据上面的操作要求, 本例的操作思路如图4-49所示。

(1) 插入艺术字、剪贴画、形状图形

(2) 插入并设置SmartArt图形样式

图4-49 制作"公司组织结构图"的操作思路

效果\第4课\上机实战\公司组织结构图.docx
演示\第4课\制作"公司组织结构图".swf

本例的主要操作步骤如下。

❶ 新建一篇文档,保存为"公司组织结构图.docx"文档。

❷ 将文本插入点定位到文档标题位置,插入并选择最末尾的一种艺术字样式,然后输入"蓝雨公司组织结构图",并调整艺术字的大小和位置。

❸ 将文本插入点定位到文档标题左侧,打开"剪贴画"任务窗格,在"搜索文字"文本框中输入"建筑",单击 搜索 按钮后选择所需剪贴画插入文档。

❹ 选择剪贴画,将其设置为"浮于文字上方",缩小后调整好其位置,并在【图片工具】→【格式】→【调整】组中增加其亮度和对比度。

❺ 在【插入】→【插图】组中单击"形状"按钮,在打开的下拉列表中选择 ＼,在标题下方绘制一条直线,然后设置形状样式。

❻ 将文本插入点定位到文档标题下方,插入SmartArt图形("层次结构"样式)。

❼ 根据需要分别添加二级和三级层次形状,然后在"在此处键入文字"窗格中依次输入各组织结构图形状中的文本内容,最后在"设计"选项卡中设置一种彩色颜色,并添加"优雅"三维SmartArt样式,完成制作。

4.3 常见疑难解析

问:选择整个表格后只能复制表格,不能只复制表格中的文字,怎样将表格中的文字单独提取出来使用呢?

答:可以将表格转换为文本,即将表格中的文本内容按原来的顺序提取出来,以文本的方式显示,但会丢失一些特殊的格式。方法是选择整个表格后在【表格工具】→【布局】→【数据】组中单击"转换为文本"按钮,打开"表格转换成文本"对话框,选择一种文字分隔符,一般保持默认的制表符,单击 确定 按钮即可。

问:从网页中复制表格到Word文档中后,由于某些单元格中的文字较多,部分文字被隐藏了,可以快速将其显示出来吗?

答:可以。方法是选择表格后,单击鼠标右键,在弹出的快捷菜单中选择【自动调整】→【根据内容调整表格】命令,便可自动根据内容的多少来调整表格的大小。

问:怎样将文档中使用的图片保存为单独的图片文件进行使用?

答:方法很简单,在文档中的图片上单击鼠标右键,在弹出的快捷菜单中选择【另存为图片】命令,再在打开的对话框中指定保存位置和名称即可。

问:在制作好的SmartArt图形中为什么不能将形状移至文档的其他位置呢?

答:形状只能在SmartArt图形的边框内进行移动,若无法将形状移动至目标位置,则应先扩大SmartArt图形的边框,再移动形状;移动形状不会改变SmartArt图形的结构;如需移动SmartArt图形,应先将其"自动换行"模式设置为"非嵌入型"。同时,调整形状的大小,形状内的文本字号将随之自动进行调整。

4.4 课后练习

（1）新建空白文档，利用SmartArt图形（"流程"类别）制作效果如图4-50所示的"招聘流程图"，完成后保存文档。

效果\第4课\课后练习\招聘流程图.docx
演示\第4课\制作"招聘流程图".swf

图4-50　"招聘流程图"文档效果

（2）打开"公司简介.docx"文档，并对文档进行如下操作。

◎　选择文档标题"公司简介"，将其转换为艺术字。

◎　在文档标题左侧绘制一个箭头形状，然后设置其形状样式。

◎　插入提供的"公司图片1"、"公司图片2"和"公司图片3"图片素材，将其"自动换行"设置为"紧密型环绕"方式，再将图片分别拖至文档文字的右侧，为图片添加"简单边框，白色"图片样式。

◎　插入3个文本框，分别输入文字"公司生产车间"、"粮食生产基地1"和"粮食生产基地2"，设置文本格式为"小五、蓝色"，再取消文本框的填充色和边框色，最后移至各图片下方作为图题，完成本例的制作，最终效果如图4-51所示。

图4-51　"公司简介"文档效果

素材\第4课\课后练习\公司简介.docx、公司图片1.jpeg ~ 公司图片3.jpeg
效果\第4课\课后练习\公司简介.docx　　　演示\第4课\编辑"公司简介"文档.swf

第 5 课
排版Word文档

学生：老师，我想让文档中的文本像杂志上那样分栏排列，可以实现吗?

老师：当然可以。Word提供了很多特殊的文档排版功能，包括分栏、首字下沉、带圈字符、标注拼音、纵横混排等，以满足工作中各种不同文档的需要。

学生：Word有这么多排版功能，这样就可以制作出更加美观和专业的文档效果了。

老师：如果要使文档排版更加美观和专业，还可以设置文档边框和底纹，为文档设置适合的页面大小和页边距，使用样式统一文档格式，还可以将排好版的文档创建为模板等。这些排版文档的技能都需要熟练掌握。

学生：我明白了，那我们现在就开始学习吧!

学习目标

▶ 掌握分栏等文档版式的设置

▶ 掌握边框和底纹的设置

▶ 熟悉文档页面版式的设置

5.1 课堂讲解

本课堂将主要讲述设置文档分栏与特殊的中文版式、设置边框和底纹、设置文档页面格式和使用模板4个方面的内容。通过相关知识点的学习和案例的制作，读者可以掌握如何合理地运用分栏、首字下沉、带圈字符、边框和底纹、页面边距、页眉页脚、样式和模板等知识。

5.1.1 设置分栏与特殊中文版式

分栏和首字下沉是常用的排版方式，而拼音指南、带圈字符、合并字符、双行合一和纵横混排等功能则是特殊中文排版中会用到的一些排版技巧，下面分别对这些知识进行介绍。

1. 设置分栏

一般文档为单栏排版，而在报刊和书籍文档中则经常需要分栏排版。对文档进行分栏排版不仅可节约版面，也可带给人不同的阅读体验。设置分栏的具体操作如下。

❶ 选择分栏排版的文本，在【页面布局】→【页面设置】组中单击"分栏"按钮 📑 分栏▾，在打开的下拉列表中选择要划分的栏数，如选择"两栏"选项，便可对文档进行双栏排版，如图5-1所示。

图5-1 选择分栏

❷ 如果要自定义栏数和栏宽，可以在"分栏"下拉列表中选择"更多分栏"命令，打开"分栏"对话框。

❸ 在"分栏"对话框的"预设"栏中选择"左"和"右"选项，可进行两边不对称的分栏操作；在"宽度和间距"栏中可进行栏宽的设置，如选择"两栏"时，可在"宽度

和间距"栏中"栏1"项的"宽度"数值框中进行宽度的设置，"栏2"则自动做相应的调整。

❹ 在"分栏"对话框中选中 ☑分隔线(B) 复选框，通过右侧的"预览"框可以查看效果，如图5-2所示。单击 确定 按钮应用设置。

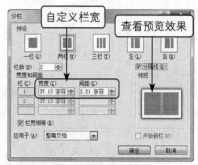

图5-2 "分栏"对话框

2. 设置首字下沉

通过设置首字下沉可以使段首的文本更加醒目，设置的具体操作如下。

❶ 选择段落的首字文本，在【插入】→【文本】组中单击"首字下沉"按钮 🔠，在打开的下拉列表中选择所需的样式即可，如图5-3所示。

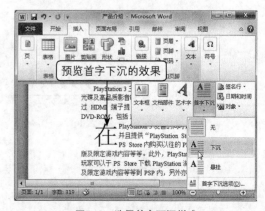

图5-3 选择首字下沉样式

❷ 如果要设置字体和下沉行数等，可以在"首字下沉"下拉列表中选择"首字下沉选项"命令，在打开的对话框中进行设置。

3. 设置带圈字符

带圈字符是中文字符的一种特殊形式，设置的具体操作如下。

❶ 选择需要设置带圈字符的单个文字，在【开始】→【字体】组中单击⊕按钮，打开"带圈字符"对话框。

❷ 在"样式"栏中选择带圈字符的样式，如"增大圈号"，在"圈号"列表框中选择圈号样式，如图5-4所示。

❸ 单击 确定 按钮，完成设置。

图5-4 "带圈字符"对话框

4. 设置拼音指南

设置拼音指南版式的目的是为选择的文本标注拼音，其具体的设置方法如下。

❶ 选择需要添加拼音的文字，在【开始】→【字体】组中单击雙按钮，打开如图5-5所示的"拼音指南"对话框。

❷ 此时在对话框中已默认显示了汉字的拼音，在"对齐方式"下拉列表框中选择拼音的对齐方式，在"字体"下拉列表框中设置拼音的字体，在"字号"下拉列表框中设置拼音的字号，完成后单击 确定 按钮。

5. 合并字符

合并字符是指将多个字符以一个字符的宽度占位显示。合并字符的具体操作如下。

❶ 选择需要合并的文字，在【开始】→【段落】组中单击◇·按钮，在打开的下拉列表中

选择"合并字符"命令。

❷ 在打开的"合并字符"对话框中一般保持默认设置，或设置合并字数、字体等格式，单击 确定 按钮，如图5-6所示。

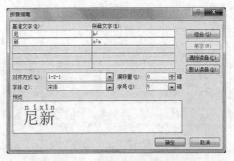

图5-5 "拼音指南"对话框

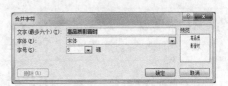

图5-6 "合并字符"对话框

6. 双行合一

设置双行合一版式的目的是将两行文字显示在同一行中，与合并字符的功能相似，其具体的设置方法如下。

❶ 选择需要双行合一的文字，在【开始】→【段落】组中单击◇·按钮，在打开的下拉列表中选择"双行合一"命令。

❷ 在打开的"双行合一"对话框中保持默认设置，也可选中☑带括号②复选框添加括号样式，完成后单击 确定 按钮。

7. 纵横混排

设置纵横混排版式的目的是将文档以纵排和横排方式排在一起，其具体的设置方法如下。

❶ 选择需要纵横混排的文字，在【开始】→【段落】组中单击◇·按钮，在打开的下拉列表中选择"纵横混排"命令。

❷ 在打开的"纵横混排"对话框中取消选中☐适应行宽②复选框，调整混排后的行宽，单击 确定 按钮应用设置。

8. 案例——设置"蓝光技术介绍"文档版式

本例为"蓝光技术介绍"文档设置分栏效果，为第一段文字添加首字下沉，并将标题后4个字合并为双行显示，效果如图5-7所示。

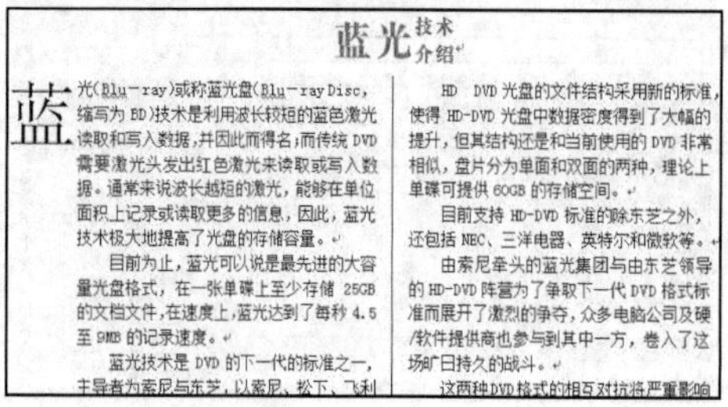

图5-7　最终效果

素材\第5课\课堂讲解\蓝光技术介绍.docx
效果\第5课\课堂讲解\蓝光技术介绍.docx

❶ 打开"蓝光技术介绍"文档，选择所有正文文本，在【页面布局】→【页面设置】组中单击"分栏"按钮**■分栏·**，在打开的下拉列表中选择"更多分栏"命令。

❷ 在"分栏"对话框的"预设"栏中选择"两栏"样式，选中☑分隔线⑧复选框，单击 **确定** 按钮，效果如图5-8所示。

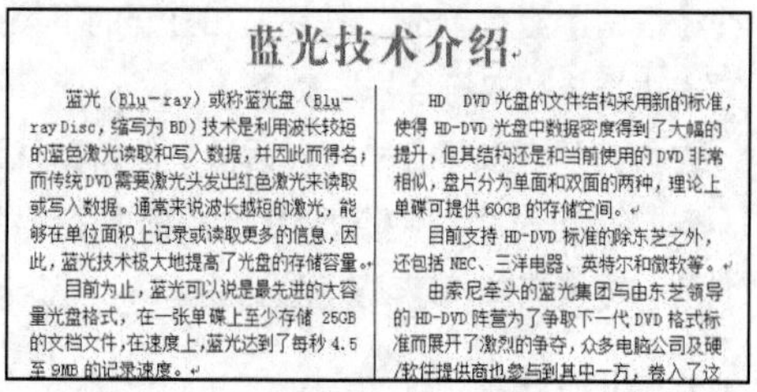

图5-8　分栏后的效果

❸ 将插入光标定位到正文的第一段，在【插入】→【文本】组中单击"首字下沉"按钮**▲▉**，在打开的下拉列表中选择"悬挂"选项。

❹ 选择文档大标题中的"技术介绍"文字，在【开始】→【段落】组中单击✕按钮，在打开的下拉列表中选择"双行合一"命令。

❺ 在打开的"双行合一"对话框中保持默认设置，单击 **确定** 按钮，完成本例的制作。

为"蓝光技术介绍"文档的标题文本设置拼音指南和带圈字符效果。

5.1.2　设置边框和底纹

编辑名片、宣传单和公司信函类文档时，为了增强文档的视觉效果，可以根据需要为段落、文本和页面添加边框和底纹。

1. 设置段落边框和底纹

✎ 设置段落边框

设置段落边框时，选择需要设置边框的段落，在【开始】→【段落】组中单击"下框线"按钮▦右侧的▾按钮，在打开的下拉列表中选择"外侧框线"选项，便可为整个段落添加边框，也可选择"上框线"、"下框线"等选项为段落某一边添加边框。

如果要自定义段落边框的样式、颜色等，可以在"下框线"下拉列表中选择"边框和底纹"命令，打开如图5-9所示"边框和底纹"对话框，先在"设置"栏中选择边框样式，在"样式"列表框中选择边框线型，在"颜色"下拉列表框中选择边框颜色，在"宽度"下拉列表中选择边框粗细，完成后单击 **确定** 按钮。

图5-9　"边框和底纹"对话框

❗ 提示：在"预览"栏中单击▦、▦和▦等按钮，可以取消或显示段落某一边的边框。

✏ **设置段落底纹**

在如图5-9所示的"边框和底纹"对话框中单击"底纹"选项卡，在"填充"下拉列表框中选择段落填充颜色，在"图案"栏中可以设置图案样式及颜色，完成后单击 确定 按钮。

2. 设置文本边框和底纹

设置文本边框和底纹的方法与前面介绍的设置段落边框和底纹的方法相同，只是先选择的是文字而不是整个段落。

另外，选择文本后在【开始】→【字体】组中单击"字符边框"按钮A，可以为文本添加默认的字符边框，单击"字符底纹"按钮A，可以为文本添加默认的字符底纹。

> ⚠ 技巧：选择段落或文字后，在【开始】→【段落】组中单击"底纹"按钮 ⬛·右侧的下拉按钮·，在打开的下拉列表框中也可选择底纹颜色。

3. 设置页面边框

设置页面边框时，同样需要先打开"边框和底纹"对话框，单击"页面边框"选项卡，在"设置"栏中选择页面边框的类型，然后在其中设置边框的线型、颜色、宽度及艺术效果等格式，如图5-10所示，最后单击 确定 按钮。

图5-10 "页面边框"选项卡

4. 案例——为"健康宣传"文档设置边框和底纹

本例要求为"健康宣传"文档的第一段正文设置上下双线边框和浅粉色底纹，再为副标题添加默认灰色底纹，最后添加艺术页面边框。最终效果如图5-11所示。

图5-11 设置后的最终效果

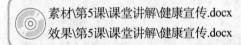
素材\第5课\课堂讲解\健康宣传.docx
效果\第5课\课堂讲解\健康宣传.docx

❶ 打开"健康宣传"文档，选择正文第一段文本，在【开始】→【段落】组中单击"下框线"按钮⬛右侧的按钮，在打开的下拉列表中选择"边框和底纹"命令，打开"边框和底纹"对话框。

❷ 在"边框"选项卡的"样式"列表框中选择双线样式，在右侧的"预览"框中分别单击⬛和⬛按钮，取消左、右框线，如图5-12所示。

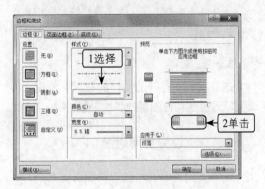

图5-12 设置段落边框

❸ 单击"底纹"选项卡，在"填充"下拉列表框中选择如图5-13所示的浅粉色底纹。

❹ 单击"页面边框"选项卡，在"艺术型"下拉列表框中选择如图5-14所示的页面边框样式，单击 确定 按钮应用设置。

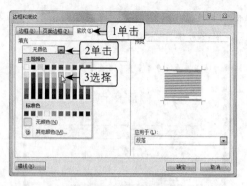

图5-13　设置段落底纹

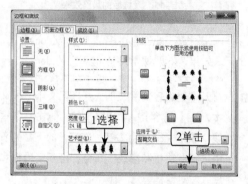

图5-14　设置页面艺术边框

❺　选择文档大标题下面的副标题文字，在【开始】→【字体】组中单击"字符底纹"按钮 🅰，为文本添加默认的字符底纹，完成本例的操作。

🕐 **试一试**

选择案例中打开的文档的最后一段正文，设置段落边框和带图案的底纹效果。

5.1.3　设置页面版式

设置文档页面版式包括设置页面大小、页边距、页面背景，以及添加水印、封面、页眉页脚等，这些设置将应用于文档的所有页面。

1．设置页面大小、页面方向和页边距

默认的Word页面大小为"A4（21厘米×29.7厘米）"，页面方向为"纵向"，页边距为"普通"，在【页面布局】→【页面设置】组中单击相应的按钮便可进行修改，相关介绍如下。

◎　单击"纸张大小"按钮 🗎 右侧的 ˇ 按钮，在打开的下拉列表框中选择一种页面大小选项，或选择"其他页面大小"命令，在打开的"页面设置"对话框中输入文档宽度和高度大小值。

◎　单击"页面方向"按钮 🗎 右侧的 ˇ 按钮，在打开的下拉列表中选择"横向"命令，可以将页面方向设置为横向。

◎　单击"页边距"按钮 🗎 下方的 ˇ 按钮，在打开的下拉列表框中选择一种页边距选项，或选择"自定义页边距"命令，在打开的"页面设置"对话框中输入上、下、左、右页边距值。

2．设置页面背景

在Word中，页面背景可以是纯色背景、渐变色背景和图片背景。设置方法是：在【页面布局】→【页面背景】组中单击"页面颜色"按钮 🎨页面颜色，在打开的下拉列表中选择一种页面背景颜色，如图5-15所示。选择"填充效果"命令，在打开的对话框中单击"渐变"等选项卡，便可设置渐变色背景和图片背景。

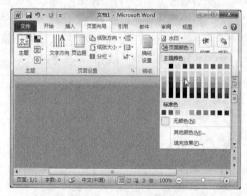

图5-15　设置页面背景

3．添加水印

制作办公文档时，为表明公司文档的所有权和出处，可为文档添加水印背景，如添加"机密"水印等。添加方法是：在【页面布局】→【页面背景】组中单击"水印"按钮 🄰水印▾，在打开的下拉列表中选择一种水印效果即可。

提示：在"水印"下拉列表中选择"自定义水印"命令，打开"水印"对话框，可以自定义水印的文字内容和字体等。

4. 添加封面

在制作某些办公文档时，可通过添加封面来表现文档的主题。封面内容一般包含标题、副标题、文档摘要、编写时间、作者和公司名称等。添加方法是：在【插入】→【页】组中单击"封面"按钮，在打开的下拉列表中选择一种封面样式，如图5-16所示，为文档添加该类型的封面，然后输入相应的封面内容便可。

图5-16　添加文档封面

5. 设置主题

Word 2010提供了多种主题，通过应用这些文档主题可快速更改文档的整体效果，使文档的整体风格相统一。

设置方法是：在【页面布局】→【主题】组中单击"主题"按钮，在打开的下拉列表中选择一种主题样式，文档的颜色和字体等效果将发生变化。

6. 设置页眉和页脚

很多办公文档需要设置页眉和页脚，页眉位于文档顶部区域，页脚位于文档底部区域，且均不属于文档正文，因此对其进行编辑时不会对正文文本产生影响。在页眉和页脚中可包含页数、文档名称、公司名称和日期等信息。

设置页眉和页脚的具体操作如下。

❶ 在【插入】→【页眉和页脚】组中单击"页眉"按钮，在打开的下拉列表中选择一种

页眉样式，此时将激活页眉编辑状态，在页眉中输入相应的文字内容，如图5-17所示。

图5-17　添加文档页眉

❷ 滚动文档窗口将光标插入点定位到页脚区域，或者在【页眉和页脚工具】→【设计】→【导航】组中单击"转至页脚"按钮转换至页脚编辑状态，输入页脚的内容，如图5-18所示。

图5-18　添加文档页脚

❸ 此时Word将自动为文档的每一页添加相同的页眉和页脚内容，如果需要创建奇偶页内容不同的页眉和页脚，可以在【页眉和页脚工具】→【设计】→【选项】组中选中☑奇偶页不同复选框，然后分别在奇数页和偶数页的页眉和页脚中插入所需的样式并输入相应的内容即可。

❹ 如果要添加页码，分别定位到文档的奇、偶页的页眉或页脚中，然后在【页眉和页脚工具】→【设计】→【页眉和页脚】组中单击"页码"按钮，在打开的下拉列表中选择页码的位置，再在其子列表中选择页码的样式即可，如图5-19所示。

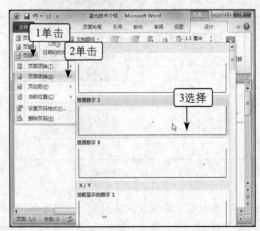

图5-19　添加页码

❺ 在【页眉和页脚工具】→【设计】→【关闭】组中单击"关闭页眉和页脚"按钮❎，即可退出页眉和页脚编辑状态。

> 提示：在编辑页眉和页脚时，在【页眉和页脚工具】→【设计】→【插入】组中单击"日期和时间"按钮等，可以在页眉或页脚中插入当前日期和时间，以及图片和剪贴画等对象。

> 注意：页码通常添加在页脚区中，当然根据实际需要，也可以添加在页眉区或页面的侧面，而且某些页眉和页脚样式中已包括页码，此时就不需要再插入页码了。

7. 案例——为"公司简介"文档设置页面格式

本例要求为"公司简介"文档设置页面大小为"16开"，页边距为"适中"，添加内容为"严禁复制"的水印，以及页眉和页脚，最终效果如图5-20所示。

图5-20 最终效果

 素材\第5课\课堂讲解\公司简介.docx
效果\第5课\课堂讲解\公司简介.docx

❶ 打开"公司简介"文档，在【页面布局】→【页面设置】组中单击"纸张大小"按钮，在打开的下拉列表中选择"16开"选项，如图5-21所示。

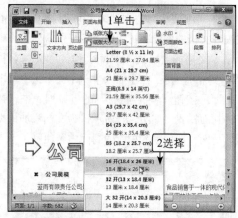

图5-21 设置页面大小

❷ 在【页面布局】→【页面设置】组中单击"页边距"按钮，在打开的下拉列表中选择"适中"页边距选项。

❸ 在【页面布局】→【页面背景】组中单击"水印"按钮，在打开的下拉列表中选择"严禁复制1"水印样式，如图5-22所示。

图5-22 设置页面水印

❹ 在【插入】→【页眉和页脚】组中单击"页眉"按钮，在打开的下拉列表中选择"朴素型（奇数页）"样式，如图5-23所示。

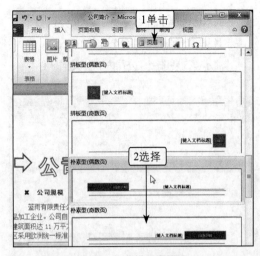

图5-23 设置页眉

❺ 在第1页奇数页页眉区域中单击 [键入文档标题] 按钮，输入"蓝雨有限责任公司"，再单击 [选取日期] 选择当前日期插入，效果如图5-24所示。

图5-24 编辑奇数页页眉

❻ 将光标定位到奇数页页脚中，在【插入】→【页眉和页脚】组中单击"页脚"按钮📄，在打开的下拉列表中选择"朴素型（奇数页）"样式，插入页脚后将公司名称修改为"蓝雨"。

❼ 将光标定位到偶数页页眉中，在【插入】→【页眉和页脚】组中单击"页眉"按钮📄，在打开的下拉列表中选择"朴素型（偶数页）"样式，此时页眉的内容将默认为与奇数页相同，只是排列位置不同，效果如图5-25所示，可根据需要修改页眉内容。

图5-25 添加文档偶数页页眉

❽ 将光标定位到偶数页页脚中，在【插入】→【页眉和页脚】组中单击"页脚"按钮📄，在打开的下拉列表中选择"朴素型（偶数页）"样式，使用默认的页脚内容，如图5-26所示。

❾ 单击"关闭页眉和页脚"按钮✖，退出页眉和页脚编辑状态，完成本例的制作。

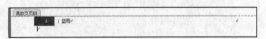

图5-26 添加文档偶数页页脚

⏱ 试一试

将"公司简介"文档设置为宽10厘米×高20厘米的页面大小，并添加浅蓝色页面底纹。

5.2 上机实战

本课上机实战将练习分别对"公司内刊"和"招工协议书"两篇文档重新进行排版，使其更符合使用需求，并进一步巩固本课所学习的知识点。

上机目标：
◎ 熟练掌握分栏排版和带圈字符的设置方法；
◎ 熟练掌握段落、文字边框和底纹的设置方法；
◎ 熟练掌握文档页面格式的设置方法；
◎ 熟悉文档页眉和页脚的设置方法。

建议上机学时：1学时。

5.2.1 排版"公司内刊"文档

1. 操作要求

本例要求对提供的"公司内刊"文档进行排版，完成后的效果如图5-27所示。

具体操作要求如下。

◎ 将文档中大标题中的"美文欣赏"添加带圈字符效果，再为副标题添加字符边框效果。

◎ 将文档正文分3栏显示，并添加分隔线。

◎ 为文档第一段正文添加浅绿色段落底纹。

◎ 应用"新闻纸"主题并添加页面边框。

图5-27 "公司内刊"文档排版效果

2. 专业背景

公司内刊是指企业内部自办的报型或刊型读物，用于介绍和宣传公司的形象及企业文化，记录企业的成长。

公司内刊的内容、表现形式及传播途径多种多样，可以制作成板报，也可以印制成册。本例相当于公司内刊的一页，其排版形式与杂志的排版风格类似，在实际工作中可结合企业的需要和表现形式进行灵活排版。

3. 操作思路

根据上面的操作要求，本例的操作思路如图5-28所示。需要注意的是，分栏后如果内容比较少，将出现一栏文字多而另一栏文字少的情况，如果要两栏高度上水平对齐，可以在末尾插入连续分隔符（在【页面布局】→【页面设置】组中单击"分隔符"按钮，选择"连续"选项）。

素材\第5课\上机实战\公司内刊.docx
效果\第5课\上机实战\公司内刊.docx
演示\第5课\排版"公司内刊"文档.swf

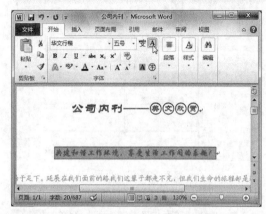

（1）设置带圈字符和字体边框

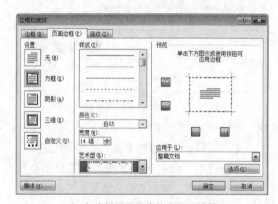

（2）分栏后设置底纹和页面边框

（3）设置文档主题

图5-28 排版"公司内刊"文档的操作思路

本例的主要操作步骤如下。

❶ 打开"公司内刊"文档，分别选择大标题中的"美文欣赏"4个字，在【开始】→【字体】组中单击⊕按钮，添加带圈字符。

❷ 选择副标题，在【开始】→【字体】组中单击"字符边框"按钮🅐，添加字符边框效果。

❸ 选择正文文本，在【页面布局】→【页面设置】组中单击"分栏"按钮▦分栏▾，选择"更多分栏"命令，打开"分栏"对话框，设置为"3栏"，选中☑分隔线⒝复选框。

❹ 选择正文第一段，在【开始】→【段落】组中单击"下框线"按钮▦右侧的▾按钮，在打开的下拉列表中选择"边框和底纹"命令，在"底纹"选项卡中设置浅绿色底纹，再单击"页面边框"选项卡设置页面边框。

❺ 在【页面布局】→【主题】组中单击"主题"按钮🅰，在打开的下拉列表中选择"新闻纸"样式，完成制作。

5.2.2 排版"招工协议书"文档

1. 操作要求

本例要求对提供的"招工协议书"文档进行排版，完成后的效果如图5-29所示。

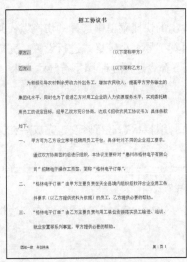

图5-29 "招工协议书"文档排版效果

具体操作要求如下。

◎ 打开文档，将文档页面大小设置为"A4"，

页边距设置为"上4 厘米、下3 厘米、左3厘米、右3 厘米"。

◎ 在页脚右侧添加"强调线4"页码样式，并在页脚左侧添加文字"团结一致 开创未来"。

◎ 为文档最前面的"甲方："和"乙方："文字添加字符底纹效果。

2. 专业背景

招工协议书具有相应的格式，编写时可以通过网络下载专业的范本，然后再根据实际情况修改相应的内容即可。

本例主要练习页面设置，如果协议书内容较多时可以添加页码页脚等内容；若内容较少，如只有一页就不需要添加页码了。

3. 操作思路

根据上面的操作要求，本例的操作思路如图5-30所示。

（1）设置页面大小和页边距

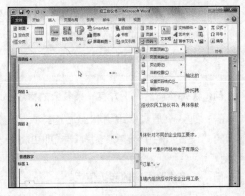

（2）插入页码

图5-30 排版"招工协议书"文档的操作思路（续）

（3）编辑页脚

（4）添加字符底纹

图5-30 排版"招工协议书"文档的操作思路（续）

素材\第5课\上机实战\招工协议书.docx
效果\第5课\上机实战\招工协议书.docx
演示\第5课\排版"招工协议书"文档.swf

本例的主要操作步骤如下。

❶ 打开"招工协议书"文档，在【页面布局】→【页面设置】组中单击"纸张大小"按钮，在打开的下拉列表中选择"A4"。

❷ 在【页面布局】→【页面设置】组中单击"页边距"按钮，在打开的下拉列表中选择"自定义边距"命令，在打开的"页面设置"对话框中输入指定的页边距后确认。

❸ 在【插入】→【页眉和页脚】组中单击"页码"按钮，在打开的下拉列表中选择"强调线4"选项。

❹ 将光标定位到插入页码后的页脚中，在【开始】→【段落】组中单击"左对齐"按钮，然后在页码左侧单击并输入文字"团结一致 开创未来"，利用空格将页码部分的文字移至页面右侧。

❺ 单击"关闭页眉和页脚"按钮，退出页眉和页脚编辑状态。

❻ 选择文档最前面的"甲方："和"乙方："文字，在【开始】→【字体】组中单击"字符底纹"按钮，为文本添加字符底纹，完成本例的制作。

5.3 常见疑难解析

问： 添加带圈字符效果后可以自定义圈的大小吗？

答： 可以。方法是选中带圈字符，单击鼠标右键，在弹出的快捷菜单中选择"切换域代码"命令，此时将以域代码方式显示，选中圈符号或文字，即可对其字号大小等格式进行设置，完成后再单击鼠标右键，在弹出的快捷菜单中再次选择"切换域代码"命令还原至带圈字符显示效果。

问： 退出页眉页脚后怎样对其内容进行再次编辑呢？

答： 用鼠标双击页眉或页脚区域，可以快速进入页眉页脚编辑状态进行修改，完成后在文档其他区域双击鼠标即可退出页眉页脚编辑状态。

问： 添加页眉后，下方有一条多余的横线，怎样把它删除呢？

答： 进入页眉页脚编辑状态后选择页眉中的段落，打开"边框和底纹"对话框，在"边框"选项卡的"设置"栏中选择"无"样式即可将其取消。

问： 如何修改页码的起始值呢？

答： 先进入页眉和页码编辑状态，选择页码，打开"页码格式"对话框，单击鼠标右键，在弹出的快捷菜单中选择"设置页码格式"命令，在打开的对话框中设置起始页码值即可。

5.4 课后练习

（1）打开“聘用制度”文档，将文档页面方向设置为“横向”，将正文第一段中的首字“聘”设置为“首字下沉”效果，然后选择所有“第*条”段落文字，为其添加5%的灰色底纹，最终效果如图5-31所示。

素材\第5课\课后练习\聘用制度.docx　　效果\第5课\课后练习\聘用制度.docx
演示\第5课\编辑“聘用制度”文档.swf

聘用制度

聘用制度主要包括以下四个方面的内容：

第一节 录用

第1条 经人力资源部面试、笔试后通过各部门考核按程序录用；
第2条 试用3天依照表现留用。

第二节 报到

第3条 试用3天后向人力资源部办理报到手续。
第4条 新进人员上缴以下资料
1、身份证复印件；2、毕业证复印件与原件；3、2寸照片3张
第5条 人力资源部填写《入职申请》制作工作牌

第三节 试用与任用

第6条 在上岗前接受公司的企业文化教育、劳动安全教育、岗位技能培训。
第7条 保守商业秘密，生产旺季须加班。
第8条 新进员工除另有约定和规定外，通常自上岗之日起三个月试用期。
第9条 试用员工须接受人力资源部德、能、勤等多方面考核，每日考评一次，每月提交一份见习报告，由人事考评。

第四节 调动

第10条 调动职位须提出申请并经过相关部门同意方可。

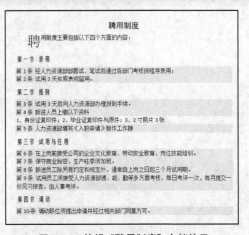

图5-31　编辑“聘用制度”文档效果

（2）打开“推广计划”文档，插入页眉并在页眉中输入文字“推广计划”，在页脚中插入“普通数字2”样式的页码，最终效果如图5-32所示。

素材\第5课\课后练习\推广计划.docx　　效果\第5课\课后练习\推广计划.docx
演示\第5课\编辑“推广计划”文档的页眉页脚.swf

族和家庭主妇是促销的主要目标。

3、包装活动主题：以最实际的价格折扣、演示促销和附带赠品为主。将切身利益让给受众。

4、活动时间和地点：促销活动的时间和地点分别选在周末和各市中心最火爆的超市。活动前与各地区城管、工商等部门沟通好，持续时间为周六、周日二天。

5、广告配合方式：以“爱”为创意用平面广告的表现手法，辅以电视、报刊媒介炒作。

2

推广计划

➢ 赞助学校运动会：

学生是飓风安眠奶的重要消费群体之一，虽然中学生喝的牛奶是由家长代为购买，但学生对牛奶的偏好也同时影响家长的购买决策。因此，提高飓风安眠奶在学生群体中的知名度和形象也必不可少。学生的活动场所集中在学校，学校运动会是飓风安眠奶可利用的一个全校性活动机会。

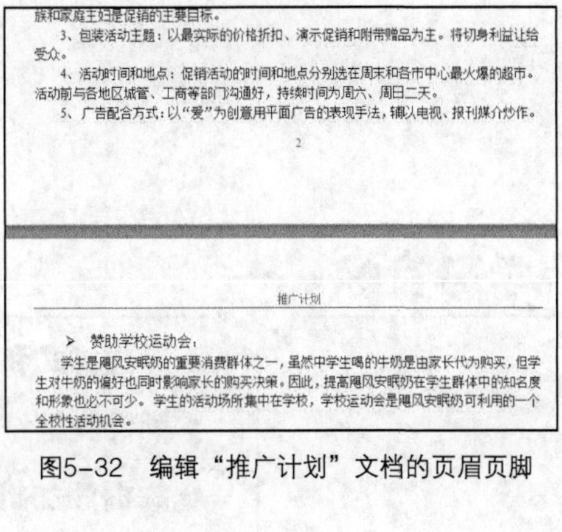

图5-32　编辑“推广计划”文档的页眉页脚

第 6 课
编辑长文档

学生：老师，对于项目计划书、员工手册这类内容较多的长文档，它的页面多达几十页，修改时经常需要修改大量相同的格式，会花费大量的时间，有没有什么应对的办法来提高工作效率呢？

老师：对于内容较多的文档，可以利用Word的样式功能为需要用相同格式的文字应用样式，这样当需要修改其格式时只需使用样式便可大大提高工作效率。

学生：原来使用样式就可以解决这个问题，看来我对Word的功能了解得不够深入。

老师：通过前面的学习，相信大家已经可以编辑各种文档了，而在实际工作中还需要掌握长文档的编写、修改、审阅和批注等知识，才能更好地使用和编辑各种文档。

学生：太好了，掌握了这些知识后就再也不用担心长文档的编辑了。

老师：本课我们还将学习如何制作目录以及打印文档等，这也是Word软件的最后一堂课，一定要好好学习。

学生：老师，我会认真学习的。

学习目标

▶ 掌握样式和模板的使用方法

▶ 熟悉文档结构图的使用方法

▶ 掌握添加批注、书签、脚注和尾注的方法

▶ 熟悉文档目录的制作过程

▶ 掌握打印文档的方法

6.1 课堂讲解

本课堂主要讲述编辑长文档、审阅文档、制作文档目录和打印文档等知识。通过相关知识点的学习和案例的制作，读者可以熟悉并掌握使用样式排版文档、使用大纲查看和组织文档、插入和编辑书签、对文档进行批注和修改、创建和编辑目录以及打印文档的方法。

6.1.1 使用样式和模板

很多办公文档的大部分格式比较类似，而且当文档内容很多时，需要设置相同格式的内容就会很多，使用手动设置不仅麻烦而且不利于后期修改格式，此时使用样式和模板就能很好地解决这个问题。

在Word文档排版中，样式实际上是定义了字体、字号、特殊格式、段落格式等样式参数的集合，而模板是一种确定了文档的基本结构和有特殊设置的文档，其扩展名为".dotx"。下面将分别讲解样式和模板的使用方法。

1. 创建样式

Word中的样式有内置样式和自定义样式两种，内置样式是Word本身提供的样式。将光标定位到文本中，在【开始】→【样式】组中单击 按钮，在弹出的列表中便可查看和选择一种内置样式。

在Word中还可以设置自定义样式，其具体操作如下。

❶ 在【开始】→【样式】组中单击"功能扩展按钮"按钮 ，打开"样式"窗格，在窗格底部单击"新建样式"按钮 ，如图6-1所示。

图6-1 "样式"窗格

❷ 打开"根据格式设置创建新样式"对话框，在"名称"文本框中输入样式的名称，如"标题3"；在"样式类型"下拉列表框中选择样式的类型，一般保持默认的"段落"选项；在"样式基准"下拉列表框中选择新建样式的基准，即基于某个已有样式进行再次修改后创建，如"标题2"。

❸ 在"格式"栏中可以设置字体格式，如"黑体"、"小四"，并设置为"左对齐"，单击 格式(O) 按钮，在弹出的下拉菜单中选择相应的命令，可以设置更多的样式格式，如图6-2所示。

图6-2 "新建样式"对话框

❹ 设置好样式的格式后单击 确定 按钮，完成样式的创建，在"样式"窗格中将显示出新创建的样式名称，在文档中光标插入点所在的段落也会自动应用当前创建好的样式。

> 技巧：将光标插入点定位到基准样式段落中，再单击鼠标右键，在弹出的快捷菜单中选择【样式】→【将所选内容保存为新快速样式】命令，可在该基准样式的基础上进行新样式的创建和修改。

2. 应用样式

应用样式的方法很简单，首先将光标定位到要设置样式的段落中或选择要设置样式的字符，然后在"样式"窗格中选择要应用的样式选项，即可将样式应用到所选段落或字符，如图6-3所示。

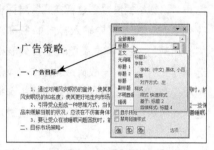

图6-3 应用样式

3. 修改样式

创建样式后，如果对效果不满意或者忘记编辑某些设置项，此时可对样式进行修改。

修改样式时，打开"样式"窗格，单击要修改的样式右侧的▾按钮，在弹出的下拉菜单中选择"修改"命令，在打开的"修改样式"对话框中修改样式并确认。完成样式修改后，应用该样式的所有段落的样式都会自动进行更新。

4. 删除和清除样式

删除样式的方法是在"样式"窗格中单击要删除的样式右侧的▾按钮，在弹出的下拉菜单中选择"从快速样式库中删除"命令，如图6-4所示。

图6-4 删除样式

清除样式是指清除段落或文字中应用的样式格式，将其恢复为默认的"正文"样式，方法是将光标插入点定位到要清除样式的段落中，在"样式"窗格中单击"全部清除"选项，光标插入点所在段落的样式即被清除，恢复为正文的样式。

5. 创建并使用模板

为了提高工作效率，可以将定义好所有样式的普通文档保存为模板（＊.dotx），以后使用时只需打开模板文件，再新增或修改某些样式，或删除文档中不需要的内容，便可快速创建文档。

在Word 2010中创建模板的具体操作如下。

❶ 打开或编辑一篇需要创建为模板的文档，选择【文件】→【另存为】命令，打开"另存为"对话框。

❷ 在"保存类型"下拉列表框中选择"Word模板"选项，在"文件名"下拉列表框中输入模板名称，单击 保存(S) 按钮完成模板的保存操作，如图6-5所示。

图6-5 保存为模板

❸ 使用模板时，在电脑中双击模板文档图标，打开模板文档，再像编辑普通文档一样对文档内容进行编辑，在相应位置输入相应的内容，对于不需要的对象则直接删除即可，完成后再保存文档。

> 技巧：选择【文件】→【新建】命令，单击"我的模板"图标，在打开的"新建"对话框中选择"空白文档"选项，再选中 ◉ 模板(T) 单选项，单击 确定 按钮，可以创建一个空白模板文件，然后输入相关的内容并定义样式，最后再保存模板。

6. 案例——在"聘用制度"文档中创建并修改样式

本例要求在"员工手册"文档中创建"小节标题"样式，其格式为"方正姚体、小四、1.5倍行距"，创建后对文档各小标题应用样式，最后修改样式，效果如图6-6所示，并保存为"聘用制度"模板。通过本案例的学习，读者应掌握样式的使用方法。

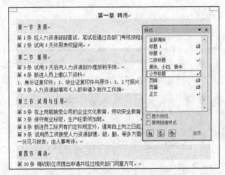

图6-6 创建和应用样式后的最终效果

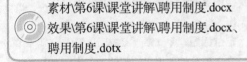

素材\第6课\课堂讲解\聘用制度.docx
效果\第6课\课堂讲解\聘用制度.docx、
聘用制度.dotx

❶ 打开"聘用制度.docx"文档，将光标定位于"第一节 录用"段落中，在【开始】→【样式】组中单击"功能扩展"按钮 ，打开"样式"窗格。

❷ 在"样式"窗格底部单击"新建样式"按钮 ，打开"根据格式设置创建新样式"对话框，在"名称"文本框中输入"小节标题"，在"格式"栏中的"字体"下拉列表框中选择"方正姚体"，在"字号"下拉列表框中选择"小四"。

❸ 单击对话框左下角的 格式(O)▼ 按钮，在弹出的下拉菜单中选择"段落"命令，在打开的"段落"对话框中设置行距为"单倍行距"，单击 确定 按钮，返回样式对话框可以预览样式效果，如图6-7所示。

❹ 单击 确定 按钮，完成样式的创建，此时"第一节 录用"段落已自动应用"小节标题"样式，效果如图6-8所示。

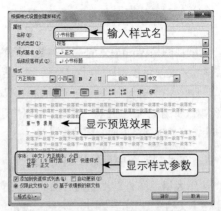

图6-7 创建"小节标题"样式

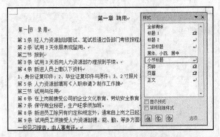

图6-8 查看"小节标题"样式效果

❺ 将光标定位于其他节的段落小节标题中，在"样式"窗格中单击应用"小节标题"样式。

❻ 在"样式"窗格中单击"小节标题"样式右侧的 按钮，在弹出的下拉菜单中选择"修改"命令，打开"修改样式"对话框。

❼ 单击的 格式(O)▼ 按钮，在弹出的下拉菜单中选择"边框"命令，在打开的"边框和底纹"对话框中单击"底纹"选项卡，选择一种浅色底纹，然后依次单击 确定 按钮应用设置，此时文档中所有应用了"小节标题"样式的段落样式将发生相应的变化。

❽ 选择【文件】→【另存为】命令，打开"另存为"对话框，在"保存类型"下拉列表框中选择"Word模板"选项，单击 保存(S) 按钮完成模板的保存操作。

⏱ 试一试

将上面创建的"小节标题"样式的文字颜色修改为红色，查看效果后删除该样式。

6.1.2 使用大纲视图和导航窗格

大纲视图是Word提供的一种浏览文档的方式，其特点是显示了文档的所有标题，使文档结构清晰地显示出来。用户可通过对标题的修改来调整文档的结构。在"导航"窗格中可以快速查看和定位文档标题，下面分别进行讲解。

1. 在大纲视图中查看文档结构

使用大纲视图查看文档的方法为：在【视图】→【文档视图】组中单击"大纲"按钮⬛，将视图模式切换到大纲视图，如图6-9所示。

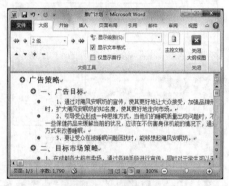

图6-9 大纲视图

2. 在大纲视图中调整文档结构

在大纲视图中将光标定位到某标题文本中，然后利用【大纲工具】组中的按钮和下拉列表框即可实现组织文档的目的。相关按钮和选项的作用介绍如下。

◎ "提升到标题1"按钮 ⬱：单击该按钮，可将该标题设置为"标题1"的格式。

◎ "提升"按钮 ⬅ ：单击该按钮，可将该标题设置为上一级标题的格式。

◎ 正文文本 下拉列表框：单击右侧的 ▾ 按钮，可在打开的下拉列表中设置该标题的大纲级别。

◎ "降级"按钮 ➡：单击该按钮，可将该标题设置为下一级标题的格式。

◎ "降级为正文"按钮 ⇉ ：单击该按钮，可将该标题设置为正文文本的格式。

◎ "上移"按钮 ▲：单击该按钮，可将该标题上移一级标题。

◎ "下移"按钮 ▾：单击该按钮，可将该标题下移一级标题。

◎ "展开"按钮 ✛：单击该按钮，可展开该标题的下级标题。

◎ "折叠"按钮 —：单击该按钮，可折叠该标题的下级标题。

◎ "显示级别"下拉列表框：单击右侧的 ▾ 按钮，可在打开的下拉列表中设置显示标题的级别。

> 提示：在大纲视图模式下，直接选择文本内容，将其拖动到目标位置，也可实现在文档中提升或降低级别的操作。

3. 在导航窗格中查看文档结构

在【视图】→【显示】组中单击选中 ☑ 导航窗格复选框，在打开的导航窗格中即可查看文档的文档结构。在导航窗格中可以进行以下操作。

◎ 定位标题：单击各标题按钮，右侧的文档就会自动跳转到相应的部分，如图6-10所示。

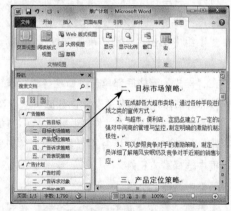

图6-10 在导航窗格中定位标题

◎ 折叠和展开标题：单击 ◢ 按钮，可以折叠该级标题，隐藏其下级标题，折叠标题后单击 ▷ 按钮可以再次显示出下级标题。

◎ 设置标题显示级别：在导航窗格中任意标题上单击鼠标右键，在弹出的快捷菜单中的"显示标题级别"子菜单中可以选择要显示出的标题级别。

◎ **删除标题**：单击选择某个标题，并单击鼠标右键，在弹出的快捷菜单中选择"删除"命令，可以删除标题，在文档中也将同时删除该标题及其下面的正文内容。

◎ **缩略图页面预览**：在导航窗格中单击上方的 按钮，此时将使用缩略图的方式显示页面，以便于对文档进行浏览，单击缩略图可跳转到相应的页面。

> ⚠ 提示：在导航窗格中直接选择某个标题，将其拖动到目标位置，可实现文档标题及其内容的顺序调整。

4. 案例——调整和查看"人力资源管理计划"文档的标题级别

很多文档虽然有各种标题内容，但在导航窗格中并不能显示出标题，这是因为文档中的标题并不具有标题级别样式，此时可结合大纲视图对其进行定义。本例要求为"人力资源管理计划"文档在大纲视图中定义1～3级标题级别，再切换到导航窗格查看文档标题。

> ◎ 素材\第6课\课堂讲解\人力资源管理计划.docx
> 效果\第6课\课堂讲解\人力资源管理计划.docx

❶ 打开"人力资源管理计划"文档，在【视图】→【文档视图】组中单击"大纲"按钮，将视图模式切换到大纲视图。

❷ 将光标定位到文档大标题中，单击"大纲工具"组中的 正文文本 下拉列表框右侧的 按钮，在打开的下拉列表中选择"1级"选项，如图6-11所示。

❸ 将光标定位到大标题下面的第一个二级标题中，然后在 正文文本 下拉列表中选择"2级"选项，再依次定位到其他4个二级标题段落中并将标题级别设置为"2级"。

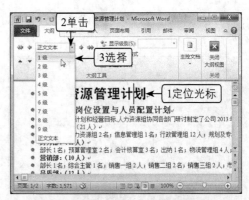

图6-11 在大纲视图中设置标题级别

❹ 将光标定位到"二、人员招聘计划"和"四、人力资源管理政策完善和调整"二级标题下面的各小标题中，用前面介绍的方法将其设置为"3级"。

❺ 单击"显示级别"下拉列表框右侧的 按钮，在打开的下拉列表中选择"2级"选项，将只显示前面定义好的2级标题。

❻ 将光标定位到"二、人员招聘计划"2级标题中，在"大纲工具"组中单击"展开"按钮，便可显示出3级标题，如图6-12所示。

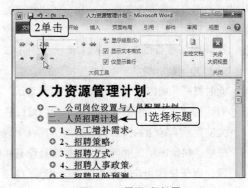

图6-12 展开2级标题

❼ 单击窗口右上角的"关闭大纲视图"按钮，退出大纲视图，返回文档编辑状态。

❽ 在【视图】→【显示】组中单击选中 ☑ 导航窗格 复选框，在导航窗格中便可查看和显示定义好的标题，如图6-13所示，至此完成本例的操作。

🕐 **试一试**

用导航窗格中的右键菜单中的命令，对各

标题的显示级别、位置顺序和折叠展开状态进行操作。

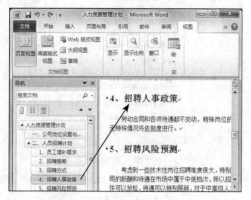

图6-13　在导航窗格中显示标题

6.1.3　审阅文档

在办公中，经常需要审阅文档并进行批注和修订，有时还需要添加脚注和尾注。下面将具体讲解审阅文档的相关操作。

1. 拼写与语法检查

对于编辑完成的文档，在一定的语言范围内，Word能自动检测文字语言的拼写或语法有无错误，便于检查文档的错误。

❶ 打开需要检查的文档，在【审阅】→【校对】组中单击"拼写和语法"按钮。

❷ 此时将打开如图6-14所示的"拼写和语法"对话框，在上方的列表框中会以绿色或红色文字显示有错语的文字，下方的"建议"列表框中将给出错误的类型，如果该处没有错误，属于特殊用法，则可单击 全部忽略(G) 按钮进行忽略，Word将不再提示有错。

图6-14　"拼写和语法"对话框

❸ 单击 下一句(N) 按钮继续进行检查，如果确认有错，则将光标插入点定位到上方列表框有错的文字位置或选中要修改的文字（红字表示拼写错误），如图6-15所示，然后输入正确的文字内容即可。

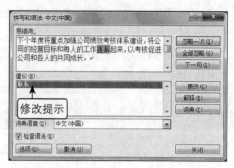

图6-15　选择有错误的文字进行修改

❹ 单击 下一句(N) 按钮，继续查找错误，当完成整个文档的错误检查和修改后将打开提示对话框，单击 确定 按钮，关闭所有打开的对话框，完成拼写和语法检查。

> ⓘ 注意：虽然Word 2010能检查出绝大部分常见的拼写和语法错误，包括错别字、标点符号等，但并不是所有错误都能发现，而且很多发现的语法错误也并不需要修改，因此如果时间允许的情况下最好打印出来从头到尾进行错误检查。

2. 批注文档

在办公中，上级审阅下级的文档并进行批注是很平常的事。批注对于长文档的修改起到了非常重要的作用。

在文档中添加批注的方法为：将光标定位到要添加批注的位置或选择要批注的文字，然后在【审阅】→【批注】组中单击"新建批注"按钮，在文档右侧出现的批注框中输入要批注的内容即可，如图6-16所示。

图6-16　添加批注

如果是审查带有批注的文档，当确认批注内容正确时可对错误进行修改并删除批注内容，而如果有不同意见时，则可以直接在批注内容末尾换行回复批注内容并返回给制作者进行交流。删除批注的方法是在批注框中单击鼠标右键，在弹出的快捷菜单中选择"删除批注"命令，如图6-17所示。

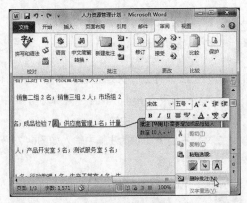

图6-17 删除批注

提示：在【审阅】→【批注】组中单击"下一条"按钮切换到下一条批注，单击"上一条"按钮切换到上一条批注。

3. 修订文档

Word 2010中的修订功能与批注有相似的作用，但两者略有差别。使用批注不会修改原文档的内容，而使用修订功能则使原文档内容被修改，并且会在文档右侧显示进行了何种修改。修订文档的具体操作如下。

❶ 在【审阅】→【修订】组中单击"修订"按钮，在打开的下拉列表中选择"修订"命令启用修订功能，此后对文档的修改Word就会自动进行记录。

❷ 如将文档中的"7人"改为"10人"，其显示的修订效果如图6-18所示，前面有删除线的文本表示删除的内容。如果对格式进行了修订则还会同时在右侧显示批注框。

❸ 当所有的修订工作完成后，在【审阅】→【修订】组中再次单击"修订"按钮，即可退出修订功能。

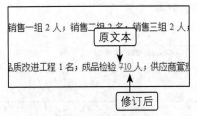

图6-18 修订文档

当查看有修订内容的文档时，可以接受或拒绝修订。接受修订内容的方法是将光标插入点定位在修订文本中，单击鼠标右键，在弹出的快捷菜单中选择"接受修订"命令，如图6-19所示。如果要拒绝修订，在鼠标右键菜单中选择"拒绝修订"命令即可，若有批注框时将同步删除。

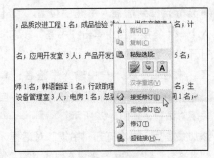

图6-19 接受修订

提示：在【审阅】→【修订】组中单击"修订"按钮，在打开的下拉列表中选择"修订选项"命令，在打开的"修订选项"对话框中可以设置修订标记的样式以及什么情况下才显示批注框等。

4. 添加脚注和尾注

脚注和尾注是文档中的引用、说明或备注等附加注解。脚注一般位于页面底端或文字下方，尾注一般位于文档结尾或节的结尾。

添加脚注的方法是：将光标定位在需要添加脚注的位置，在【引用】→【脚注】组中单击"插入脚注"按钮，然后在页脚的脚注数序号后输入相应的注释内容即可，如图6-20所示。

在【引用】→【脚注】组中单击"插入尾注"按钮，然后在文档末尾的尾注位置输入相应的注释内容即可，如图6-21所示。

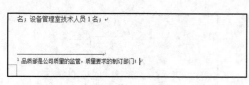

图6-20 添加脚注

图6-21 添加尾注

5. 使用书签定位文档

书签是一种用于记录文档位置而插入的特殊符号，通过它能够方便地在长文档中查找需要的内容。添加书签的具体操作如下。

❶ 将光标定位到需插入书签的位置，在【插入】→【链接】组中单击"书签"按钮，打开"书签"对话框。

❷ 在"书签名"文本框中输入书签名，单击 添加(A) 按钮，完成添加书签的操作并自动关闭对话框，如图6-22所示。

❸ 添加书签后，再次打开"书签"对话框，在"书签名"列表框中选择要定位的书签，然后单击 定位(G) 按钮即可定位到该书签位置。

图6-22 "书签"对话框

技巧：按【Ctrl+H】键打开"查找和替换"对话框，单击"定位"选项卡，在"定位目标"列表框中选择"书签"选项，在"请输入书签名称"下拉列表框中选择书签名称，单击 定位(T) 按钮，也可将光标插入点定位在对应的书签位置。

6. 案例——批注和修订"工作计划"文档

本例要求打开"工作计划"文档，分别批注和修订文档（将项目符号格式修改为带编号的格式）内容，然后接受文档的修订。通过该案例的学习，读者应掌握批注和修订文档的操作方法。

素材\第6课\课堂讲解\工作计划.docx
效果\第6课\课堂讲解\工作计划.docx

❶ 打开"工作计划"文档，选择文档中的"1至2人"文字，在【审阅】→【批注】组中单击"新建批注"按钮。

❷ 在文档右侧出现的批注框中输入如图6-23所示的批注内容。

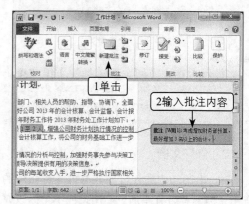

图6-23 添加批注

❸ 在【审阅】→【修订】组中单击"修订"按钮，在打开的下拉列表中选择"修订"命令启用修订功能。

❹ 选择所有带有项目符号的段落文本，在【开始】→【段落】组中单击"编号"按钮，在打开的下拉列表中选择数字编号，其修订效果如图6-24所示。

❺ 在修订批注框中单击鼠标右键，在弹出的快捷菜单中选择"接受格式更改"命令，完成接受修订的操作。

⏱ 试一试

利用本例介绍的方法，继续对文档进行

批注，将认为有错误或不完善的地方都标识出来，并提出合理的修改建议。

图6-24　修订文档格式

6.1.4　创建目录

为文档插入目录可以快速查看某一部分的内容或纵览全文结构。如果对插入的目录不满意，还可以根据实际需要对其进行修改。

1. 插入目录

插入目录之前必须先确认文档中各级标题已定义好标题级别样式（应用标题级别样式或在大纲视图中定义），然后才能插入目录。

将光标定位到文档中放置目录的位置（一般为文档最前面的空白页），在【引用】→【目录】组中单击"目录"按钮📋，在打开的下拉列表中选择一种自动目录样式即可。

如果要自定义插入目录的标题级别，可在"目录"下拉列表中选择"插入目录"命令，打开如图6-25所示的"目录"对话框，在"显示级别"数值框中输入要创建的目录的最低级别，单击 确定 按钮，完成目录的插入。

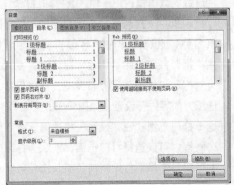

图6-25　"目录"对话框

2. 编辑和更新目录

插入目录后可以对目录各级标题的字体格式等进行编辑，其方法与前面介绍的普通文字的格式设置方法相同。同时编辑目录字体格式时只需选择某一级标题中的一个标题段落，设置格式后其他同级别的字体样式将同步更新。

如果文档中的标题有修改或页码有变化，需要同步更新目录，方法是单击选中插入的目录，在左上角将出现一个"更新目录"按钮，如图6-26所示，单击该按钮，在打开的对话框中选择更新目录页码或整个目录即可。

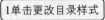

图6-26　更新目录

3. 案例——在"人力资源管理计划"文档中插入目录

前面为"人力资源管理计划"文档定义好了标题级别，本例要求在文档最前面插入一个空白页，插入自带样式的目录，然后修改文档中的一个标题后更新目录。通过该案例的学习，读者应掌握插入和更新文档目录的方法。

 效果\第6课\课堂讲解\人力资源管理计划2.docx

❶ 打开本课前面编辑的"人力资源管理计划"文档。

❷ 在【页面布局】→【页面设置】组中单击"分隔符"按钮 ，在打开的下拉列表中选择"分页符"样式。

❸ 将光标插入点定位到第1页空白页第1行最左侧位置，在【引用】→【目录】组中单击

"目录"按钮，在打开的下拉列表中选择"自动目录2"样式，插入目录，如图6-27所示。

图6-27 选择目录样式

❹ 按住【Ctrl】键不放，单击目录中的"1、薪资福利政策"标题，将定位至文档该标题，将其修改为"1、薪酬福利政策"。

❺ 返回到文档最前面插入的目录中，单击左上角的"更新目录"按钮，在打开的对话框中选中"更新整个目录"单选项，如图6-28所示，单击"确定"按钮，完成本例目录的制作，将文档另存为"人力资源管理计划2"文档。

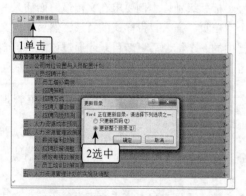

图6-28 更新整个目录

⏱ 试一试

将本例插入的目录中的3级标题的字体样式修改为"楷体、小五"。

6.1.5 打印文档

文档的打印是办公中最常见的操作，在打印之前，可以使用Word的打印预览功能查看文档被打印在纸张上的真实效果，然后对打印文档的页面范围、打印份数和纸张大小等进行设置和调整，最后将文档打印出来。

1. 预览打印效果

选择【文件】→【打印】命令，在打开窗口的右侧可预览文档的打印效果，如图6-29所示。如果对文档中的某些地方不太满意，可以重新回到编辑状态下进行修改。

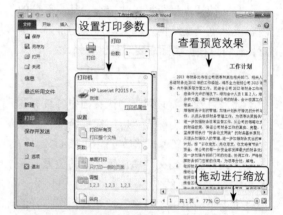

图6-29 打印预览文档

2. 设置打印参数后打印文档

在左侧设置打印参数，然后单击"打印"按钮🖨即可开始打印文档。各打印参数的作用介绍如下。

◎ **"份数"数值框**：用于输入要打印的份数。

◎ **"打印机"下拉列表**：选择需要使用的打印机名称，选择后单击"打印机属性"超链接，打开打印机的"属性"对话框，在其中可对打印机的纸张尺寸与类型、输出尺寸、送纸方向等进行设置，如图6-30所示。

◎ **选择打印范围**：在"设置"栏的第一个下拉列表框中可以选择打印范围，默认为打印所有页码，选择"打印当前页面"选项可以只打印光标插入点所在页码；选择"打印所选内容"选项可以只打印选择的文档内容。

图6-30 打印机属性对话框

◎ **"页数"文本框**：用于输入需要打印页面的页码，页码间用 "," 进行分隔，使用 "–" 符号可表示页面范围，如输入 "5–10"，即表示打印从第5页到第10页的所有页面。

◎ **设置双面打印**：选择双面打印时，不同打印机需要进行的设置也不同，若打印机没有自动卷纸器，则需设置手动双面打印。方法是在"设置"栏的"单面打印"下拉列表框中选择"手动双面打印"选项，即可双面打印整个文档。

◎ **"调整"下拉列表**：用于选择打印多份文档时打开的顺序，默认为打印完整个文档后再打印另一份文档，选择"取消排序"选项后将每页依次打印相应的份数后再打印下一页文档。

◎ **设置打印方向、大小和边距**：打印参数列表最后面几个选项分别用于调整打印方向是否为横向打印、打印纸张的大小、边距和每页打印版数等。

6.2 上机实战

本课上机实战将查看和审阅"调查报告"，并对"产品说明书"文档进行排版和打印，以进一步巩固本课所学习的知识点。

上机目标：

◎ 熟练掌握使用样式排版长文档的方法；
◎ 熟悉使用导航窗格查看文档大纲的方法；
◎ 熟悉目录的创建方法；
◎ 熟练掌握批注和修订文档的方法；
◎ 熟练掌握打印文档的方法。

建议上机学时：2学时。

6.2.1 查看和审阅"调查报告"

1．操作要求

本例要求利用大纲和导航窗格查看"调查报告"文档的结构，然后通过审阅文档内容对其进行相应的批注和修订。

具体操作要求如下。

◎ 打开"调查报告"文档，在导航窗格中查看"二、产品分析"标题下的内容。

◎ 在大纲视图中显示出2级标题，将"三、消费者分析"标题上升一级标题，并移至"二、产品分析"标题前面。

◎ 为文档第二段正文中的"α乳白蛋白"添加批注，内容为"α乳白蛋白是牛奶中的天然蛋白，它能促进色氨酸和松果体素的合成，从而调节大脑神经，自然改善睡眠"，在文档"消费者分析"标题最后一段末尾添加批注"状况多为早醒和醒后再难入睡"。

◎ 启用文档修订功能，将"（四）文化氛围"修改为"（四）市场前景"，将"消费者分析"标题倒数第二段文字中的"23.92%"修改为"24%"。

2. 专业背景

调查报告是对某项工作经过深入细致的市场调查后，将调查中收集到的材料加以系统整理并分析研究，然后以书面形式向组织和领导汇报调查情况的一种文书，具有写实性、针对性、逻辑性等特点。

本例主要查看和修订调查报告的内容。在工作中可能会修订很多次才合适，这种修改方式适用上级对下级指导，如果是自行修改则建议打印出来在纸稿上校对后再在文档中进行修改。

3. 操作思路

根据上面的操作要求，本例的操作思路如图6-31所示。

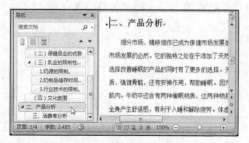

（1）在导航窗格中查看文档

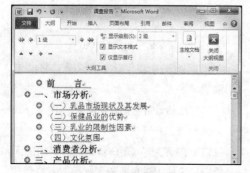

（2）在大纲视图中编辑文档结构

图6-31　查看和审阅"调查报告"文档的操作思路

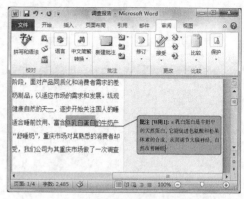

（3）添加批注

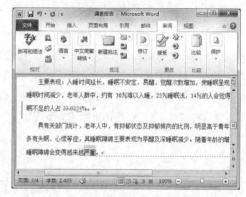

（4）修订文档

图6-31　查看和审阅"调查报告"文档的操作思路（续）

素材\第6课\上机实战\调查报告.docx
效果\第6课\上机实战\调查报告.docx
演示\第6课\查看和审阅"调查报告".swf

本例的主要操作步骤如下。

❶ 打开"调查报告"文档，在【视图】→【显示】组中单击选中 ☑ 导航窗格复选框，在导航窗格中单击"二、产品分析"标题，在右侧窗口中查看相应的内容。

❷ 关闭导航窗格，在【视图】→【文档视图】组中单击"大纲"按钮 ，切换到大纲视图，在"显示级别"下拉列表中选择"2级"选项，显示前2级标题。

❸ 将光标定位到"三、消费者分析"标题中，单击"提升"按钮 ，再单击"上移"按钮 ，最后修改标题编号，单击"关闭大纲视图"按钮 ，退出大纲视图。

❹ 选择文档第二段正文中的"α乳白蛋白"，在【审阅】→【批注】组中单击"新建批注"按钮，在出现的批注框中输入"α乳白蛋白是牛奶中的天然蛋白，它能促进色氨酸和松果体素的合成，从而调节大脑神经，自然改善睡眠"。

❺ 将光标定位到文档"二、消费者分析"最后一段末尾，单击"新建批注"按钮，在出现的批注框中输入"状况多为早醒和醒后再难入睡"。

❻ 在【审阅】→【修订】组中单击"修订"按钮，在打开的下拉列表中选择"修订"命令启用修订功能。

❼ 将"（四）文化氛围"修改为"（四）市场前景"，将"消费者分析"标题倒数第二段文字中的"23.92%"修改为"24%"，完成本例的制作。

6.2.2 排版和打印"产品说明书"

1. 操作要求

本例要求使用样式对"产品说明书"文档进行排版，完成后的参考效果如图6-32所示，然后打印出2份，打印的纸张大小为A4。

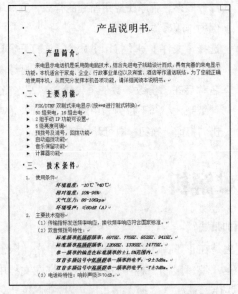

图6-32 排版"产品说明书"文档的效果

具体操作要求如下。

◎ 打开文档，为文档的大标题应用Word内置的"标题1"样式，再为各小标题应用"标题2"样式。

◎ 将"标题1"样式修改为"居中对齐"，再将"标题2"样式的行距修改为"1.5倍行距"，段前和段后为"3磅"。

◎ 新建"重点显示"样式，格式设置为加粗并倾斜显示文字，然后为"技术条件"标题下面部分技术参数段落应用该样式。

◎ 先打印预览文档，然后设置打印份数为2份，打印的纸张大小为16开，并打印文档。

2. 专业背景

产品说明书是一种常见的说明文，用于对某产品进行相对的详细表述，使人们认识、了解某产品。产品说明书的制作要实事求是，内容主要包括产品名称、用途、性质、性能、原理、构造、规格、使用方法、保养维护和注意事项等。

本例主要要求完成产品说明书的排版后期工作，通过样式来实现有利于提升文档的专业性和样式统一的操作。

3. 操作思路

根据上面的操作要求，本例的操作思路如图6-33所示。在设置样式参数时也可根据需要添加其他一些格式效果。

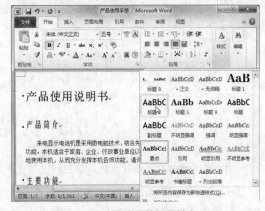

（1）应用内置的标题样式

图6-33 排版和打印"产品说明书"的操作思路

（2）新建"重点显示"样式

（3）应用新建的样式

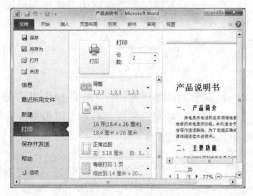

（4）打印文档

图6-33 排版和打印"产品说明书"的操作思路（续）

素材\第6课\上机实战\产品说明书.docx
效果\第6课\上机实战\产品说明书.docx
演示\第6课排版和打印"产品说明书".swf

本例的主要操作步骤如下。

❶ 打开"产品说明书"文档，将光标定位在"产品说明书"标题段落中，在【开始】→【样式】组中应用"标题1"样式。

❷ 同时选中文档中的所有小标题，在【开始】→【样式】组中应用"标题2"样式。

❸ 单击"功能扩展"按钮，打开"样式"窗格，将光标定位于"产品说明书"标题段落中，单击"标题1"样式右侧的按钮，在弹出的下拉菜单中选择"修改"命令，将其设置为居中对齐，应用设置。

❹ 将光标定位于任一个小标题段落中，单击"标题2"样式右侧的按钮，在弹出的下拉菜单中选择"修改"命令，设置行距为"1.5倍行距"，段前和段后为"3磅"，应用设置。

❺ 在"样式"窗格底部单击"新建样式"按钮，打开"根据格式设置创建新样式"对话框，样式名为"重点显示"，分别单击 B 和 I 按钮，创建后选择"技术条件"标题下面部分段落，再单击应用新建的样式，完成本例的排版操作。

❻ 选择【文件】→【打印】命令，在打开窗口的右侧预览文档的打印效果，选择打印机名称后在"份数"数值框中输入"2"，在"纸张大小"下拉列表中选择"16开"，单击"打印"按钮即可开始打印文档。

6.3 常见疑难解析

问：怎样才能在不修改文档内容的情况下允许他人添加批注？

答：为添加的批注或修订设置保护密码即可。方法是在【审阅】→【保护】组中单击"限制编辑"按钮，打开"限制格式和编辑"任务窗格，在"编辑限制"栏中选中"仅允许在文档中进行此类型的编辑"复选框，在其下的下拉列表框中选择"批注"选项，单击 是,启动强制保护 按钮，打开"启动强制保护"对话框，在"新密码"与"确认新密码"文本框中输入密码，单击 确定 按钮。

问：怎样将新建的样式应用到其他文档中？

答：将样式应用到其他文档中，其方法有两种，一种是同时打开两个文档，使用格式刷，将文档中的样式应用到目标文档中；另外一种方法是将样式添加到模板中，这样以后创建的文档中将自动包含自定义样式，在"样式"窗格中选择相应的样式即可进行应用。

问：可以一次性删除全部批注吗？

答：当根据批注完成整个文档的修改后，可以一次性删除所有的批注。方法是在"审阅"选项卡的"批注"组中单击 删除 ▪ 按钮右侧的下拉按钮 ，在打开的下拉列表中选择"删除文档中的所有批注"命令即可删除所有批注。

问：打印开始后，怎样取消打印操作？

答：双击任务栏通知区域的打印机图标，打开"打印任务"窗口，选择需取消打印的文档，选择【文档】→【取消】命令，系统将打开一个对话框询问用户是否取消打印，单击 取消 按钮，系统将删除打印任务。

6.4 课后练习

（1）打开"调查报告"文档，对文档进行编辑，操作要求如下。

◎ 删除文档中创建的两个批注，并接受所有修订内容，然后退出修订状态。
◎ 为第3页中的标题文本"老年人"创建书签，书签名称为"老年人分析"。
◎ 在文档最后插入显示级别为"2"的目录，效果如图6-34所示。

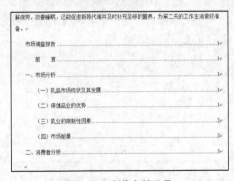

素材\第6课\课后练习\调查报告.docx
效果\第6课\课后练习\调查报告.docx
演示\第6课\编辑"调查报告"文档.swf

图6-34 制作文档目录

（2）打开"名片"文档，先将其进行手动双面打印，然后将其保存为模板文件，并利用该模板文件快速创建其他名片文档。

素材\第6课\课后练习\名片.docx
演示\第6课\打印文档并根据模板创建文档.swf

第 7 课
Excel 2010快速入门

学生：老师，办公中的所有表格都只能使用Word来制作吗？

老师：Word一般用于制作简单的表格，如果要制作复杂的表格，尤其是要对表格中的数据进行计算、统计分析、创建报表或图表等操作时，这就需要使用专业的电子表格制作软件——Excel来进行制作。

学生：前面讲过，Excel也是Office 2010的组件之一，那它的操作与Word是不是有一定的相似之处？

老师：是的，两者的操作界面上都有一些相同的组成部分，而且部分基本操作方法也类似。

学生：那太好了，有了前面学习Word的基础，就可以更快地掌握Excel软件的基本操作。

老师：本课除了介绍工作簿、工作表和单元格的一些基本操作，还将学习如何输入表格数据，以及快速填充表格数据的方法，下面我们就开始学习。

学习目标

▶ 熟悉 Excel 2010 的操作界面

▶ 掌握工作簿的基本操作

▶ 掌握工作表的基本操作

▶ 掌握单元格的基本操作

▶ 掌握表格数据的输入与填充操作

7.1 课堂讲解

本课主要讲述Excel 2010的基础知识，包括其操作界面的介绍，工作簿、工作表和单元格的一些基本操作，以及输入和填充表格数据等。通过相关知识点的学习和案例的制作，读者可以熟悉Excel 2010操作界面的各组成部分及作用，并掌握新建、保存、打开和关闭工作簿的方法，新建、重命名和删除工作表的方法，插入、合并和删除单元格的方法，以及输入表格数据的方法。

7.1.1 认识Excel 2010的操作界面

Excel 2010的操作界面与Word 2010操作界面相比，标题栏、"文件"菜单、快速访问工具栏、选项卡与功能组及状态栏等部分的功能和操作方法大致相同，最大的区别在于Excel编辑区变成了一个个的小方格（即单元格），增加了行号和列标，有其特有的工作表标签，增加了一个数据编辑栏，如图7-1所示。下面对Excel 2010操作界面中特有的各组成部分的作用进行具体介绍。

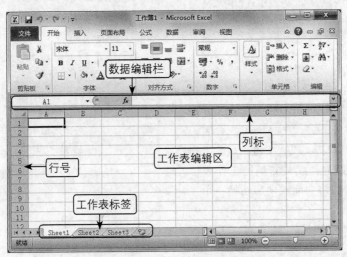

图7-1　Excel 2010的操作界面

1. 数据编辑栏

数据编辑栏由名称框、工具框和编辑栏3部分组成，主要功能是显示和编辑当前单元格中的数据或公式，如图7-2所示。

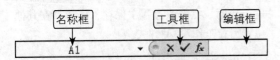

图7-2　数据编辑栏

◎ **名称框**：名称框中的第一个大写英文字母表示单元格的列标，第二个数字表示单元格的行号，两者结合起来用于显示当前单元格的位置。

◎ **工具框**：在编辑框中单击定位插入点或双击单元格进行数据输入时，单击工具框中的⊗按钮或✓按钮可取消或确认对单元格中数据的编辑，单击 fx 按钮则可在打开的"插入函数"对话框中选择要插入的函数。

◎ **编辑框**：编辑框用于显示单元格中输入或编辑的内容。

2. 工作表区

工作表编辑区的功能和Word的编辑区相似，它是Excel处理数据的主要区域，包括单元格、行号和列标、工作表标签等组成部分。

🚫 **单元格**

Excel工作表编辑区中的矩形小方格就是单

元格，它是组成Excel表格和存储数据的最小单位，在Excel中输入和编辑的所有数据都将存储和显示在单元格内，所有单元格组合在一起就构成了一个工作表。

📎 行号和列标

Excel工作表区中左侧的阿拉伯数字就是行号，而上面的英文字母则是列标。每个单元格的位置都由行号和列标来确定，它们起到了坐标的作用，如位于A列1行的单元格可表示为A1单元格。

> ⓘ 提示：在Excel表格中，通常使用冒号来标识单元格区域，如要表示A1单元格与B4单元格之间的区域可用A1:B4来表示。

📎 工作表标签

工作表标签用来显示工作表的名称，默认情况下，一张工作簿中包含3张工作表，分别以"Sheet1"、"Sheet2"和"Sheet3"命名。在工作表标签左侧单击 ◄ 或 ► 按钮，当前工作表标签将返回到最左侧或最右侧的工作表标签，单击 ◄ 或 ► 按钮将向前或向后切换一个工作表标签。

> ⓘ 提示：在Excel中单元格、工作表和工作簿间存在着包含与被包含的关系。单元格是Excel中最基本的存储数据元素，它通过对应的行号和列标进行命名和引用；工作表由排列成行或列的单元格组成，且总是存储在工作簿中；工作簿即Excel文件，它包含一个或多个工作表。

⚙ 7.1.2 工作簿的基本操作

工作簿是用于保存表格数据的文件，其扩展名为"xlsx"。默认情况下，启动Excel 2010后，系统将自动创建一个名为"工作簿1"的工作簿，根据需要也可以新建其他工作簿，或进行打开、保存和关闭等操作。

1. 新建空白工作簿

新建空白工作簿的方法与新建Word空白文档类似，方法是：选择【文件】→【新建】命令，在"可用模板"列表框中选择"空白工作簿"选项，然后单击右下角的"创建"按钮便可新建空白工作簿（按【Ctrl+N】键可直接新建空白工作簿）。

2. 新建基于模板的工作簿

新建基于模板的工作簿的方法与在Word中套用模板新建文档相似，即选择【文件】→【新建】命令，在"可用模板"列表中选择"样本模板"选项，或在"Office.com模板"列表框中选择一种在线模板类型选项（部分选项展开后还需进一步选择子类型），在右侧预览框中可以查看模板效果，如图7-3所示，单击右下角的"下载"按钮便可新建工作簿。

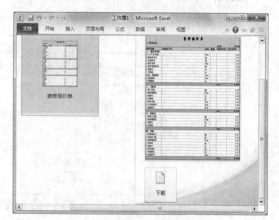

图7-3 根据在线模板新建工作簿

3. 保存工作簿

在工作簿中输入数据或对工作簿中的数据进行编辑后，需要对其进行保存，以后才能再次使用。在Excel中保存工作簿主要包括保存新建工作簿、在修改过程中保存工作簿和在其他位置另存工作簿3种方式。

📎 保存新建工作簿

在Excel 2010操作界面中选择【文件】→【保存】命令或按【Ctrl+S】键，打开"另存为"对话框，在"保存位置"下拉列表框中选择保存的位置，在"文件名"下拉列表框中输入保存的文件名，在"保存类型"下拉列表框中选择保存的文件类型，一般保持默认的类型选项，然后单击 保存(S) 按钮。

📎 在修改过程中保存工作簿

在修改过程中保存也可称为自动保存，即在操作过程中每隔一段时间Excel会自动保存正在编辑的工作簿，其设置方法如下。

❶ 选择【工具】→【保存】命令，打开"选项"对话框。

❷ 单击"保存"选项卡，在"设置"栏中选中 ☑ 保存自动恢复信息时间间隔(A) 复选框，并在其右侧的数值框中输入自动保存的时间间隔，如图7-4所示。

❸ 单击 确定 按钮，应用设置。

图7-4 设置自动保存

📎 在其他位置另存工作簿

另存就是将工作簿以备份的方式保存到其他位置，其方法是选择【文件】→【另存为】命令，在打开的"另存为"对话框的"保存位置"下拉列表框中选择与原文件不同的保存位置，或重新输入保存文件名，单击 保存(S) 按钮即可。

4. 打开工作簿

打开工作簿的方法是选择【文件】→【打开】命令或按【Ctrl+O】键，打开"打开"对话框，在左侧的"组织"列表框中依次展开要打开的工作簿所在的文件夹，然后在右侧选择要打开的工作簿，单击 打开(O) 按钮，即可打开选择的Excel工作簿。

> ⓘ 提示：选择【文件】→【最近使用的文件】命令，可以选择最近编辑过的工作簿快速将其打开。

5. 关闭工作簿

在Excel 2010中，关闭工作簿主要有以下3种方法。

◎ 选择【文件】→【关闭】命令。

◎ 单击选项卡右侧的 ⊠ 按钮。

◎ 按【Ctrl+W】键。

6. 案例——新建并保存"销售报表"工作簿

工作簿的基本操作和Word文档相似，本例要求新建并保存基于"销售报表"样本模板的工作簿。

❶ 单击"开始"按钮 ，在打开的"开始"菜单中选择【所有程序】→【Microsoft Office】→【Microsoft Excel 2010】命令，启动Excel 2010。

❷ 选择【文件】→【新建】命令，然后在打开的"可用模板"列表中选择"样本模板"选项，打开"可用模板"列表。

❸ 在"可用模板"列表中选择"销售报表"选项，单击右侧的"创建"按钮 即可新建基于该模板的工作簿，效果如图7-5所示。

图7-5 基于"销售报表"模板创建工作簿

❹ 选择【文件】→【保存】命令，打开"另存为"对话框。

❺ 选择文件的保存路径为“库”目录下的“文档”选项，输入文件名为“销售报表”，完成后单击保存(S)按钮，如图7-6所示。

另存为
库 ▸ 文档 ▸
搜索 文档
组织 ▾
新建文件夹
文档库
包括：2 个位置
排列方式：文件夹 ▾
1选择
名称
修改日期
类型
My Games
2013/6/5 23:05
Snagit
2013/3/25 21:23
Tencent
2013/6/10 15:03
Tencent Files
2013/7/8 21:15
文件名(N): 销售报表
2输入
保存类型(T): Excel 工作簿
作者: Windows 用户
3单击
保存缩略图
隐藏文件夹
工具(L)
保存(S)
取消

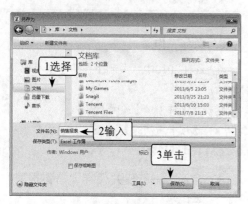

图7-6 保存工作簿

❻ 单击窗口右上角的 按钮，关闭工作簿窗口，完成本案例的操作。

试一试

打开保存的“销售报表”工作簿，将其以“销售报表模板”为名另存到其他位置。

7.1.3 工作表的基本操作

工作表用于组织和管理各种相关的数据信息。下面主要讲解工作表的选择、重命名、插入、移动、复制和删除等基本操作。

1. 选择工作表

一个工作簿中可能存在多张工作表，因此必须在选择工作表后才能对其进行各种操作。选择工作表主要有以下4种方法。

◎ **选择一张工作表**：单击相应的工作表标签，即可选择该工作表。

◎ **选择连续的多张工作表**：选择一张工作表后按住【Shift】键，再选择不相邻的另一张工作表，即可同时选择这两张工作表及之间的所有工作表。被选择的工作表呈高亮显示，如图7-7所示。

◎ **选择不连续的多张工作表**：选择一张工作表后按住【Ctrl】键，再依次单击其他工作表标签，即可同时选择不连续的多张工作表，如图7-8所示。

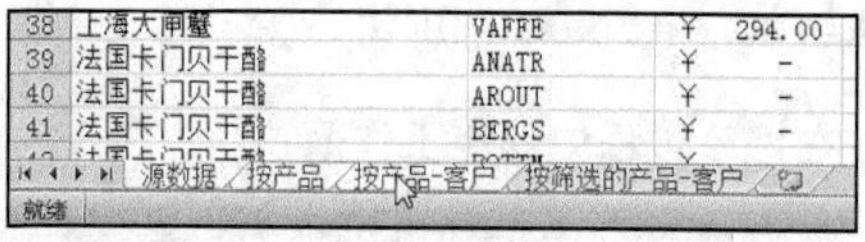

38 上海大闸蟹 VAFFE ￥ 294.00
39 法国卡门贝干酪 ANATR ￥ -
40 法国卡门贝干酪 AROUT ￥ -
41 法国卡门贝干酪 BERGS ￥ -
源数据
按产品
按产品-客户
按筛选的产品-客户
就绪

图7-7 选择连续的多张工作表

37 上海大闸蟹 TRAIH ￥ -
38 上海大闸蟹 VAFFE ￥ 294.00
39 法国卡门贝干酪 ANATR ￥ -
40 法国卡门贝干酪 AROUT ￥ -
41 法国卡门贝干酪 BERGS ￥ -
源数据
按产品
按产品-客户
按筛选的产品-客户
就绪

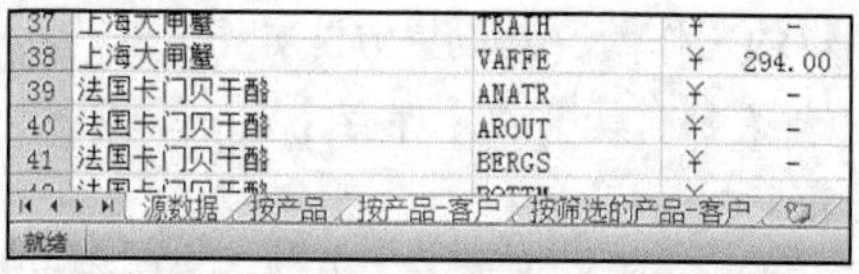

图7-8 选择不连续的多张工作表

◎ **选择所有工作表**：在工作表标签的任意位置单击鼠标右键，在弹出的快捷菜单中选择“选定全部工作表”命令可选择所有的工作表。单击任意工作表标签可取消选择所有工作表。

2. 重命名工作表

为了能够通过表名直接了解其中的内容，可以对工作表进行重命名。重命名工作表的方法有以下两种。

◎ 用鼠标双击工作表标签，此时工作表标签名呈可编辑状态，输入新的名称后按【Enter】键。

◎ 在工作表标签上单击鼠标右键，在弹出的快捷菜单中选择“重命名”命令，工作表标签呈可编辑状态，输入新的名称后按【Enter】键。

3. 移动和复制工作表

移动和复制工作表主要有两种方式：在同一工作簿中移动和复制工作表和在不同的工作簿之间移动和复制工作表。下面分别进行讲解。

在同一工作簿中移动和复制工作表

方法是在要移动的工作表标签上按住鼠标左键不放，将其拖到目标位置即可；如果要复制工作表，则在拖动鼠标时按住【Ctrl】键。

提示：拖动鼠标移动和复制工作表时，工作表标签上会出现一个小三角形▼，随鼠标指针的移动而移动，以确定位置。

在不同工作簿之间移动和复制工作表

在不同工作簿之间复制和移动工作表就是将一个工作簿中的内容移动或复制到另一个工作簿中，具体操作如下。

❶ 打开工作簿并选择要移动或复制的工作表，然后单击鼠标右键，在弹出的快捷菜单中选择"移动或复制"命令，打开"移动或复制工作表"对话框。

❷ 在"工作簿"下拉列表框中选择其他工作簿，在"下列选定工作表之前"列表框中选择要移动或复制到的位置，选中☑建立副本(C)复选框表示复制工作表，如图7-9所示。

❸ 单击 确定 按钮，完成移动或复制工作表。

图7-9 "移动或复制工作表"对话框

4. 插入工作表

插入工作表的具体操作如下。

❶ 在要插入工作表的右侧的工作表标签上单击鼠标右键，在弹出的快捷菜单中选择"插入"命令，打开"插入"对话框，如图7-10所示。

图7-10 "插入"对话框

❷ 选择"工作表"选项表示插入空白工作表，也可在"电子表格方案"选项卡下选择一种表格样式。

❸ 单击 确定 按钮，即可在选择的工作表标签左侧创建一个工作表，且该工作表将变为当前工作表。

5. 删除工作表

如果工作簿中有不需要的工作表，可以在其工作表标签上单击鼠标右键，在弹出的快捷菜单中选择"删除"命令将其删除。如果工作表中有数据，将打开提示对话框，单击 删除 按钮确认删除即可。

6. 保护工作表

由于在工作表中可能进行重要数据的编辑和存储，所以Excel 2010提供了密码保护功能来保护工作表，具体操作如下。

❶ 在要进行保护的工作表标签上单击鼠标右键，在弹出的快捷菜单中选择"保护工作表"命令，打开"保护工作表"对话框。

❷ 在"取消工作表保护时使用的密码"文本框中输入密码，并在"允许此工作表的所有用户进行"列表框中设置用户可以进行的操作，默认加密保护后只能选择单元格，完成后单击 确定 按钮，如图7-11所示。

图7-11 "保护工作表"对话框

❸ 此时打开"确认密码"对话框，在其中输入相同的密码后单击 确定 按钮，完成操作。

技巧：在工作表标签上单击鼠标右键，在弹出的快捷菜单中选择"工作表标签颜色"命令，然后在其子菜单中选择所需的颜色，可以为工作表标签设置标识颜色。

7. 案例——调整"工资表"工作簿中的工作表结构

本例要求打开"工资表"工作簿，然后将"Sheet1"工作表复制两个，将前3个工作表分别重命名为"6月份"、"7月份"和"8月份"，最后删除"Sheet2"和"Sheet3"工作表。

素材\第7课\课堂讲解\工资表.xlsx
效果\第7课\课堂讲解\工资表.xlsx

❶ 打开"工资表"工作簿，单击"Sheet1"工作表标签，按住鼠标左键和【Ctrl】键不放，将其拖到"Sheet1"标签右侧并释放鼠标，复制一张工作表，再用同样的方法复制一张工作表，效果如图7-12所示。

图7-12　复制工作表

❷ 用鼠标双击"Sheet1"工作表标签，输入名称"6月份"后按【Enter】键，再用同样的方法将"Sheet（2）"工作表重命名为"7月份"，将"Sheet（3）"工作表重命名为"8月份"，效果如图7-13所示。

❸ 在"Sheet2"工作表标签上单击鼠标右键，在弹出的快捷菜单中选择"删除"命令将其删除，如图7-14所示。

❹ 用同样的方法删除"Sheet3"工作表，完成本例的操作。

🕐 试一试

新建一个工作簿，将"工资表"工作簿中的"6月份"工作表复制到其中。

图7-13　重命名工作表

图7-14　删除工作表

7.1.4　单元格的基本操作

单元格是Excel表格中最基本的组成元素，其基本操作包括选择、合并和拆分、设置行高和列宽、插入和删除等。

1. 选择单元格

在Excel中选择单元格主要有以下6种方法。

◎ **选择单个单元格**：单击要选择的单元格，如图7-15所示。

◎ **选择多个连续的单元格**：选择一个单元格，然后按住鼠标左键不放并拖动鼠标，可选择多个连续的单元格（即单元格区域），如图7-16所示。

◎ **选择不连续的单元格**：按住【Ctrl】键不放，分别单击要选择的单元格。

◎ **选择整行**：单击行号可选择整行单元格。

◎ **选择整列**：单击列标可选择整列单元格。

图7-15 选择单个单元格 　图7-16 选择连续单元格

◎ **选择整个工作表中的所有单元格**：单击工作表编辑区左上角行号与列标交叉处的 ▄ 按钮即可。

> 技巧：按【Ctrl+A】键可以选择整个工作表中所有带有数据的单元格（不含空白单元格）。

2. 合并单元格

在编辑表格的过程中，为了使表格结构看起来更美观、层次更清晰，有时需要对某些单元格区域进行合并操作。

合并单元格就是将几个单元格合并成一个单元格。其方法为：选择需要合并的多个单元格，然后在【开始】→【对齐方式】组中单击"合并后居中"按钮 ，图7-17所示为合并单元格前后的效果。

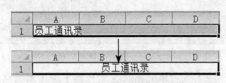

图7-17 合并单元格前后的效果

> 提示：单击"合并后居中"按钮 右侧的下拉按钮，在打开的下拉列表中可以选择"跨越合并"、"合并单元格"和"取消单元格合并"等选项。

3. 插入单元格

插入单元格也就是添加单元格，包括插入整行或整列单元格，其具体操作如下。

❶ 选择要插入单元格的右侧或下方的一个单元格，在【开始】→【单元格】组中单击"插

入"按钮 下方的 ▼ 按钮，在打开的下拉列表中选择"插入单元格"命令，如图7-18所示。

图7-18 选择"插入单元格"命令

❷ 在打开的"插入"对话框中单击选中相应的单选项，选择所需的插入方式，便可在所选单元格左侧或上方插入一个单元格或行或列，单击 按钮完成插入操作，如图7-19所示。

图7-19 "插入"对话框

> 提示：在图7-18所示的下拉菜单中选择"插入工作表行"或"插入工作表列"命令，也可以在当前单元格上方插入行或左侧插入列。

4. 删除单元格

删除单元格的同时将同步删除单元格中的数据，其具体操作如下。

❶ 选择要删除的单元格或单元格区域，在【开始】→【单元格】组中单击"删除"按钮 下方的 ▼ 按钮，在打开的下拉列表中选择"删除单元格"命令，如图7-20的示。

❷ 在打开的"删除"对话框中单击选中相应的单选项，选择所需的删除方式，单击 按钮完成删除操作，如图7-21所示。

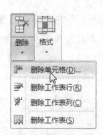

图7-20　选择“删除单元格”命令

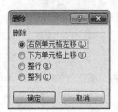

图7-21　“删除”对话框

提示：在图7-20所示的下拉列表中选择“删除工作表行”或“删除工作表列”命令，便可以直接删除所选择的行或列。

5. 案例——编辑“工资表”工作簿中的单元格

本例要求在“工资表”工作簿中合并A1:H1单元格区域，在“姓名”字段右侧插入一列单元格，最后删除A12单元格及其所在行，效果如图7-22所示。通过该案例的学习，读者应掌握单元格的基本操作方法。

	A	B	C	D	E	F	G	H	I
1	2013年6月份工资表								
2	姓名		基本工资	提成	生活补贴	迟到	事假	旷工	总计
3	姚姚		2000	661	120	10		50	2721
4	刘宋		2000	783	120				2903
5	胡魄		2000	1252	120		50	50	3272
6	吴明		2000	600	120				2720
7	贾铭		2000	833	120	20			2933
8	蔡一一		2000	1200	120			100	3220
9	李波		2000	468	120				2588
10	尉黎		2000	700	120	50			2770
11	袁二妃		2000	1000	120				3120
12	黄惠		2000	987	120	100			3007
13									

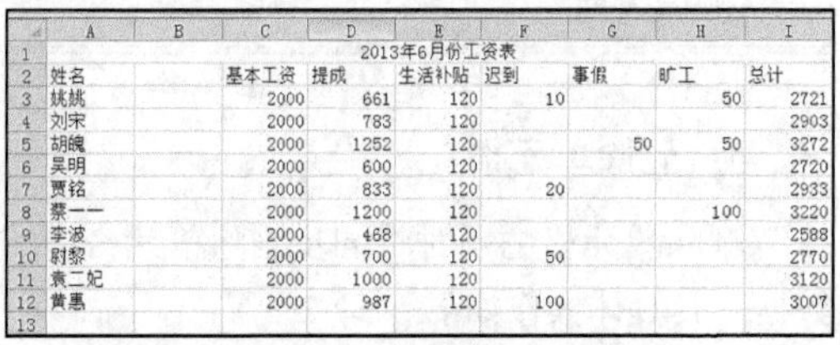

图7-22　最终效果

素材\第7课\课堂讲解\工资表.xlsx
效果\第7课\课堂讲解\工资表2.xlsx

❶ 打开“工资表”工作簿，单击选择A1单元格，然后按住鼠标左键不放并向右拖动鼠标至H1单元格，释放鼠标，选择A1：H1单元格区域。

❷ 在【开始】→【对齐方式】组中单击“合并后居中”按钮，将该单元格区域合并，如图7-23所示。

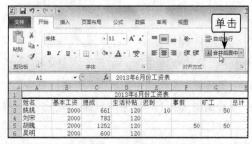

图7-23　合并并居中单元格

❸ 选择B2单元格，在【开始】→【单元格】组中单击“插入”按钮下方的按钮，在打开的下拉列表中选择“插入工作表列”命令，如图7-24的示，即可在B2单元格前插入一列空白列。

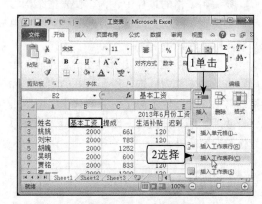

图7-24　插入一列单元格

❹ 选择A12单元格，在【开始】→【单元格】组中单击“删除”按钮下方的按钮，在打开的下拉列表中选择“删除单元格”命令，打开“删除”对话框。

❺ 选中 整行(R) 单选项，单击 确定 按钮即可删除该行，如图7-25所示。最后将工作簿另存为“工资表2”，完成操作。

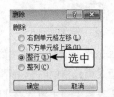

图7-25　“删除”对话框

⏱ **试一试**

在工作簿中取消对A1：H1单元格区域的合并操作，并在A7单元格上方插入一行空白行。

7.1.5 输入和快速填充数据

新建好工作表后便可在单元格中输入数据，对于编号等有规律的数据序列可利用快速填充功能实现高效输入。

1. 输入数据

在Excel表格中需要输入不同类型的数据，包括文本和数字等一般数据，以及身份证、小数或货币等特殊数据。

🖊 **输入一般数据**

在Excel表格中输入一般数据主要有以下3种方式。

◎ 选择单元格输入：选择单元格后，直接输入数据，然后按【Enter】键。

◎ 在单元格中输入：双击要输入数据的单元格，将光标定位到其中，输入所需数据后按【Enter】键。

◎ 在编辑栏中输入：先选择单元格，然后将鼠标指针移到编辑栏中并单击，将光标定位到编辑栏中，输入数据后按【Enter】键。

🖊 **输入特殊数据**

为了区别于普通数据，可以利用"单元格格式"对话框设置输入数据的单元格格式，此后输入的数据就会自动变为设置的特殊数据格式。下面介绍3种常见的特殊数据输入方法。

◎ **输入身份证号码**：选择要输入的单元格区域，单击鼠标右键，在弹出的快捷菜单中选择"设置单元格格式"命令，打开"单元格格式"对话框，单击"数字"选项卡，在"分类"列表框中选择"文本"选项，或选择"自定义"选项后在"类型"列表框中选择"@"选项，单击 确定 按钮，如图7-26所示，便可开始输入身份证号码。

图7-26 "单元格格式"对话框

◎ **输入分数**：先输入一个英文状态下的单引号"'"，再输入分数即可。也可以选择要输入分数的单元格区域，在"单元格格式"对话框中的"分类"列表框中选择"分数"选项，并在对话框右侧设置分数格式，单击 确定 按钮，然后进行输入。

◎ **输入货币**：输入带"¥"等货币符号的数据时不需要在每个单元格中都手动输入货币符号，可以先在"单元格格式"对话框的"分类"列表框中选择"货币"选项，并在对话框右侧设置货币符号和小数位数，单击 确定 按钮，然后进行输入。

❗ 提示：在Excel中输入数据后双击单元格，可对其中的部分数据进行修改或添加；而如果选择单元格后直接输入，将覆盖单元格中原有的内容。

2. 快速填充数据

在输入Excel表格数据的过程中，若单元格数据多处相同或是有规律的数据序列，可以利用快速填充表格数据的方法来提高工作效率。

🖊 **通过"序列"对话框填充**

对于有规律的数据，Excel 2010提供了一个"序列"对话框用于自动填充。只需在表格中输入一个数据，便可在连续单元格中快速输入有规律的数据。

❶ 在起始单元格中输入起始数据，然后选择相邻需要填充规律数据的单元格区域，在【开

始】→【编辑】组中单击"填充"按钮🔲右
侧的▾按钮，在打开的下拉列表中选择"系
列"命令，打开"序列"对话框。

❷ 在"序列产生在"栏中选择序列产生的位
置，在"类型"栏中选择序列的特性，在
"步长值"文本框中输入序列的步长，在
"终止值"文本框中设置序列的最后一个数
据，如图7-27所示，单击 确定 按钮，便
可填充序列数据。

图7-27 "序列"对话框

> 提示：在等差序列中，步长是指相邻数
> 据之差，如需要填充的数据依次为1、2、
> 3、4，则步长为1；如需要填充的数据依
> 次为1、3、5、7，则步长为2。

使用控制柄填充相同数据

使用控制柄填充相同数据的方法为：在起
始单元格中输入起始数据，将鼠标指针移至该
单元格右下角的控制柄上，当其变为╋形状
时，按住鼠标左键不放并拖动至所需位置，释
放鼠标，即可在选择的单元格区域中填充相同
的数据，如图7-28所示。

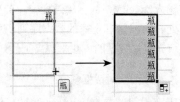

图7-28 使用控制柄填充相同数据

> 技巧：选择多个单元格或单元格区域，在
> 编辑栏中输入内容，然后按【Ctrl+Enter】
> 键，可以快速在多个单元格或单元格区域
> 中输入相同的内容。

使用控制柄填充有规律的数据

使用控制柄也可填充有规律的数据，方
法为：在单元格中输入起始数据，在相邻单元
格中输入下一个数据，选择已输入数据的两个
单元格，将鼠标指针移至选区右下角的控制柄
上，当其变为╋形状时，按住鼠标左键不放
并拖动至所需位置，释放鼠标即可根据两个数
据的特点自动填充有规律的数据，如图7-29所
示。

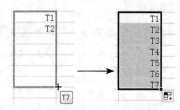

图7-29 使用控制柄填充有规律的数据

> 提示：使用控制柄填充数据后将显示一个
> 🔳图标，单击该图标，在打开的下拉列表
> 中可以选择是否带格式填充单元格。

3. 案例——输入"产品库存表"数据

本例要求在新建的空白工作表中使用不同
的方法输入表格数据，完成后保存为"产品库存
表"工作簿，效果如图7-30所示。通过该案例的
学习，读者应掌握输入表格数据的基本方法。

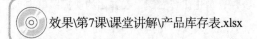

图7-30 最终效果

> 💿 效果\第7课\课堂讲解\产品库存表.xlsx

❶ 启动Excel 2010，在工作表中单击A1单元
格，输入"产品库存表"。

❷ 单击A2单元格，输入"产品编号"，按向右
方向键，选择B2单元格，输入"品名"，用
同样的方法输入如图7-31所示的表头字段。

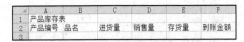

图7-31 输入表头

❸ 选择A3：A11单元格区域，单击鼠标右键，在弹出的快捷菜单中选择"设置单元格格式"命令，打开"单元格格式"对话框，单击"数字"选项卡，在"分类"列表框中选择"文本"选项，单击 [确定] 按钮。

❹ 选择A3单元格，输入"001"（如果没有进行上一步的设置会自动显示为数字"1"），选择A4单元格，输入"002"，选择A3和A4两个单元格，将鼠标指针移至选区右下角的控制柄上，当其变为＋形状时，按住鼠标左键不放并拖动至A11，释放鼠标，效果如图7-32所示。

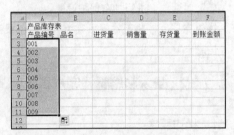

图7-32 输入有规律的编号

❺ 分别单击或双击B3：E11单元格区域中的各个单元格，然后输入如图7-33所示的数字和品名。

❻ 选择F3：F11单元格区域，单击鼠标右键，在弹出的快捷菜单中选择"设置单元格格式"命令，打开"单元格格式"对话框，单击"数字"选项卡，在"分类"列表框中选择"货币"选项，并在对话框右侧设置货币

符号和小数位数，单击 [确定] 按钮，如图7-34所示。

<table>
<tr><td colspan="6">产品库存表</td></tr>
<tr><td>产品编号</td><td>品名</td><td>进货量</td><td>销售量</td><td>存货量</td><td>到账金额</td></tr>
<tr><td>001</td><td>皮衣</td><td>250</td><td>200</td><td>50</td><td></td></tr>
<tr><td>002</td><td>毛衣</td><td>300</td><td>280</td><td>20</td><td></td></tr>
<tr><td>003</td><td>休闲裤</td><td>700</td><td>500</td><td>200</td><td></td></tr>
<tr><td>004</td><td>运动鞋</td><td>800</td><td>450</td><td>350</td><td></td></tr>
<tr><td>005</td><td>棒球帽</td><td>500</td><td>240</td><td>260</td><td></td></tr>
<tr><td>006</td><td>袜子</td><td>280</td><td>200</td><td>80</td><td></td></tr>
<tr><td>007</td><td>保暖内衣</td><td>300</td><td>280</td><td>20</td><td></td></tr>
<tr><td>008</td><td>手套</td><td>800</td><td>700</td><td>100</td><td></td></tr>
<tr><td>009</td><td>围巾</td><td>950</td><td>900</td><td>50</td><td></td></tr>
</table>

图7-33 输入数据

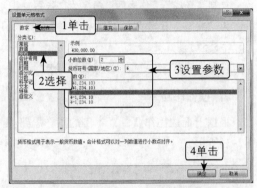

图7-34 设置输入货币格式数据

❼ 在F3单元格中输入"30000"，按【Enter】键将自动显示为"￥30,000.00"，然后在该列其他单元格中输入相应的货币数据。

❽ 选择A1：F1单元格区域，在【开始】→【对齐方式】组中单击"合并后居中"按钮。最后保存为"产品库存表.xlsx"工作簿，完成操作。

⏱ 试一试

在"产品库存表"工作簿中将"编号"列的数据填充为001、003的序列数据，在"存货量"列中填充相同的数据"50"。

7.2 上机实战

本课上机实战将管理"员工信息卡"工作簿，然后制作和录入"客户档案表"工作簿，通过这两个案例的实践，综合练习本课所学习的知识点。

上机目标：

◎ 熟练掌握工作簿打开、新建、保存和关闭的方法；

◎ 熟练掌握工作表选择、重命名、复制、删除和保护的方法；

◎ 熟练掌握单元格选择、合并、插入和删除的方法，以及录入表格数据的方法。

建议上机学时：1学时。

7.2.1 管理"员工信息卡"工作簿

1. 操作要求

本例要求打开"员工信息卡"工作簿，对其工作表进行管理和加密保护。具体操作要求如下。

◎ 打开工作簿，将Sheet1工作表重命名为"杨华"，删除Sheet2、Sheet3工作表，然后再复制"杨华"工作表后重命名为"张军"。

◎ 为"杨华"工作表设置加密保护，密码为"555"。

◎ 将工作簿另存为"项目部员工信息卡"。

2. 操作思路

根据上面的操作要求，本例的操作思路如图7-35所示。

（1）重命名、删除和复制工作表

（2）加密工作表

（3）另存工作簿

图7-35 管理"员工信息卡"工作簿的操作思路

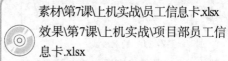

素材\第7课\上机实战\员工信息卡.xlsx

效果\第7课\上机实战\项目部员工信息卡.xlsx

演示\第7课\管理"员工信息卡"工作簿.swf

本例的主要操作步骤如下。

❶ 启动Excel 2010，打开"员工信息卡"工作簿。

❷ 双击Sheet1工作表标签，重命名为"杨华"，同时选中Sheet2和Sheet3工作表，利用右键菜单中的"删除"命令将其删除。

❸ 选择"杨华"工作表，利用右键菜单中的"移动或复制"命令复制一张工作表，重命名为"张军"。

❹ 在"杨华"工作表标签上单击鼠标右键，选择"保护工作表"命令，打开"保护工作表"对话框，进行加密保护设置。

❺ 编辑完毕后，将工作簿另存为"项目部员工信息卡"。

7.2.2 录入和编辑"客户档案表"

1. 操作要求

本例要求新建"客户档案表"工作簿，然后录入相应的数据内容，完成后的最终效果如图7-36所示。通过本例的操作，读者应熟练掌握工作表内容的输入及单元格的编辑方法。

图7-36 "客户档案表"最终效果

具体操作要求如下。

◎ 启动Excel 2010，新建并保存"客户档案表"工作簿。

◎ 在Shee1工作表中录入表格数据。

◎ 根据图7-36中的效果，对工作表中的单元格进行合并、插入和删除等编辑操作。

2. 专业背景

客户档案表是指管理客户信息的表格，一般包括姓名、性别、出生日期、身高、体重、年龄、单位名称和职务等信息，创建后一般还需要经常对客户档案信息进行更新。

在录入客户档案中的日期时，其年、月、日之间要用"/"号或"-"号隔开。另外，录入邮政编码和电话号码时，为了避免Excel将其按数值型数据处理，可以在输入时先输一个单引号"'"（英文符号），再接着输入具体的数字。

3. 操作思路

根据上面的操作要求，本例的操作思路如图7-37所示。在操作过程中需要注意的是，很多操作可能用多种方法来实现，应结合前面所讲的基础知识，试用不同的方法来操作。

（1）录入工作表数据

（2）编辑单元格

图7-37　录入和编辑"客户档案表"的操作思路

（3）输入增加的数据

图7-37　录入和编辑"客户档案表"的操作思路（续）

效果\第7课\上机实战\客户档案表.xlsx
演示\第7课\录入和编辑"客户档案表".swf

本例的主要操作步骤如下。

❶ 启动Excel 2010，将默认新建的工作簿保存为"客户档案表"。

❷ 在工作表中输入图7-37第1）小步中的数据（本例电话号码和地址进行了代替处理，可录入真实的数据），在输入"性别"和"学历"列的数据时若有连续几个单元格需要输入相同数据时可使用填充柄进行快速填充，"出生年月"和"工作时间"列的日期数据输入后若列宽不足将显示为星号"*"，拖动相应列右侧的边框线进行加大，便可显示完整。

❸ 合并A1：I1单元格区域，删除"杨丽群"所在行及单元格，下方的数据行上移，在"姓名"列左侧插入一空白列，再在"王建安"上方插入一空白行。

❹ 在A2单元格中输入"编号"，利用快速填充的方法在该列输入依次递增的编号，再在新插入的空白行的各单元格中输入相应数据。适当拖动调整H列和I列的宽度，显示出所有数据，保存工作簿，完成本例的制作。

7.3 常见疑难解析

问：能不能修改工作簿中默认的工作表数量？

答：Excel默认新建的工作簿包括3张工作表，可根据需要更改默认的工作表数量，方法是选择【文件】→【选项】命令，打开"Excel选项"对话框，单击"常规"选项卡，在"新建工作簿"栏的"包含的工作表数"数值框中输入所需数目，单击 确定 按钮。

问：在单元格中输入较长的数据时怎样使里面的内容换行显示？

答： 可以将单元格的格式设置为自动换行，方法为输入内容后选择要设置自动换行的单元格，单击鼠标右键，在弹出的快捷菜单中选择"设置单元格格式"命令，打开"设置单元格格式"对话框，单击"对齐"选项卡，选中☑自动换行(W)复选框，单击 确定 按钮完成设置。此后只要在该单元格中输入的字符长度超过了单元格的宽度，文本会自动换行，以适应单元格的宽度。

问：工作表可以隐藏吗？

答： 可以。在要隐藏的工作表标签上单击鼠标右键，在弹出的快捷菜单中选择"隐藏"命令即可隐藏该工作表。需要再次显示时在任意工作表标签上单击鼠标右键，在弹出的快捷菜单中选择"取消隐藏"命令，在打开的对话框中选择要显示的工作表即可。

7.4 课后练习

（1）启动Excel 2010，进入其操作界面，指出各部分的名称。

（2）根据本地模板"考勤卡"新建工作簿，然后保存为"考勤表"。

（3）新建一个空白工作簿，在其中进行以下操作。

◎ 将其中的"Sheet1"工作表移动到"Sheet2"工作表右侧。

◎ 复制"Sheet1"工作表，并将"Sheet1"工作表删除。

◎ 分别将3张工作表重命名为"一月份"、"二月份"和"三月份"。

◎ 为"二月份"工作表设置密码保护。

（4）综合运用本课所学知识，制作一张"办公用品领用表"，效果如图7-38所示。其中的"编号"、"单位"和"责任人"列的数据可运用填充柄进行快速填充，以提高输入效率。

	A	B	C	D	E	F	G	H	I
1					办公用品领用表				
2	编号	物品名称	单位	数量	领取日期	领取部门	领取人	责任人	备注
3	1	便签纸	本	15	2013/5/6	策划部	李渊	张佳	
4	2	计算器	个	5	2013/5/7	销售部	孙眉	张佳	
5	3	订书针	个	20	2013/5/7	财务部	王季海	张佳	
6	4	订书针	个	18	2013/5/9	总经办	章轩	张佳	
7	5	中性笔	支	16	2013/5/9	策划部	张有彬	张佳	
8	6	计算器	个	3	2013/5/11	财务部	王季海	张佳	
9	7	中性笔	支	10	2013/5/13	总经办	章轩	张佳	
10	8	文件夹	个	2	2013/5/13	策划部	张有彬	张佳	
11	9	文件夹	个	9	2013/5/14	客户部	周蓉	张佳	
12	10	文件夹	个	1	2013/5/14	销售部	孙眉	张佳	
13	11	计算器	个	3	2013/5/16	行政部	肖晓虹	张佳	
14	12	中性笔	支	8	2013/5/16	行政部	肖晓虹	张佳	
15	13	中性笔	支	12	2013/5/18	策划部	李渊	张佳	
16									

图7-38 "办公用品领用表"最终效果

效果\第7课\课后练习\办公用品领用表.xlsx

演示\第7课\制作办公用品领用表.swf

第 8 课
编辑与美化表格

学生：老师，电子表格的一些基本操作我都掌握了，接下来学习什么呢？

老师：制作电子表格的第一步是输入和编辑数据，在上一课中我们已经练习了有关表格数据的输入操作。本课将学习编辑表格数据和美化表格的相关知识。

学生：编辑表格中的数据是指什么呢？

老师：编辑表格数据是指对单元格中的数据进行修改、删除、移动和复制等操作。除此之外，还可设置字体格式、数据格式、对齐方式和底纹等，也可对单元格的边框和工作表背景等进行设置，这些都是本课要讲解的内容。

学生：老师，我已经准备好了，开始学习吧！

学习目标

▶ 掌握编辑工作表中数据的方法

▶ 掌握设置单元格格式的方法

▶ 熟悉美化工作表和单元格的方法

▶ 掌握打印工作表的方法

8.1 课堂讲解

本课堂主要讲述编辑数据、设置数据格式、美化工作表和打印工作表等知识。通过相关知识点的学习和案例的制作，读者可以进一步掌握表格的制作与编辑方法，以及打印工作表的方法。

8.1.1 编辑工作表中的数据

与Word相似，在制作表格的过程中常常需要对已有的数据进行修改、移动、复制、查找、替换或删除等编辑操作。

1. 修改和删除数据

在表格中修改和删除数据主要有以下3种方法。

◎ **在单元格中修改或删除**：双击需修改或删除数据的单元格，在单元格中定位光标，修改或删除数据，然后按【Enter】键完成操作。

◎ **选择单元格修改或删除**：当需要对某个单元格中的全部数据进行修改或删除时，只需选择该单元格，然后重新输入正确的数据，再按【Enter】键即可快速完成修改（也可在选择单元格后按【Delete】键删除所有数据，然后输入需要的数据）。

◎ **在编辑栏中修改或删除**：选择单元格，将鼠标指针移到编辑栏中并单击，将光标定位到编辑栏中，修改或删除数据后按【Enter】键完成操作。

2. 移动和复制数据

在Excel 2010中移动和复制数据有以下3种方法。

◎ **通过【剪贴板】组移动或复制数据**：选择需移动或复制数据的单元格，在【开始】→【剪贴板】组中单击"剪切"按钮 或"复制"按钮 ，选择目标单元格，然后单击【剪贴板】组中的"粘贴"按钮 。

◎ **通过右键快捷菜单移动或复制数据**：选择需移动或复制数据的单元格，单击鼠标右键，在弹出的快捷菜单中选择"剪切"或"复制"命令，选择目标单元格，然后单击鼠标右键，在弹出的快捷菜单中选择选择"粘贴"命令，即可完成数据的移动或复制。

◎ **通过快捷键移动或复制数据**：选择需移动或复制数据的单元格，按【Ctrl+X】键或【Ctrl+C】键，选择目标单元格，然后按【Ctrl+V】键。

> 注意：当对某个单元格执行移动或复制操作后，该单元格边框将变为闪烁的虚线边框，如图8-1所示。完成移动操作后该边框将自动消失；而完成复制操作后，需双击任意单元格才能使之消失。

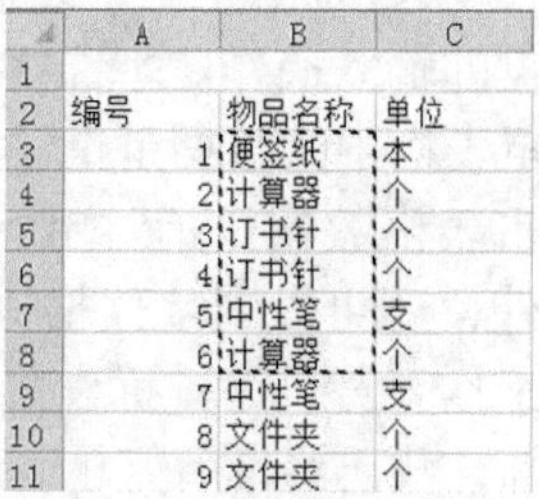

图8-1 单元格的虚线边框

3. 查找和替换数据

如果Excel 2010工作表中的数据量很大，在其中查找数据就会非常困难，此时可利用Excel提供的查找和替换功能来快速查找符合条件的单元格，并能快速对这些单元格进行统一替换，从而提高编辑的效率。

查找数据

利用Excel提供的查找功能查找数据的具体操作如下。

❶ 在【开始】→【编辑】组中单击"查找和选择"按钮 ，在打开的下拉列表中选择"查找"命令，打开"查找和替换"对话框中的"查找"选项卡。

❷ 在"查找内容"下拉列表框中输入要查找的数据，单击 查找下一个(F) 按钮，便能快速查找到匹配条件的单元格，如图8-2所示。

❸ 单击 查找全部(I) 按钮，可以在"查找和替换"对话框下方列表中显示所有包含需要查找文本的单元格位置，如图8-2所示。

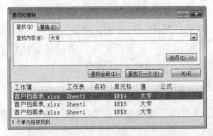

图8-2　显示查找到的全部数据

❹ 单击 关闭 按钮关闭"查找和替换"对话框。

替换数据

如果要将表格中某些单元格的内容全部或部分替换为其他内容，也可以使用"查找和替换"对话框进行。

❶ 在【开始】→【编辑】组中单击"查找和选择"按钮 ，在打开的下拉列表中选择"替换"命令，打开"查找和替换"对话框的"替换"选项卡。

❷ 在"查找内容"下拉列表框中输入要查找的数据，在"替换为"下拉列表框中输入需替换的内容，如图8-3所示。

图8-3　替换数据

❸ 单击 查找下一个(F) 按钮，查找符合条件的数据，然后单击 替换(R) 按钮进行替换，或单击 全部替换(A) 按钮，将所有符合条件的数据一次性全部替换。

4. 案例——编辑"来访登记表"中的数据

本例要求在"来访登记表"中修改、复制

和替换数据，编辑前后的对比效果如图8-4所示。通过该案例的学习，读者应掌握编辑工作表数据的方法。

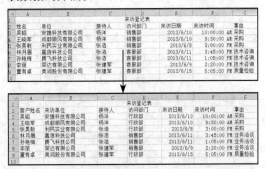

图8-4　编辑数据前后对比效果

素材\第8课\课堂讲解\来访登记表.xlsx
效果\第8课\课堂讲解\来访登记表.xlsx

❶ 打开"来访登记表"工作簿，双击A2单元格，将鼠标光标定位到"姓名"前面，添加文字"客户"，如图8-5所示，按【Enter】键确认。

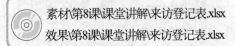

图8-5　修改单元格数据

❷ 双击B2单元格，将内容修改为"来访单位"，然后选择D3单元格，重新输入新内容"行政部"，按【Enter】键确认。

❸ 再次选择D3单元格，按【Ctrl+C】键复制，此时单元格四周将显示虚线。

❹ 选择D4:D5单元格区域，按【Ctrl+V】键，再选择D9单元格，按【Ctrl+V】键，将数据复制到其中，如图8-6所示。

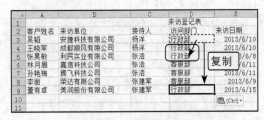

图8-6　复制单元格数据

❺ 在【开始】→【编辑】组中单击"查找和选择"按钮🏛，在打开的下拉列表中选择"替换"命令，打开"查找和替换"对话框的"替换"选项卡。

❻ 在"查找内容"下拉列表框中输入"客服部"，在"替换为"下拉列表框中输入"销售部"，单击 全部替换(A) 按钮进行全部替换，在弹出的提示对话框中单击 确定 按钮，如图8-7所示。

图8-7　替换单元格数据

❼ 将"查找内容"下拉列表框中的内容修改为"技术咨询"，将"替换为"下拉列表框中的内容修改为"业务洽谈"，单击 全部替换(A) 按钮进行全部替换，最后关闭对话框，完成本例的编辑操作。

⏱ 试一试

在"来访登记表"中复制第7~9行数据至表格原数据最后，再尝试用不同的修改方法修改复制的数据。

8.1.2　设置表格格式

输入并编辑好表格数据后，为了使工作表中的数据更加清晰明了、美观实用，通常需要对表格格式进行设置和调整。

1. 设置字体格式

设置字体格式可以通过"字体"组和"设置单元格格式"对话框的"字体"选项卡两种方法来实现。

◎ **通过"字体"组设置**：选择要设置的单元格后，通过【开始】→【字体】组中的"字体"下拉列表框 宋体 、"字号"下拉列表

框 12 、"加粗"按钮 **B** 、"倾斜"按钮 *I* 、"下划线"按钮 u 和"字体颜色"按钮 **A** 等参数可对表格中的字体格式进行快速设置，各参数作用与 Word 相同。

◎ **通过"字体"选项卡设置**：选择要设置的单元格，单击鼠标右键，在弹出的快捷菜单中选择"设置单元格格式"命令，打开"设置单元格格式"对话框，单击"字体"选项卡，在其中可以设置单元格中数据的字体、字形、字号、下划线、特殊效果和颜色等，如图8-8 所示。

图8-8　设置字体格式

2. 设置数字格式

设置数字格式是指修改数值类单元格的格式和参数，可以通过"数字"组或"设置单元格格式"对话框中的"数字"选项卡来实现。

◎ **通过"数字"组设置**：选择要设置的单元格后，在【开始】→【数字】组中单击 常规 右侧的▾按钮，在打开的下拉列表中选择一种数字格式，还可单击"货币样式"按钮 、"百分比样式"按钮 % 、"千位分隔样式"按钮，"增加小数位数"按钮 和"减少小数位数"按钮 等，快速将数据转换为货币型、百分比型、千位分隔符等格式，如图 8-9 所示。

图8-9　通过【数字】组设置数据格式

◎ 通过"数字"选项卡设置：选择需要设置数据格式的单元格，打开"设置单元格格式"对话框，单击"数字"选项卡，在其中可以设置单元格的数据类型，如货币型、日期型等，如图8-10所示。

图8-10 通过"数字"选项卡设置数字格式

⚠️ 提示：在上一课中介绍输入特殊数据时讲过可以先选择空白单元格后在"设置单元格格式"对话框的"数字"选项卡中设置好格式后再输入数据，而输入后可以再通过该对话框修改其数据格式和参数。

3. 设置对齐方式

设置对齐方式可通过"对齐方式"组和"设置单元格格式"对话框的"对齐"选项卡来实现。

◎ 通过"对齐方式"组设置：选择要设置的单元格后，在【开始】→【对齐方式】组中单击"文本左对齐"按钮≣、"居中"按钮≣、"文本右对齐"按钮≣等，可快速为选择的单元格设置数据对齐方式，如图8-11所示。

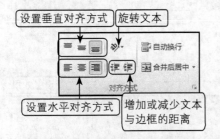

图8-11 通过【对齐方式】组设置对齐方式

◎ 通过"对齐"选项卡设置：选择需要设置对

齐方式的单元格或单元格区域，选择【格式】→【单元格】命令，打开"设置单元格格式"对话框，单击"对齐"选项卡，可以设置单元格中数据的水平和垂直对齐方式、文字的排列方向和文本控制等，如图8-12所示。

图8-12 通过"对齐"选项卡设置对齐方式

4. 设置单元格边框

Excel默认显示的边框是不会被打印出来的，可通过"字体"组和"设置单元格格式"对话框的"边框"选项卡来设置单元格边框。

◎ 通过"字体"组设置：选择要设置的单元格后，在【开始】→【字体】组中单击"边框"按钮⊞右侧的按钮，在打开的下拉列表中可选择添加一些简单边框。

◎ 通过"边框"选项卡设置：选择需要设置边框的单元格，打开"设置单元格格式"对话框，单击"边框"选项卡，在其中可设置各种粗细、样式或颜色的边框，如图8-13所示。

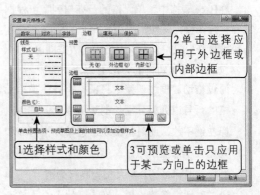

图8-13 设置边框

> 技巧：单击"边框"按钮 ⊞·右侧的·按钮，在打开的下拉列表中选择"绘图边框"选项，此时可手动绘制表格的内、外边框，方法与在Word中绘制表格类似。

5. 设置单元格填充颜色

设置填充颜色可通过"字体"组和"设置单元格格式"对话框的"填充"选项卡实现。

◎ **通过"字体"组设置**：选择要设置的单元格后，在【开始】→【字体】组中单击"填充颜色"按钮 ❖·右侧的·按钮，在打开的下拉列表中可选择一种填充颜色。

◎ **通过"填充"选项卡设置**：选择需要设置的单元格，打开"设置单元格格式"对话框，单击"填充"选项卡，在其中可设置填充的颜色和图案样式，如图 8-14 所示。

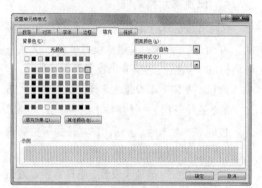

图8-14 设置填充颜色

6. 设置行高和列宽

在Excel表格中，单元格的行高与列宽可根据需要进行调整，一般情况下，用户只需将其行高与列宽调整为能完全显示表格中的数据即可。

设置行高和列宽的方法有以下2种。

◎ **通过拖动边框线调整**：将鼠标指针移至单元格的行号或列标分隔处的边框线上，按住鼠标左键不放，此时将出现当前单元格行高和列宽大小以提示用户，然后拖动到适当大小后释放鼠标可调整单元格行高与列宽。

◎ **通过对话框精确设置**：在【开始】→【单元格】组中单击"格式"按钮 📋，在打开的下

拉列表中选择"行高"命令或"列宽"命令，在打开的"行高"或"列宽"对话框中输入值，单击 确定 按钮，如图 8-15 所示。

图8-15 通过对话框精确设置行高和列宽

7. 案例——设置"产品库存表"格式

本例要求在"产品库存表"工作簿中设置表格的格式，完成后的效果如图8-16所示。通过该案例的学习，读者应掌握设置表格字体格式、数字格式、数据对齐方式和边框等格式的方法。

产品编号	品名	进货量	销售量	存货量	到账金额
		产品库存表			
001	皮衣	250	200	50	¥30,000
002	毛衣	300	280	20	¥6,000
003	休闲裤	700	500	200	¥20,000
004	运动鞋	800	450	350	¥40,000
005	棒球帽	500	240	260	¥5,000
006	袜子	280	200	80	¥500
007	保暖内衣	300	280	20	¥18,000
008	手套	800	700	100	¥3,000
009	围巾	950	900	50	¥8,000

图8-16 最终效果

> 素材\第8课\课堂讲解\产品库存表.xlsx
> 效果\第8课\课堂讲解\产品库存表.xlsx

❶ 打开"产品库存表"工作簿，选择A1单元格，在【开始】→【字体】组中的"字体"下拉列表中选择"方正粗倩简体"，在"字号"下拉列表中选择"18"，设置效果如图8-17所示。

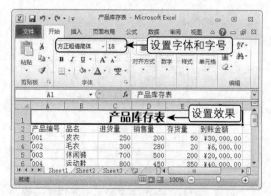

图8-17 设置表名字体和字号

❷ 选择A2：F2单元格区域，单击鼠标右键，在
弹出的快捷菜单中选择"设置单元格格式"
命令，打开"设置单元格格式"对话框，单
击"字体"选项卡，在"字体"列表框中选
择"黑体"，在"字形"列表框中选择"加
粗"，在"字号"列表框中选择"12"。

❸ 单击"对齐"选项卡，在"水平对齐"下拉
列表中选择"居中"选项，单击 确定 按
钮，效果如图8-18所示。

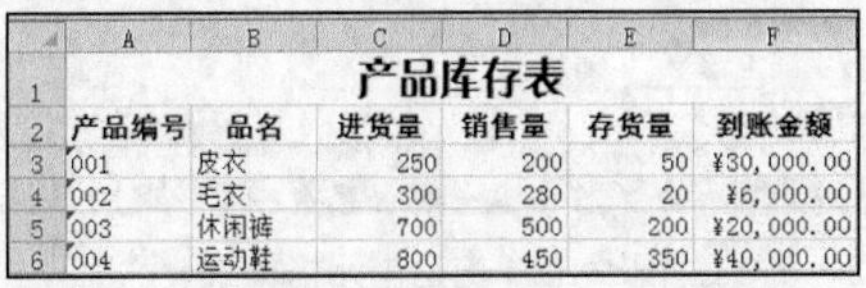

图8-18 设置表头字体和对齐方式的效果

❹ 选择C3：E11单元格区域，在【开始】→
【对齐方式】组中单击"居中"按钮，使
文字水平居中对齐。

❺ 选择F3：F11单元格区域，单击鼠标右键，
在弹出的快捷菜单中选择"设置单元格格
式"命令，打开"设置单元格格式"对话
框，单击"数字"选项卡，在"分类"列表
框中选择"货币"，将"小数位数"数值框
设置为"0"。

❻ 单击 确定 按钮，保持单元格区域的选择状
态，在【开始】→【对齐方式】组中单击"文
本左对齐"按钮，效果如图8-19所示。

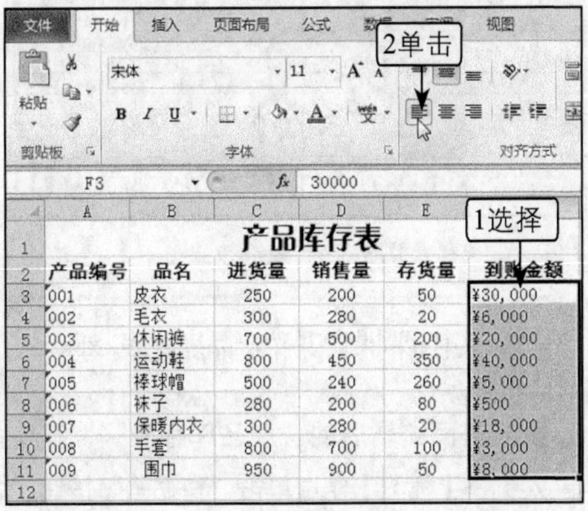

图8-19 设置数字格式及左对齐效果

❼ 选择A2：F11单元格区域，在【开始】→
【字体】组中单击"边框"按钮 右侧的

· 按钮，在打开的下拉列表中选择"所有框
线"选项，添加边框，如图8-20所示。

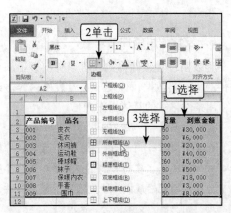

图8-20 设置边框

❽ 选择A2：F2单元格区域，在【开始】→【字
体】组中单击"填充颜色"按钮 右侧的·
按钮，在打开的下拉列表中选择"黄色"，
完成操作。

试一试

为本例中的A2：F11单元格区域添加"加
粗型"外边框，为C3：E11单元格区添加"浅
蓝色"图案填充。

8.1.3 美化工作表

在Excel中也可将电脑中的图片和Office剪
辑管理器中提供的精美剪贴画插入表格中，并
可设置工作表背景和条件格式，或套用表格格
式等，从而美化表格的内容。

1. 添加图形对象

在Excel工作表中可以添加电脑中的图片、
剪贴画、SmartArt图形和形状图形，其方法
为：在【插入】→【插图】组中单击相应的按
钮进行添加，具体方法与在Word文档中添加和
编辑相应对象的方法相同，这里不再赘述。

2. 设置工作表背景

在Excel 2010中还可以为工作表设置背景。

❶ 在【页面布局】→【页面设置】组中单击"背
景"按钮，打开"工作表背景"对话框。

❷ 在"查找范围"下拉列表框中选择需作为背景图片的文件保存路径，在列表框中选择一张图片，然后单击 插入(S) 按钮。

3. 设置使用条件格式

为表格设置条件格式，可以突出显示满足条件的单元格数据，以便于查看表格内容。设置使用条件格式的具体操作如下。

❶ 选择要设置条件格式的单元格区域。

❷ 在【开始】→【样式】组中单击"条件格式"按钮，在打开的下拉列表中选择【突出显示单元格规则】子列表中的某个条件选项，如选择"文本包含"选项。

❸ 在打开的"文本中包含"对话框左侧的文本框中输入包含的文本或单击 按钮选择条件单元格，再在右侧的下拉列表中选择设置的样式，单击 确定 按钮，如图8-21所示。

图8-21 设置"文本包含"条件格式

> 💡 提示：在"条件格式"下拉列表的"清除规则"子列表中选择"清除整个工作表的规则"命令可以取消整个工作表中的条件格式；选择"清除所选单元格的规则"命令可以清除指定单元格的条件格式。

4. 自动套用单元格和表格格式

在Excel 2010中使用自动套用格式功能可快速设置单元格和表格格式，方法分别如下。

◎ **应用单元格样式**：选择要设置的单元格，在【开始】→【样式】组中单击"单元格样式"按钮，在打开的下拉列表中可选择一种预置的单元格样式，如图8-22所示。

◎ **套用表格格式**：选择要套用格式的表格区域，

在【开始】→【样式】组中单击"套用表格格式"按钮，在打开的下拉列表中可选择一种预置的表格格式，打开如图8-23所示的"套用表格格式"对话框，确认或重新选择表数据来源区域，单击 确定 按钮。

图8-22 应用单元格样式

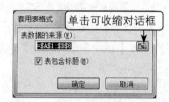

图8-23 "套用表格格式"对话框

5. 案例——美化"产品库存表"工作簿中的内容

本例要求将前面编辑后的"产品库存表"工作簿进行美化，完成后的效果如图8-24所示。

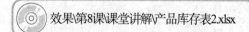

图8-24 最终效果

💿 效果\第8课\课堂讲解\产品库存表2.xlsx

❶ 打开前面编辑后的"产品库存表"，在【插入】→【插图】组中单击"剪贴画"按钮，打开"剪贴画"窗格，输入"运动"搜索关键字，单击选择剪贴画后进行插入，将其缩小后移动到如图8-25所示的位置。

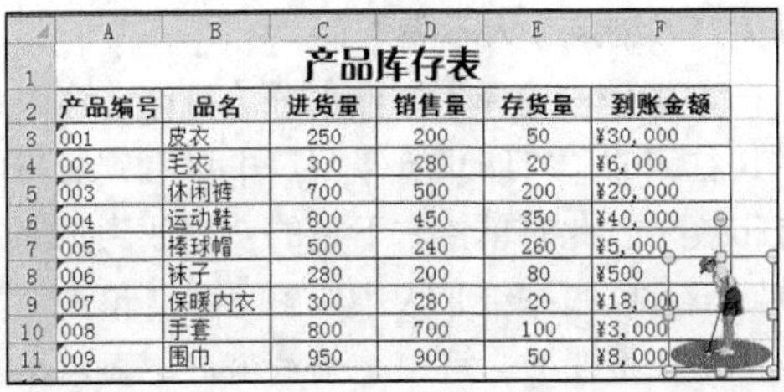

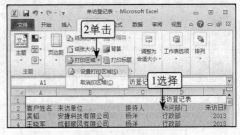

图8-25 插入剪贴画

❷ 选择B3∶B11单元格区域,在【开始】→【样式】组中单击"单元格样式"按钮，在打开的下拉列表中选择"强调文字颜色5"单元格样式。

❸ 在【开始】→【样式】组中单击"套用表格格式"按钮，在打开的下拉列表中选择"表样式中等深浅9",打开"套用表格格式"对话框,单击取消选中 表包含标题(M) 复选框。

❹ 单击 按钮,选择A2∶F11单元格区域,如图8-26所示,再次单击 按钮,返回对话框后单击 确定 按钮。

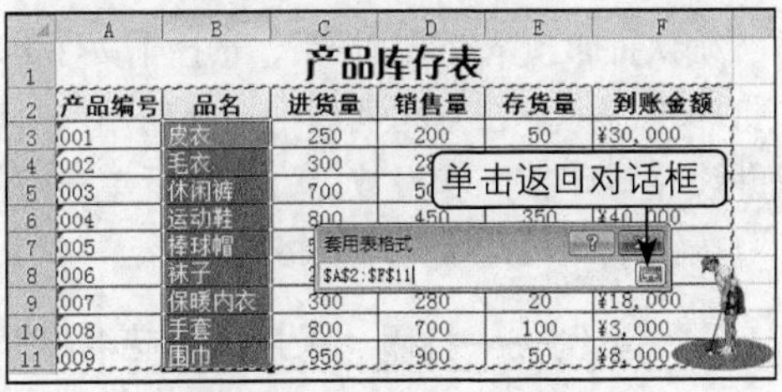

图8-26 选择套用样式的区域

❺ 此时套用表格样式后表头上方将显示一行带下拉箭头的列,如果不需要,可以在【设计】→【表格样式选项】组中单击取消选中"标题行"复选框,最后删除表头上方的空行,完成本例的美化操作。

⏱ 试一试

在"产品库存表"中为"到账金额"列大于20000的值设置条件格式进行突出显示。

8.1.4 打印工作表

使用Excel制作的表格通常需要进行打印,打印前可以对工作表进行页面设置和打印预览

等操作。

1. 页面设置

页面设置包括设置纸张大小、打印方向、页面边距、打印区域和页眉页脚等。

🖊 设置纸张大小、方向和页边距

设置纸张大小、方向和页边距的方法有以下2种。

◎ 在【页面布局】→【页面设置】组中分别单击"纸张大小"按钮、"纸张方向"按钮和"页边距"按钮,在打开的下拉列表中选择纸张大小、纸张方向和页边距选项。

◎ 在【页面布局】→【页面设置】组中单击右下角的 按钮,打开"页面设置"对话框,在"页面"选项卡中可设置页面大小和方向,在"页边距"选项卡中可设置页边距。

🖊 设置打印区域

当只需打印表格中的部分数据时,可通过设置工作表的打印区域进行打印,方法是:选择需打印的单元格区域,在【页面布局】→【页面设置】组中单击"打印区域"按钮,在打开的下拉列表中选择"设置打印区域"选项,如图8-27所示,所选区域四周将出现虚线框表示该区域将被打印。

图8-27 设置打印区域

🖊 设置打印页眉页脚

为了使打印出来的表格更加生动,可以为表格设置页眉和页脚,既可使用Excel 2010内置的页眉和页脚,也可自定义设置。

方法是:在【页面布局】→【页面设置】组中单击右下角的 按钮,打开"页面设置"

对话框，单击"页眉/页脚"选项卡，分别在"页眉"和"页脚"下拉列表中选择所需的内容样式，如图8-28所示，完成后单击 [打印预览(W)] 按钮，即可查看到设置的页眉和页脚的效果。

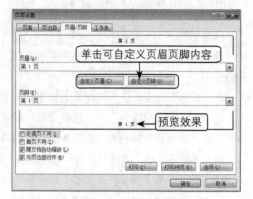

图8-28　设置打印页眉页脚

📎 设置打印标题

如果表格内容较多，需要打印多页时，可通过设置打印标题使每页自动打印标题行。

方法是：在【页面布局】→【页面设置】组中单击"打印标题"按钮 🖺，打开"页面设置"对话框的"工作表"选项卡，在"打印标题"栏中分别输入要打印的顶端和左端标题行列区域，或单击 🖼 按钮后进行选择，完成后单击 [　确定　] 按钮，如图8-29所示。

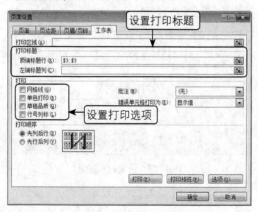

图8-29　设置打印标题

2. 打印预览

进行页面设置后或打印表格前，可以进行打印预览，其目的是查看即将打印出的效果，

以免打印结果令人不满意。

方法是：选择【文件】→【打印】命令，在其右侧的"打印预览"窗口中可看到表格的打印效果，此时单击右下角的"缩放到页面"按钮 🔲 可以根据纸张大小调整显示，单击"显示边距"按钮 🔲，可以在预览窗口中显示出边线，拖动各边线可以调整位置和列宽，如图8-30所示。

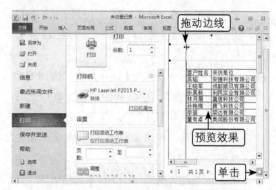

图8-30　打印预览

3. 打印工作表

确认打印预览效果无误后，选择【文件】→【打印】命令，在中间列表中选择使用的打印机并设置打印范围和份数等，完成后单击"打印"按钮 🖨 即可开始打印表格。

4. 案例——打印"录用人员花名册"

本例要求将提供的"录用人员花名册"表格的A2：L14单元格区域在A4纸上以横向方式打印出来。通过该案例的学习，读者应掌握打印Excel工作表的方法。

 素材第8课课堂讲解录用人员花名册.xlsx

❶ 打开"录用人员花名册"工作簿，在【页面布局】→【页面设置】组中单击"纸张大小"按钮 🔲，在打开的下拉列表中选择"A4"选项（默认一般为A4大小）。

❷ 单击"页边距"按钮 🔲，在打开的下拉列表中选择"窄"选项，再单击"纸张方向"按钮 🔲，在打开的下拉列表中选择"横向"选项，如图8-31所示。

图8-31 设置打印方向

的预览效果有何变化。

图8-32 预览打印效果

❸ 选择A2：L14单元格区域，在【页面布局】→【页面设置】组中单击"打印区域"按钮，在打开的下拉列表中选择"设置打印区域"选项，设置打印区域。

❹ 选择【文件】→【打印】命令，在其右侧的"打印预览"窗口中左下角可以发现共有2页需要打印，表示有部分表格内容显示到下一页了，需要进行调整，如图8-32所示。

❺ 单击右下角的"缩放到页面"按钮和"显示边距"按钮可以缩小比例显示，再在预览窗口中适当拖动"家庭住址"列各边线，使其显示到一页，预览效果如图8-33所示。

❻ 在中间列表中单击"打印"按钮即可开始打印表格。

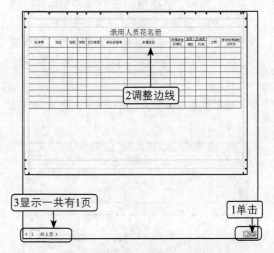

图8-33 调整后的预览打印效果

⏱ 试一试

在进行本例的第4步操作后，在"打印预览"窗口中间列表中的"无缩放"下拉列表中选择"将工作表调整为一页"选项，查看右侧

8.2 上机实战

本课上机实战将分别编辑"销售统计表"和"客户档案表"工作簿，综合练习本课所学习的知识点。

上机目标：

◎ 熟练掌握编辑工作表中数据的方法；

◎ 熟练掌握设置表格格式的方法；

◎ 熟悉套用单元格样式和表格样式的方法；

◎ 掌握打印工作表的方法。

建议上机学时：2学时。

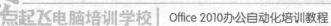

8.2.1 编辑“销售统计表”

1. 操作要求

本例将打开提供的“销售统计表”，对其数据进行编辑和格式设置等操作，编辑前后的效果如图8-34所示。具体操作要求如下。

◎ 将A2：F2、A3：A5单元格区域中的数据设置为水平居中，将B3：F5单元格区域中的数据设置为左对齐。

◎ 选择第3~5行单元格数据，在原数据下方复制粘贴3次，再根据提供的效果图修改复制后的数据，然后将B3：F14单元格区域中的数据设置为货币样式。

◎ 为A1单元格区域应用“标题1”单元格样式，为A3：A14和A2：F2单元格区域应用“20%–强调文字颜色5”单元格样式。

◎ 设置B2:F2单元格区域字体为“方正粗倩简体”，为A3:F14单元格区域添加内部边框线。

◎ 根据数据内容多少和美观性原则适当调整行高和列宽。

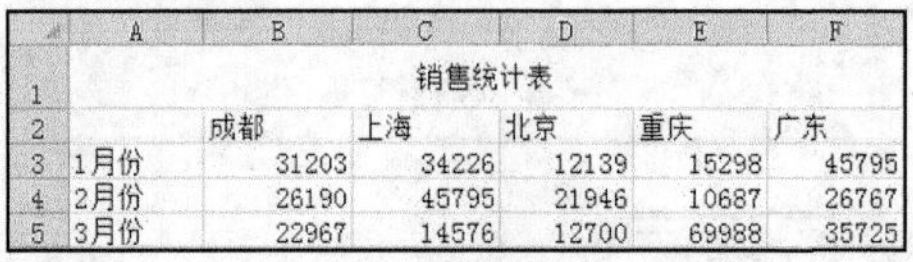

	A	B	C	D	E	F
1	销售统计表					
2		成都	上海	北京	重庆	广东
3	1月份	31203	34226	12139	15298	45795
4	2月份	26190	45795	21946	10687	26767
5	3月份	22967	14576	12700	69988	35725

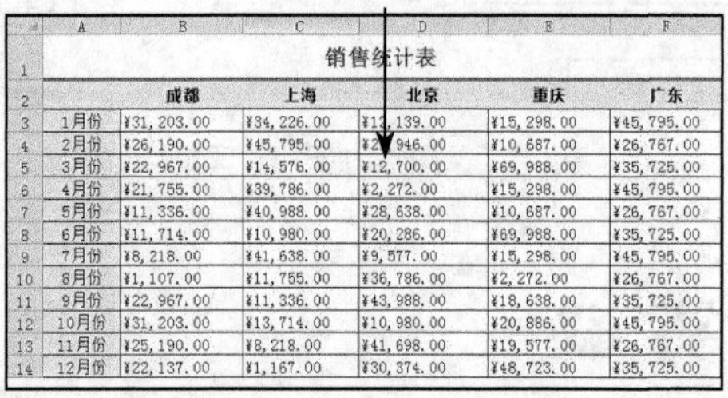

	A	B	C	D	E	F
1	销售统计表					
2		成都	上海	北京	重庆	广东
3	1月份	¥31,203.00	¥34,226.00	¥12,139.00	¥15,298.00	¥45,795.00
4	2月份	¥26,190.00	¥45,795.00	¥21,946.00	¥10,687.00	¥26,767.00
5	3月份	¥22,967.00	¥14,576.00	¥12,700.00	¥69,988.00	¥35,725.00
6	4月份	¥21,755.00	¥39,786.00	¥2,272.00	¥15,298.00	¥45,795.00
7	5月份	¥11,336.00	¥40,988.00	¥28,638.00	¥10,687.00	¥26,767.00
8	6月份	¥11,714.00	¥10,980.00	¥20,286.00	¥69,988.00	¥35,725.00
9	7月份	¥8,218.00	¥41,638.00	¥9,577.00	¥15,298.00	¥45,795.00
10	8月份	¥1,107.00	¥11,755.00	¥36,786.00	¥2,272.00	¥26,767.00
11	9月份	¥22,967.00	¥11,336.00	¥43,988.00	¥18,638.00	¥35,725.00
12	10月份	¥31,203.00	¥13,714.00	¥10,980.00	¥20,886.00	¥45,795.00
13	11月份	¥25,190.00	¥8,218.00	¥41,698.00	¥19,577.00	¥26,767.00
14	12月份	¥22,137.00	¥1,167.00	¥30,374.00	¥48,723.00	¥35,725.00

图8-34 编辑后的最终效果

2. 专业背景

“销售统计表”用于统计商品的销售数据及收入数据等，其种类较多，如有月度销售统计表、季度销售统计表和商品明细销售统计表等。根据公司的性质和业务的不同，其内容也各不相同。对于专业的销售统计表来说，其主要专业项目如下。

◎ **报表字段：**包括业务日期、公司、部门、业务员、结算人类型、结算人简称、结算人、单据种类、单据号码、含税金额、未税金额、税额、成本类型、成本单价、成本金额、毛利、毛利率、已结收款、未结收款、资金核销号、已结发票、未结发票、发票核销号、业务类型、合同号、项目号和制单人等。

◎ **统计字段：**含税金额、未税金额、税额、成本金额、毛利、已结收款、未结收款、已结发票和未结发票等。

本例编辑的是一个简单的月份销量统计表，用于帮助使用者了解基本的销售额信息。

3. 操作思路

根据上面的操作要求，本例的操作思路如图8-35所示。

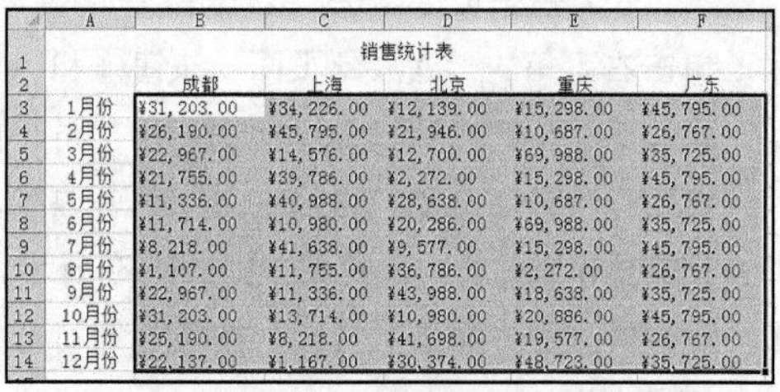

	A	B	C	D	E	F
1	销售统计表					
2		成都	上海	北京	重庆	广东
3	1月份	¥31,203.00	¥34,226.00	¥12,139.00	¥15,298.00	¥45,795.00
4	2月份	¥26,190.00	¥45,795.00	¥21,946.00	¥10,687.00	¥26,767.00
5	3月份	¥22,967.00	¥14,576.00	¥12,700.00	¥69,988.00	¥35,725.00
6	4月份	¥21,755.00	¥39,786.00	¥2,272.00	¥15,298.00	¥45,795.00
7	5月份	¥11,336.00	¥40,988.00	¥28,638.00	¥10,687.00	¥26,767.00
8	6月份	¥11,714.00	¥10,980.00	¥20,286.00	¥69,988.00	¥35,725.00
9	7月份	¥8,218.00	¥41,638.00	¥9,577.00	¥15,298.00	¥45,795.00
10	8月份	¥1,107.00	¥11,755.00	¥36,786.00	¥2,272.00	¥26,767.00
11	9月份	¥22,967.00	¥11,336.00	¥43,988.00	¥18,638.00	¥35,725.00
12	10月份	¥31,203.00	¥13,714.00	¥10,980.00	¥20,886.00	¥45,795.00
13	11月份	¥25,190.00	¥8,218.00	¥41,698.00	¥19,577.00	¥26,767.00
14	12月份	¥22,137.00	¥1,167.00	¥30,374.00	¥48,723.00	¥35,725.00

（1）复制数据并设置数据格式

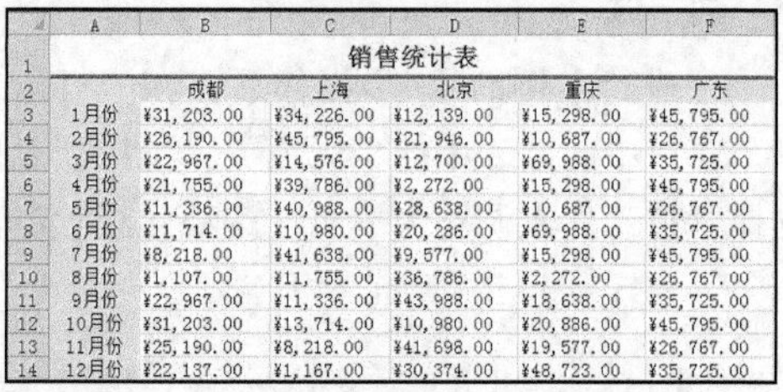

	A	B	C	D	E	F
1	销售统计表					
2		成都	上海	北京	重庆	广东
3	1月份	¥31,203.00	¥34,226.00	¥12,139.00	¥15,298.00	¥45,795.00
4	2月份	¥26,190.00	¥45,795.00	¥21,946.00	¥10,687.00	¥26,767.00
5	3月份	¥22,967.00	¥14,576.00	¥12,700.00	¥69,988.00	¥35,725.00
6	4月份	¥21,755.00	¥39,786.00	¥2,272.00	¥15,298.00	¥45,795.00
7	5月份	¥11,336.00	¥40,988.00	¥28,638.00	¥10,687.00	¥26,767.00
8	6月份	¥11,714.00	¥10,980.00	¥20,286.00	¥69,988.00	¥35,725.00
9	7月份	¥8,218.00	¥41,638.00	¥9,577.00	¥15,298.00	¥45,795.00
10	8月份	¥1,107.00	¥11,755.00	¥36,786.00	¥2,272.00	¥26,767.00
11	9月份	¥22,967.00	¥11,336.00	¥43,988.00	¥18,638.00	¥35,725.00
12	10月份	¥31,203.00	¥13,714.00	¥10,980.00	¥20,886.00	¥45,795.00
13	11月份	¥25,190.00	¥8,218.00	¥41,698.00	¥19,577.00	¥26,767.00
14	12月份	¥22,137.00	¥1,167.00	¥30,374.00	¥48,723.00	¥35,725.00

（2）应用单元格样式

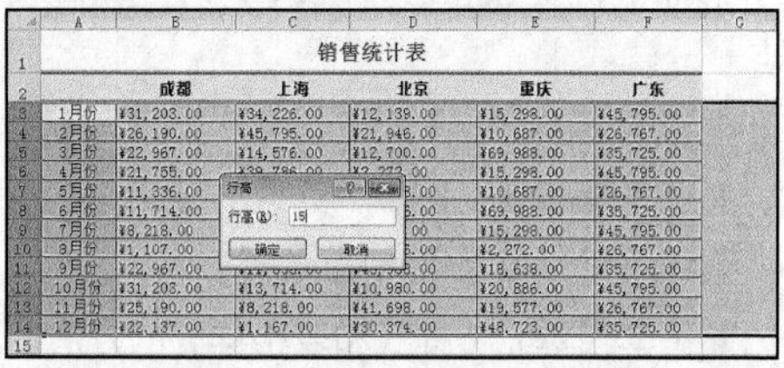

	A	B	C	D	E	F	G
1	销售统计表						
2		成都	上海	北京	重庆	广东	
3	1月份	¥31,203.00	¥34,226.00	¥12,139.00	¥15,298.00	¥45,795.00	
4	2月份	¥26,190.00	¥45,795.00	¥21,946.00	¥10,687.00	¥26,767.00	
5	3月份	¥22,967.00	¥14,576.00	¥12,700.00	¥69,988.00	¥35,725.00	
6	4月份	¥21,755.00	[illegible]	[illegible]	¥15,298.00	¥45,795.00	
7	5月份	¥11,336.00	[illegible]	[illegible]	¥10,687.00	¥26,767.00	
8	6月份	¥11,714.00	[illegible]	[illegible]	¥69,988.00	¥35,725.00	
9	7月份	¥8,218.00	[illegible]	[illegible]	¥15,298.00	¥45,795.00	
10	8月份	¥1,107.00	[illegible]	[illegible]	¥2,272.00	¥26,767.00	
11	9月份	¥22,967.00	[illegible]	[illegible]	¥18,638.00	¥35,725.00	
12	10月份	¥31,203.00	¥13,714.00	¥10,980.00	¥20,886.00	¥45,795.00	
13	11月份	¥25,190.00	¥8,218.00	¥41,698.00	¥19,577.00	¥26,767.00	
14	12月份	¥22,137.00	¥1,167.00	¥30,374.00	¥48,723.00	¥35,725.00	
15							

（3）添加边框线并调整列宽和行高

图8-35 编辑“销售统计表”的操作思路

素材第8课\上机实战\销售统计表.xlsx
效果\第8课\上机实战\销售统计表.xlsx
演示\第8课编辑"销售统计表".swf

本例的主要操作步骤如下。

❶ 打开"销售统计表"工作簿,分别选择
A2:F2、A3:A5、B3:F5单元格区域,利用
【开始】→【对齐方式】组或"设置单元格格
式"对话框的"对齐"选项卡设置对齐方式。

❷ 选择第3~5行单元格数据,按【Ctrl+C】键
复制数据后,分别在A6、A9和A12单元格中
按【Ctrl+V】键粘贴,分别选择并重新输入
数据,然后选择B3:F14单元格区域,打开
"设置单元格格式"对话框的"数字"选项
卡,设置为"货币"样式。

❸ 在【开始】→【样式】组中单击"单元格
样式"按钮📋,为A1单元格、A3:A14、
A2:F2单元格区域应用单元格样式。

❹ 选择B2:F2单元格区域,在【开始】→【字
体】组中设置字体,选择A3:F14单元格区
域,添加内部边框线。

❺ 采用拖动方法增加标题和表头行的行高和
各数据列的列宽,然后选择第A3~A14行,在
【开始】→【单元格】组中单击"格式"按钮
📋,选择"行高"命令,设置行高为"15"。

8.2.2 编辑和打印"客户档案表"

1. 操作要求

本例要求为上一课制作的"客户档案表"
工作簿设置表格格式并美化表格,效果如图
8-36所示,最后进行打印输出,具体操作要求
如下。

◎ 为表格套用格式"表样式浅色19",应用样
式后取消并删除多余的标题行。

◎ 设置表名字体格式为"方正大黑简体、
20",设置A2:I2单元格区域字体为加粗显
示。将"出生年月"和"工作时间"列的数
据设置为"×年×月"样式。

◎ 调整行高和列宽,再调整部分列数据的对齐

方式。

◎ 为除表名外的表格区域添加紫色粗边框线。

◎ 设置并打印整个表格(横向打印)。

图8-36 最终效果

2. 操作思路

根据上面的操作要求,本例的操作思路如
图8-37所示。在本例的操作中,一定要注意单
元格外边框的设置方法,如果操作不正确,设
置的边框样式就可能不同。

素材第8课\上机实战\客户档案表.xlsx
效果\第8课\上机实战\客户档案表.xlsx
演示\第8课编辑和打印"客户档案表".swf

(1)为表格套用样式并设置单元格格式

(2)设置粗外边框

图8-37 编辑和打印"客户档案表"的操作思路

（3）打印预览表格

图8-37 编辑和打印"客户档案表"的操作思路（续）

本例的主要操作步骤如下。

❶ 在【开始】→【样式】组中单击"套用表格格式"按钮，应用表格样式后取消并删除标题行。

❷ 在【开始】→【字体】组中设置表名字体格式为"方正大黑简体、20"，并设置A2：I2单元格区域字体为加粗显示。

❸ 打开"设置单元格格式"对话框的"数字"选项卡，将"出生年月"和"工作时间"列的数据设置为"×年×月"样式。

❹ 采用拖动法和对话框调整行高和列宽，再利用【开始】→【对齐方式】组设置部分列数据的对齐方式。

❺ 选择除表名外的表格区域，打开"设置单元格格式"对话框，单击"边框"选项卡，先选择粗细和颜色，再单击"外边框"按钮，添加紫色粗边框线。

❻ 选择所有表格数据区域，在【页面布局】→【页面设置】组中单击"打印区域"按钮，选择"设置打印区域"选项，设置打印区域，再单击"纸张方向"按钮，选择"横向"选项。

❼ 选择【文件】→【打印】命令，在"打印预览"窗口中单击"显示边距"按钮，适当拖动各列边线，最后单击"打印"按钮开始打印表格。

8.3 常见疑难解析

问：**可以将工作表分隔成几个表格打印到不同的页面上吗？**

答：可以。方法是选择分隔处的任一单元格，在【页面布局】→【页面设置】组中单击"分隔符"按钮，在打开的下拉列表中选择"插入分页符"选项，便可在当前位置插入一个分隔符，通过打印预览功能可以看出分隔符下面的内容将被打印到下一页中，用同样的方法可插入多个分隔符。

问：**在已经输入了数据的表格中怎样快速移动各列或各行的位置而不替换原来的数据呢？**

答：选择要移动位置的数据列或行，按住【Shift】键不放拖动至目标位置，释放鼠标后便可移动数据列或行的位置；按住【Ctrl+Shift+Alt】键不放拖动至目标位置，释放鼠标后便可复制数据列或行。

问：**能不能同时在多个工作表中查找或替换数据？**

答：编辑Excel表格时，可以在多个工作表中查找或替换数据，方法是利用【Shift】键或【Ctrl】键选择工作簿中的多个相邻或不相邻的工作表标签，在【开始】→【编辑】组中单击"查找和选择"按钮，在打开的下拉列表中选择"查找"命令，在打开的对话框中按前面课堂介绍的查找方式进行查找或替换操作即可。

问：有没有什么办法可以同时修改多张工作表中相同位置的格式和内容？

答：选择多个工作表标签，在【开始】→【编辑】组中单击"填充"按钮，在打开的下拉列表中选择"成组工作表"选项，打开"填充成组工作表"对话框，单击选中相应的单选项，然后单击 确定 按钮，在需要的单元格中进行修改，此时所有已选择的工作表的相同位置将做同样的修改。

8.4 课后练习

（1）打开上一课制作的"办公用品领用表"工作簿，对其进行编辑，最终效果如图8-38所示。具体的操作要求如下。

◎ 将"订书针"的单位修改为"盒"，用替换的方法将"文件夹"替换为"文件袋"。

◎ 设置表格数据的字体格式、对齐方式、边框和填充颜色。

◎ 调整表格的行高和列宽，突出显示领取数量超过10的单元格数据。

	A	B	C	D	E	F	G	H	I
1	办公用品领用表								
2	编号	物品名称	单位	数量	领取日期	领取部门	领取人	责任人	备注
3	1	便签纸	本	15	2013/5/6	策划部	李渊	张佳	
4	2	计算器	个	5	2013/5/7	销售部	孙眉	张佳	
5	3	订书针	盒	20	2013/5/8	财务部	王季海	张佳	
6	4	订书针	盒	18	2013/5/9	总经办	章轩	张佳	
7	5	中性笔	支	16	2013/5/10	策划部	张有彬	张佳	
8	6	计算器	个	3	2013/5/11	财务部	王季海	张佳	
9	7	中性笔	支	10	2013/5/13	总经办	章轩	张佳	
10	8	文件袋	个	2	2013/5/13	策划部	张有彬	张佳	
11	9	文件袋	个	9	2013/5/14	客户部	周意	张佳	
12	10	文件袋	个	1	2013/5/14	销售部	孙眉	张佳	
13	11	计算器	个	3	2013/5/16	行政部	肖晓虹	张佳	
14	12	中性笔	支	8	2013/5/16	行政部	肖晓虹	张佳	

图8-38 "办公用品领用表"最终效果

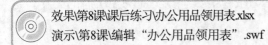
效果\第8课课后练习\办公用品领用表.xlsx
演示\第8课\编辑"办公用品领用表".swf

（2）打开提供的"调查表"工作簿，设置打印区域和页边距，并设置页眉页脚，页眉内容为"调查表"，页脚内容为自定义内容"2013年7月3日"，最后进行打印预览并打印出3份。

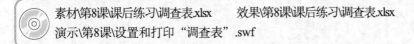
素材\第8课课后练习\调查表.xlsx   效果\第8课课后练习\调查表.xlsx
演示\第8课\设置和打印"调查表".swf

第9课
计算表格数据

学生：老师，我想将成绩表中的各科成绩汇总，怎么操作呢？

老师：这个很简单，Excel提供了强大的数据处理能力，如求和、求平均值和计数等，都可以通过Excel轻松实现。

学生：将成绩中的各科成绩汇总并进行求和运算，那该怎么操作呢？

老师：使用SUM函数就可以了。另外你也可以使用公式进行计算，像平时做加法一样，将各科成绩相加就行了。

学生：原来只需要像做加法一样简单，呵呵，老师，你还是快教教我函数的使用知识吧。

老师：好的。不过，公式的相关知识也必须学习哦，函数毕竟不能满足所有的工作，这时还得靠公式来解决问题。

学习目标

▶ 掌握使用公式计算数据的方法

▶ 熟悉8种常用的函数

▶ 掌握使用函数计算数据的方法

9.1 课堂讲解

本课堂将主要讲述使用公式计算数据和使用函数计算数据的知识。通过相关知识点的学习和案例的练习，读者可以熟悉一些常用的函数和函数的格式，并掌握如何输入、编辑和复制公式，以及插入和嵌套函数的方法。

9.1.1 使用公式计算数据

Excel电子表格除了可以输入数据并对工作表进行编辑之外，其更强大的功能在于对表格数据的计算。它不仅可以通过公式对表格中的数据进行一般的加、减、乘、除运算，还可以利用函数进行一些高级的运算。

1. 初识Excel公式

Excel中的公式是指对工作表中的数据进行计算的等式，它以"=（等号）"开始，其后是公式的表达式，如图9-1所示。

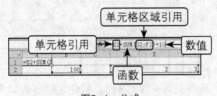

图9-1　公式

公式各组成部分的作用如下。

◎ **单元格引用**：是指需要引用数据的单元格所在的位置，如图 9-1 中的 B2 表示引用第 B 列和第 2 行相交区域单元格中的数据。

◎ **单元格区域引用**：是指需要引用数据的单元格区域所在的位置。如图 9-1 中的"D2：F2"表示引用 D2、E2、F2 共 3 个单元格；如果是"D2：E3"，则表示引用 D2、E2、D3 和 E3 共 4 个单元格。

◎ **运算符**：是 Excel 公式中的基本元素，它是指对公式中的元素进行特定类型的运算。不同的运算符进行不同的运算,如"+（加）"、"=（等号）"、"&（文本连接符）"和",（逗号）"等。

◎ **函数**：是指预设的通过使用一些称为参数的特定数值按特定的顺序或结构执行计算的公式。其中的参数可以是常量数值、单元格引用和单元格区域引用等。

◎ **常量数值**：包括数字或文本等各类数据，如 0.5647、客户信息、Tom Vision 和 A001 等。

2. 输入公式

在Excel中输入公式的方法与输入文本的方法类似，只需将公式输入到相应的单元格中，即可计算出数据结果。输入公式指的是只包含运算符、常量数值、单元格引用和单元格区域引用的简单公式，其输入方法为：选择要输入公式的单元格，在单元格或编辑栏中输入"="，接着输入公式内容，完成后按【Enter】键或单击编辑栏上的"输入"按钮 ✓ 即可。

> 技巧：在单元格中输入公式后，按【Enter】键可在计算出公式结果的同时选择同列的下一个单元格；按【Tab】键可在计算出公式结果的同时选择同行的下一个单元格；按【Ctrl+Enter】键则在计算出公式结果后，当前单元格仍保持选择状态。

3. 编辑公式

编辑公式与编辑数据的方法相同：选择含有公式的单元格，将文本插入点定位在编辑栏或单元格中需要修改的位置，按【Backspace】键删除多余或错误的内容，再输入正确的内容。完成后按【Enter】键即可完成公式编辑，Excel自动对新公式进行计算。

4. 复制公式

在Excel中复制公式是进行快速计算数据的最佳方法，因为在复制公式的过程中，Excel会自动改变引用单元格的地址，可避免手动输入公式的麻烦，提高工作效率。通常使用"常用"工具栏或菜单进行复制粘贴，也可使用拖动控制柄快速填充的方法进行复制，如图9-2所示。

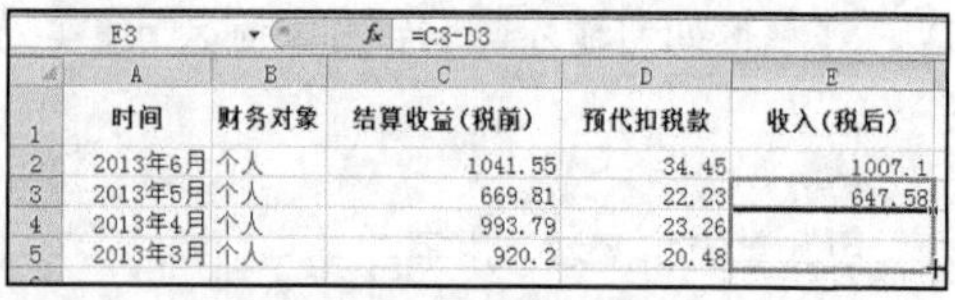

图9-2　拖动复制公式

!　注意：选中添加了公式的单元格按【Ctrl+C】键进行复制，然后再将鼠标光标定位到要复制到的单元格，按【Ctrl+V】键进行粘贴就可完成公式的复制。

5. 案例——使用公式计算"收益表"

本例要求在"收益表"中计算"收入(税后)"的值，计算前后的对比效果如图9-3所示。通过该案例的学习，读者应掌握使用公式进行数据计算的方法。

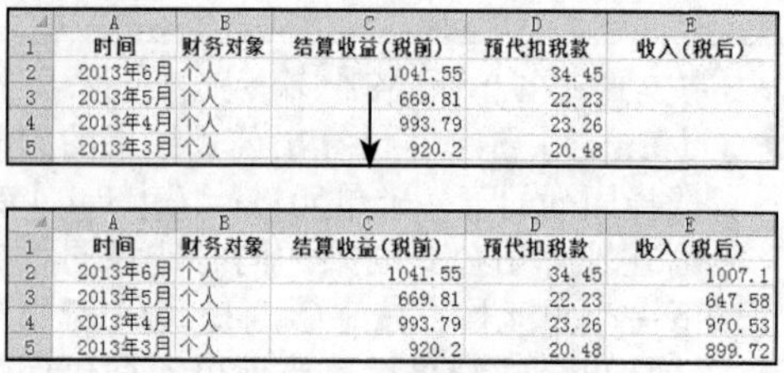

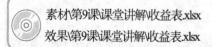

图9-3　计算数据前后对比效果

素材\第9课\课堂讲解\收益表.xlsx

效果\第9课\课堂讲解\收益表.xlsx

❶　打开"收益表"工作簿，双击E2单元格，输入"="，再单击C2单元格，如图9-4所示。

图9-4　输入公式

❷　输入"-"，再单击D2单元格，如图9-5所示。

图9-5　输入公式

❸　按【Enter】键，完成公式的输入，Excel自动进行计算并将输入结果显示在E2单元格中，如图9-6所示。

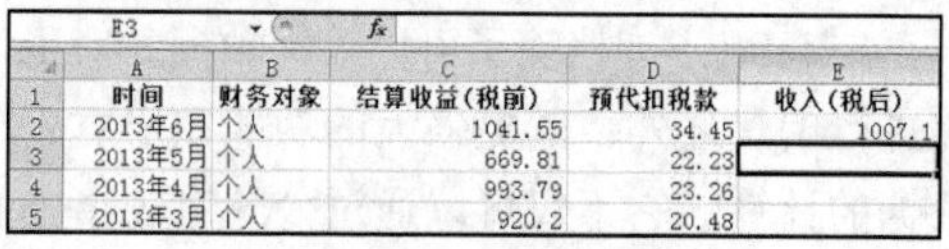

图9-6　完成公式输入

❹　在E2单元格上单击以选择该单元格，按【Ctrl+C】键进行复制，再在E3单元格上单击，按【Ctrl+V】键进行粘贴，完成公式的复制，如图9-7所示。

图9-7　复制公式

❺　将鼠标指针移动到E3单元格右下角，当鼠标指针变为十字形╋时，按住左键不放向下拖动至E5单元格，然后释放鼠标，完成公式的快速复制填充，如图9-8所示，完成复制填充后的最终效果如图9-3所示。

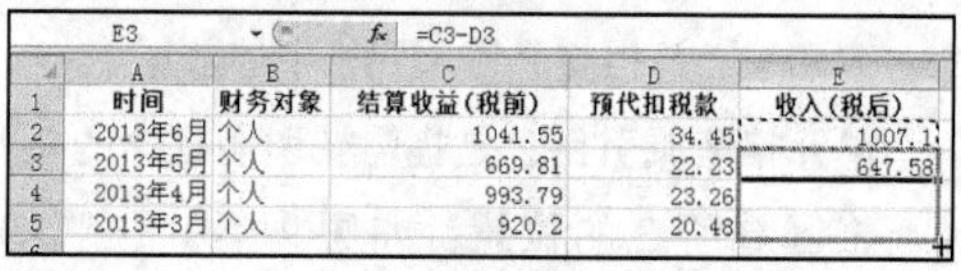

图9-8　拖动法复制公式

⏱ 试一试

在"收益表"中的E6单元格中计算平均收益。

9.1.2　使用函数计算数据

Excel将一组特定功能的公式组合在一起，形成了函数。利用公式可以计算一些简单的数据，而利用函数则可以很容易地完成各种复杂数据的处理工作，并简化公式的使用。

1. 初识Excel函数

函数是一种在需要时可以直接调用的表达式，通过使用一些称为参数的特定数值来按特定的顺序进行计算。函数的格式为：=函数名（参数1,参数2,…），其中各部分的含义如下。

◎ **函数名**：即函数的名称，每个函数都有唯一的函数名，如 PMT 和 SUMIF 等。

◎ **参数**：是指函数中用来执行操作或计算的值，参数的类型与函数有关。

> 注意：函数以公式的形式出现，在使用时必须在函数名称前面输入等号。函数的参数可以是数字、文本、TRUE或FALSE逻辑值和单元格引用，也可以是常量、公式或其他函数。同公式一样，在创建函数时，所有左括号和右括号必须成对出现。

2. 插入函数

插入函数的具体操作如下。

❶ 单击要插入函数的单元格，再单击编辑栏上的"插入函数"按钮 *fx*，Excel会自动在所选单元格中插入"="并自动打开"插入函数"对话框，如图9-9所示。

图9-9 插入函数

❷ 在"选择函数"列表框中选择要使用的函数，如求和可以使用"SUM"函数，求平均值可以使用"AVERAGE"函数。选中某一个函数后，在对话框下方会有相应的功能说明，如9-10所示。

❸ 单击 确定 按钮，在打开的对话框中进行参数设置，不同函数其设置参数不同，图9-11所示为"AVERAGE"平均值函数的设

置对话框。单击参数框右侧的 按钮，将打开如图9-12所示的对话框，此时可将鼠标指针移动到Excel单元格中，通过拖动的方法选择要计算平均值的单元格区域。

图9-10 选择函数

图9-11 设置参数

图9-12 选择计算区域

❹ 选择好计算区域后，单击参数框右侧的 按钮可返回到"函数参数"对话框，单击 确定 按钮即可完成函数的插入，如图9-13所示。

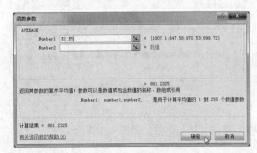

图9-13 完成函数的插入

3. 嵌套函数

在某些情况下，可能需要将某函数作为另一函数的参数使用，这就需要使用嵌套函数。当函数作为参数使用时，它返回的数值类型必须与参数使用的数值类型相同。如参数为整数值，那么嵌套函数也必须返回整数值，否则Excel将显示“#VALUE!错误值”。如嵌套函数“=IF(AVERAGE(F2：F5)>50,SUM(G2：G5),0)”表示只有(F2：F5)单元格区域的平均值大于50时，才会对(G2：G5)单元格区域的数值求和，否则返回0。

4. 案例——使用函数评估“收益表”

本例要求为“收益表”做一个评估，看是否达到优秀收益，完成后的效果如图9-14所示。通过该案例的学习，读者可以掌握函数的使用方法。

	A	B	C	D	E
1	时间	财务对象	结算收益(税前)	预代扣税款	收入(税后)
2	2013年6月	个人	1041.55	34.45	1007.1
3	2013年5月	个人	669.81	22.23	647.58
4	2013年4月	个人	993.79	23.26	970.53
5	2013年3月	个人	920.2	20.48	899.72
6					881.2325
7					优秀

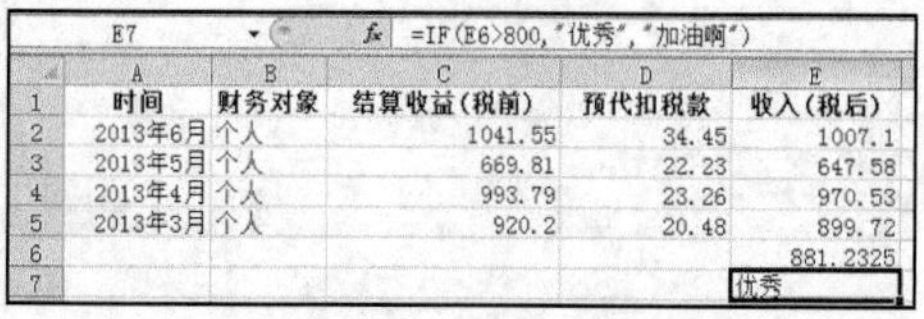

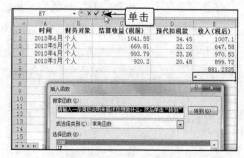

图9-14 使用函数评估“收益表”

素材\第9课\课堂讲解\收益表_评估.xlsx
效果\第9课\课堂讲解\收益表_评估.xlsx

❶ 打开“收益表_评估.xlsx”工作簿，选择E7单元格，单击编辑栏中的 f_x 按钮，如图9-15所示。

图9-15 插入函数

❷ 双击“IF”函数，如图9-16所示。

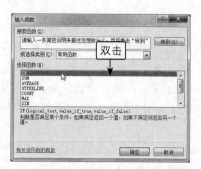

图9-16 双击IF函数

❸ 单击“Logical_test”文本框后的按钮，如图9-17所示。

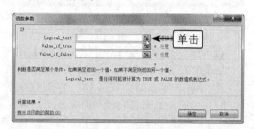

图9-17 设置参数值

❹ 将鼠标指针移动到E6单元格（该单元格保存的是平均值）并单击选择，再单击对话框右侧的按钮，如图9-18所示。

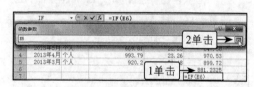

图9-18 选择单元格

❺ 在返回的对话框中的“Logical_test”文本框中的“E6”文本后输入“>800”。然后分别在下面的两个文本框中输入“"优秀"”和“"加油啊"”，单击 确定 按钮，如图9-19所示，完成制作。

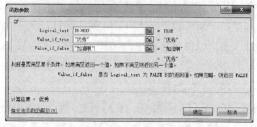

图9-19 参数设置

试一试

在"Logical_test"文本框中输入"AVERAGE(E2：E5)>800"，其余参数设置保持与本例一致，对比一下最终效果是否有差别。

9.1.3 认识常用函数

Excel 2010中提供了多种函数，每个函数的功能、语法结构及其参数的含义各不相同，除本课中提到的SUM函数和AVERAGE函数外，常用的还有IF函数、MAX/MIN函数、COUNT函数、SIN函数和PMT函数等。

1. SUM函数

SUM函数的功能是对选择的单元格或单元格区域进行求和计算，其语法结构为：SUM（number1,number2,…），其中number1,number2,…表示若干个需要求和的参数。填写参数时，可以写单元格地址引用（如E6,E7,E8），也可以写单元格区域（如E6:E8），甚至混合输入（如E6,E7:E8）。

2. AVERAGE函数

AVERAGE函数的功能是求平均值，计算方法是将选择的单元格或单元格区域中的数据先相加再除以单元格个数，其语法结构为：AVERAGE（number1,number2,…），其中number1,number2,…表示需要计算平均值的若干个参数。

3. IF函数

IF函数是一种常用的条件函数，它能执行真假值判断，并根据逻辑计算的真假值返回不同结果，其语法结构为：IF（logical_test,value_if_true,value_if_false），其中logical_test表示计算结果为TRUE或FALSE的任意值或表达式；value_if_true表示logical_test为TRUE时要返回的值，可以是任意数据；value_if_false表示logical_test为FALSE时要返回的值，也可以是任意数据。

> 提示：IF函数可以理解为如果条件（Logical_test）为True就执行"Value_if_true"中的内容，为False就执行"Value_if_false"中的内容。

4. COUNT函数

COUNT函数的功能是返回包含数字及包含参数列表中的数字的单元格的个数，通常利用它来计算单元格区域或数字数组中数字字段的输入项个数，其语法结构为：COUNT（value1,value2,…），其中value1, value2,…为包含或引用各种类型数据的参数（1到30个），但只有数字类型的数据才被计算。

5. MAX/MIN函数

MAX函数的功能是返回所选单元格区域中所有数值的最大值，MIN函数则用来返回所选单元格区域中所有数值的最小值。它们的语法结构为：MAX或MIN（number1,number2,…），其中number1,number2,…表示要筛选的若干个数值或引用。

6. SIN函数

SIN函数的功能是返回给定角度的正弦值，其语法结构为：SIN(number)，其中number为需要求正弦的角度，以弧度表示。

7. PMT函数

PMT函数的功能是基于固定利率及等额分期付款方式，返回贷款的每期付款额，其语法结构为：SUM（rate,nper,pv,fv,type），其中rate为贷款利率；nper为该项贷款的付款总数；pv为现值，或一系列未来付款的当前值的累积和，也称为本金；fv为未来值，或在最后一次付款后希望得到的现金余额，如果省略fv，则假设其值为零，也就是一笔贷款的未来值为零；type为数字0或1，用以指定各期的付款时间是在期初还是期末。

8. SUMIF函数

SUMIF函数的功能是根据指定条件对

若干个单元格求和，其语法结构为：SUMIF（range,criteria,sum_range），其中range为用于条件判断的单元格区域；criteria为确定哪些单元格将被相加求和的条件，其形式可以为数字、表达式或文本；sum_range是需要求和的实际单元格。

9.2 上机实战

本课上机实战将分别计算“产品预售表”和“成绩表”工作簿，综合练习本课所学习的知识点。

上机目标：

◎ 熟练掌握公式的输入、编辑和复制的方法；

◎ 熟练掌握插入和嵌套函数的方法；

◎ 了解一些常用函数的使用方法。

建议上机学时：1学时。

9.2.1 计算“产品预售表”

1. 操作要求

本例将打开提供的“产品预售表”，对其数据进行计算，计算前后的效果如图9-20所示。

居家家居旗舰店产品预售表

序号	类别	宝贝ID	宝贝标题	销量	价格	成交额
1	母婴	26262128507	宽松圆领印花拼接雪纺衫	99	18	
2	女装	25350520060	蝙蝠袖宽松中长款衬衫	108	29.9	
3	男装	15516895998	炊家乐炒锅32cm	128	75	
4	居家	14326954719	昆仑特级雪菊40g	68	6.5	
5	配饰	19671371035	车内汽车挂饰	16	6.5	
合计						

居家家居旗舰店产品预售表

序号	类别	宝贝ID	宝贝标题	销量	价格	成交额
1	母婴	26262128507	宽松圆领印花拼接雪纺衫	99	18	1782
2	女装	25350520060	蝙蝠袖宽松中长款衬衫	108	29.9	3229.2
3	男装	15516895998	炊家乐炒锅32cm	128	75	9600
4	居家	14326954719	昆仑特级雪菊40g	68	6.5	442
5	配饰	19671371035	车内汽车挂饰	16	6.5	104
合计				419	135.9	15157.2

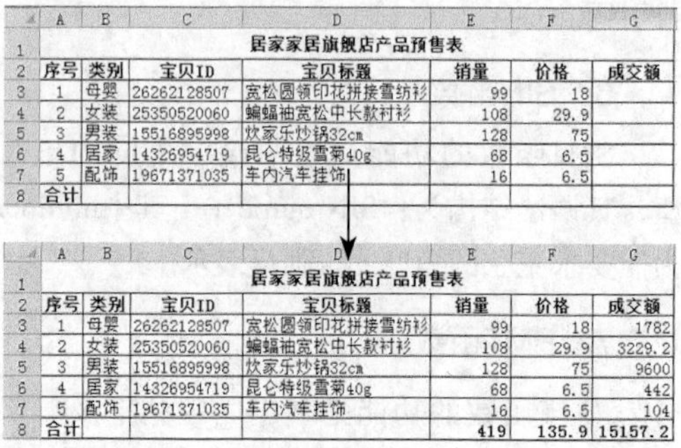

图9-20　最终效果

具体操作要求如下。

◎ 在G3单元格中输入公式“=E3*F3”，计算销售额。

◎ 选择G3单元格并按【Ctrl+C】键复制公式。

◎ 通过拖动的方法选中G4、G5、G6、G7单元格，再按【Ctrl+V】键粘贴公式。

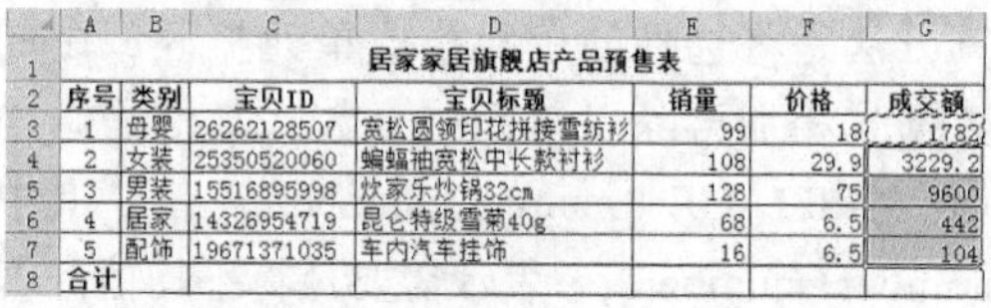

◎ 在E8单元格中输入公式“=E3+E4+E5+E6+E7”，计算总销量。

◎ 复制E8单元格中的公式，再粘贴到F8、G8单元格。

2. 操作思路

根据上面的操作要求，本例的操作思路如图9-21所示。

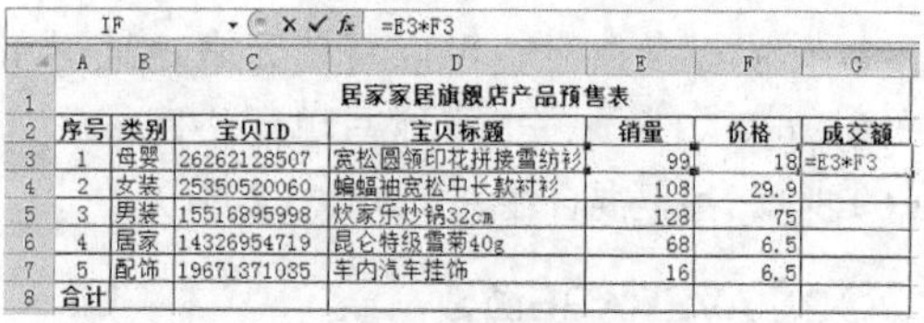

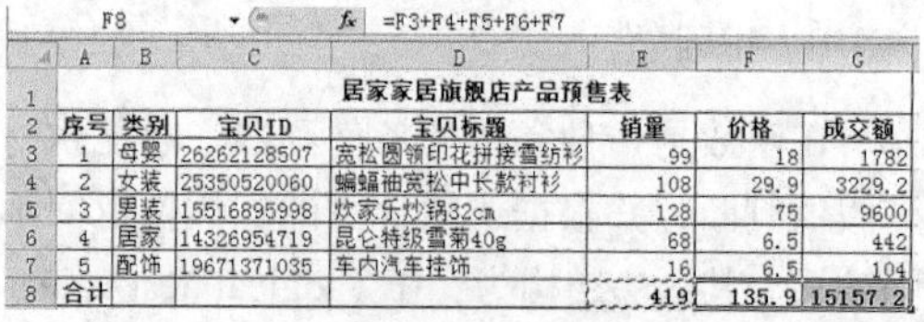

IF　=E3*F3

居家家居旗舰店产品预售表

序号	类别	宝贝ID	宝贝标题	销量	价格	成交额
1	母婴	26262128507	宽松圆领印花拼接雪纺衫	99	18	=E3*F3
2	女装	25350520060	蝙蝠袖宽松中长款衬衫	108	29.9	
3	男装	15516895998	炊家乐炒锅32cm	128	75	
4	居家	14326954719	昆仑特级雪菊40g	68	6.5	
5	配饰	19671371035	车内汽车挂饰	16	6.5	
合计						

（1）输入公式“=E3*F3”

居家家居旗舰店产品预售表

序号	类别	宝贝ID	宝贝标题	销量	价格	成交额
1	母婴	26262128507	宽松圆领印花拼接雪纺衫	99	18	1782
2	女装	25350520060	蝙蝠袖宽松中长款衬衫	108	29.9	3229.2
3	男装	15516895998	炊家乐炒锅32cm	128	75	9600
4	居家	14326954719	昆仑特级雪菊40g	68	6.5	442
5	配饰	19671371035	车内汽车挂饰	16	6.5	104
合计						

（2）复制并粘贴公式

F8　=F3+F4+F5+F6+F7

居家家居旗舰店产品预售表

序号	类别	宝贝ID	宝贝标题	销量	价格	成交额
1	母婴	26262128507	宽松圆领印花拼接雪纺衫	99	18	1782
2	女装	25350520060	蝙蝠袖宽松中长款衬衫	108	29.9	3229.2
3	男装	15516895998	炊家乐炒锅32cm	128	75	9600
4	居家	14326954719	昆仑特级雪菊40g	68	6.5	442
5	配饰	19671371035	车内汽车挂饰	16	6.5	104
合计				419	135.9	15157.2

（3）输入公式并复制粘贴公式

图9-21　计算“产品预售表”的操作思路

素材\第9课\上机实战\产品预售表.xlsx
效果\第9课\上机实战\产品预售表.xlsx
演示\第9课\计算“产品预售表”.swf

本例的主要操作步骤如下。

❶ 打开“产品预售表”工作簿，在G3单元格中双击并输入公式“=E3*F3”后按【Enter】键确认公式的输入。

❷ 在G3单元格上单击以选中该单元格，再按【Ctrl+C】键复制公式。

❸ 通过拖动的方法选中G4、G5、G6、G7单元格，再按【Ctrl+V】键粘贴公式。

❹ 单击E8单元格，并输入“=”，再单击E3单元格，再输入“+”，再单击E4单元格，再输入“+”，再单击E5单元格，再输入“+”，再单击E6单元格，再输入“+”，再单击E7单元格，完成后按【Enter】键确认公式的输入。

❺ 选择E8单元格并按【Ctrl+C】键复制公式，再使用拖动的方法分别选择F8、G8单元格，按【Ctrl+V】键粘贴公式。

9.2.2 计算“成绩表”

1. 操作要求

本例将打开提供的“成绩表”，对其数据进行计算，计算前后的效果如图9-22所示。

	A	B	C	D	E	F	G
1	学生期末成绩表						
2	姓名	语文	数学	英语	总分	平均分	评语
3	郭晓明	90	85	93			
4	陈晓	84	100	80			
5	李甜	70	80	98			
6	祝小婷	98	90	99			
7	刘真	89	62	68			
8	张真	70	68	57			
9	胡玲	50	52	72			
10	万鹏玲	80	88	78			
11	平均分						

	A	B	C	D	E	F	G
1	学生期末成绩表						
2	姓名	语文	数学	英语	总分	平均分	评语
3	郭晓明	90	85	93	268	89.33333	
4	陈晓	84	100	80	264	88	
5	李甜	70	80	98	248	82.66667	
6	祝小婷	98	90	99	287	95.66667	
7	刘真	89	62	68	219	73	
8	张真	70	68	57	195	65	
9	胡玲	50	52	72	174	58	
10	万鹏玲	80	88	78	246	82	
11	平均分	78.875	78.125	80.625	237.625	79.2083	

图9-22　计算前后效果

具体操作要求如下。

◎ 在E3单元格中输入函数“=SUM(B3:D3)”计算总分。

◎ 使用拖动法复制E3单元格公式到其他单元格。

◎ 在F3单元格中输入函数“=AVERAGE(B3：D3)”，并使用拖动法将公式应用到其他单元格。

◎ 在B11单元格中输入函数“=AVERAGE(B3：B10)”，并使用拖动法将公式应用到其他单元格。

2. 操作思路

根据上面的操作要求，本例的操作思路如图9-23所示。

E3　fx =SUM(B3:D3)

	A	B	C	D	E	F	G
1	学生期末成绩表						
2	姓名	语文	数学	英语	总分	平均分	评语
3	郭晓明	90	85	93	268		
4	陈晓	84	100	80			
5	李甜	70	80	98			
6	祝小婷	98	90	99			
7	刘真	89	62	68			
8	张真	70	68	57			
9	胡玲	50	52	72			
10	万鹏玲	80	88	78			
11	平均分						

（1）使用SUM函数计算每人总分

F3　fx =AVERAGE(B3:D3)

	A	B	C	D	E	F	G
1	学生期末成绩表						
2	姓名	语文	数学	英语	总分	平均分	评语
3	郭晓明	90	85	93	268	89.33333	
4	陈晓	84	100	80	264		
5	李甜	70	80	98	248		
6	祝小婷	98	90	99	287		
7	刘真	89	62	68	219		
8	张真	70	68	57	195		
9	胡玲	50	52	72	174		
10	万鹏玲	80	88	78	246		
11	平均分						

（2）使用AVERAGE函数计算每人平均分

B11　fx =AVERAGE(B3:B10)

	A	B	C	D	E	F	G
1	学生期末成绩表						
2	姓名	语文	数学	英语	总分	平均分	评语
3	郭晓明	90	85	93	268	89.33333	
4	陈晓	84	100	80	264	88	
5	李甜	70	80	98	248	82.66667	
6	祝小婷	98	90	99	287	95.66667	
7	刘真	89	62	68	219	73	
8	张真	70	68	57	195	65	
9	胡玲	50	52	72	174	58	
10	万鹏玲	80	88	78	246	82	
11	平均分	78.875					

（3）使用AVERAGE函数计算单科平均分

图9-23　计算“成绩表”的操作思路

素材\第9课\上机实战\成绩表.xlsx
效果\第9课\上机实战\成绩表.xlsx
演示\第9课\计算“成绩表”.swf

本例的主要操作步骤如下。

❶ 打开“成绩表”工作簿，单击E3单元格，单击编辑栏中的 fx 按钮，在打开的对话框中双击“SUM”函数，在打开的对话框中保持

默认设置，直接单击 ▭确定 按钮关闭对话框，完成求和操作。

❷ 将鼠标指针移动到E3单元格下方，当鼠标指针变为"十字形"✚时，按住鼠标左键不放向下拖动至E10单元格后释放鼠标。

❸ 选择F3单元格，直接输入平均值函数及计算范围"=AVERAGE(B3∶D3)"，再按【Enter】键确认公式的输入。

❹ 参照第❷步的方法，拖动复制公式到F4:F10单元格。

❺ 选择B11单元格，输入"="，然后在"函数"下拉列表框中选择"AVERAGE"函数。

❻ 在打开的"函数参数"对话框中检查"Number1"文本框中的单元格区域范围是否正确（应为"B3∶B10"），如果不正确，则修改为正确范围，确认正确后单击 ▭确定 按钮关闭对话框。

❼ 参照第❷步的方法，拖动复制公式到C11∶F11单元格。

❽ 按【Ctrl+S】键保存工作簿，完成操作。

9.3 常见疑难解析

问： 公式中有很多运算符，常用的运算符有哪些？它们之间应遵循什么优先顺序？

答： 运算符有算术运算符（如加、减、乘、除）、比较运算符（如逻辑值FALSE与TRUE）、文本运算符（如&）、引用运算符（如冒号与空格）和括号运算符（如（ ））5种。当一个公式中包含这5种运算符时应遵循从高到低的优先级进行计算，如负号（－）、百分比（%）、求幂（^）、乘和除（*和/）、加和减（+和－）、文本连接（&）、比较运算（=，<,>,<=,>=,<>）；若公式中还包含括号运算符，一定要注意每个左括号必须配一个右括号。

问： Excel中有很多函数，如何学习呢？

答： 可以通过函数帮助来学习函数的应用。在【公式】→【函数库】组中单击"插入函数"按钮 fx，打开"插入函数"对话框，在"或选择类别"下拉列表框中选择想要查找的函数所属的类别，在"选择函数"列表框中选择所要查找的函数，单击"插入函数"对话框左下角的 有关该函数的帮助 超链接，打开"Microsoft Excel帮助"窗口，即可查看该函数的介绍和该函数的具体应用方法。

问： 在"函数参数"对话框中默认显示的计算范围是不是都是正确的呢？

答： Excel的"函数参数"对话框中默认显示的计算范围一般情况下是正确的，但有时会多选单元格，因此在确认计算范围时一定要仔细核对，如果不正确则需要修改为正确的计算范围，或者单击参数文本框右侧的 ▦ 按钮，然后使用鼠标拖动的方法选择需要计算的单元格范围。

问： 使用拖动法或者直接复制粘贴的方法完成其他相似单元格的计算是不是能保证准确无误？

答： 这个要看计算公式是如何写的，特别是单元格的引用格式比较重要。如一个求和公式为"=B1+C1+D1"，则通过复制粘贴或拖动法将公式应用到其他相似单元格，则可以得到正确的计算结果，Excel会自动将其变为"=B2+C2+D2"等计算公式，从而保证计算结果的正确性。但如果公式为"=$B$1+$C$1+$D$1"，则复制粘贴公式后公式不会发生变化，即还是"=$B$1+$C$1+$D$1"，这样获得的结果就不正确了。另外，单元格的引用还可以写为"$B1"或者"B$1"这类形式，这样通过复制粘贴的公式也有很大不同，读者可以自己试验一下。

问： 公式输入完成后，还能进行修改吗？

答： 当然可以。双击要修改公式的单元格后，单元格即会以输入公式的方式显示，此时就可以进行修改操作了。

9.4 课后练习

（1）打开"工资表"工作簿，使用多种方法求各项平均值，最终效果如图9-24所示，具体要求如下。

◎ 在B9单元格中使用传统计算平均值的方式计算平均值。

◎ 在C9单元格中使用先用SUM函数求和再求平均值的方式计算平均值。

◎ 在D9单元格中使用AVERAGE函数直接计算平均值。

◎ 在E9单元格中使用拖动复制公式的方式完成平均值的计算。

	A	B	C	D	E	F
1			工资表			
2	姓名	基本工资	业务提成	补贴	奖金	实发工资
3	李德彪	3500	4000	1000	200	8700
4	赵强	2000	2500	500	100	5100
5	尚静	1500	1100	100	50	2750
6	钱如玉	2500	1000	100	50	3650
7	李湘琴	2000	1000	100	50	3150
8	郭涛	5000	5000	1000	500	11500
9	平均值	2750.00	2433.33	466.67	158.33	5808.33

图9-24 "工资表"最终效果

素材\第9课\课后练习\工资表.xlsx   效果\第9课\课后练习\工资表.xlsx
演示\第9课\计算"工资表".swf

（2）打开提供的"成绩表"工作簿，使用嵌套IF函数的方法为学生添加评语，最终效果如图9-25所示，具体要求如下。

◎ 在G3单元格中单击，再单击编辑栏中 f_x 按钮。

◎ 在打开的对话框中"Logical_test"文本框中输入"F3>=80"，在"Value_if_true"文本框中输入"优"，在"Value_if_false"文本框中输入嵌套IF函数表达式IF（F3>=60，"良"，"差"），得出计算结果。

◎ 使用拖动法，将G3单元格的公式复制到G4：G11单元格区域。

	A	B	C	D	E	F	G
1			学生期末成绩表				
2	姓名	语文	数学	英语	总分	平均分	评语
3	郭晓明	90	85	93	268	89	优
4	陈晓	84	100	80	264	88	优
5	李雄	70	80	98	248	83	优
6	祝小婷	98	90	99	287	96	优
7	刘真	89	62	68	219	73	良
8	张真	70	68	57	195	65	良
9	胡玲	50	52	72	174	58	差
10	万鹏玲	80	88	78	246	82	优
11	平均分	79	78	81	238	79	良

图9-25 "成绩表"最终效果

素材\第9课\课后练习\成绩表.xlsx   效果\第9课\课后练习\成绩表.xlsx
演示\第9课\判断"成绩表".swf

第10课
统计表格数据

学生：老师，我有一个"学生报名表"，需要统计男生的人数及女生的人数，怎么使用公式或函数来实现呢？

老师：这种情形使用分类汇总就可以实现了，不用输入公式或函数来实现。

学生：这么方便啊，我还一直在思考怎么用公式或函数实现这个功能，原来Excel还有分类汇总功能啊！

老师：Excel的数据统计功能还多着呢，比如对数据进行排序，从而能找出最高分与最低分；通过数据筛选功能，可以选出分数高于90分的学生名单等。这节课，我们就来学习Excel的数据统计功能。

学生：好啊，这样我就能快点完成"学生报名表"的统计工作了。

学习目标

▶ **掌握数据排序的方法**

▶ **掌握数据筛选的方法**

▶ **熟悉数据分类汇总的方法**

10.1 课堂讲解

本课堂将主要讲述Excel的数据统计功能。通过相关知识点的学习和案例的练习，读者可以掌握数据排序、数据筛选及分类汇总的方法。

10.1.1 数据排序

在日常办公中，经常需要在表格中进行排序，比如最高销量数、学生成绩最高分等，这时可以使用Excel 2010中的数据排序功能来实现。对数据进行排序有助于快速直观地显示数据并更好地理解数据、组织并查找所需数据。

1. 快速排序

如果只对某一列进行排序，可以使用快速排序法完成。单击选择要排序的列中的任意单元格，再单击【数据】→【排序和筛选】组中的"升序"按钮↓或"降序"按钮↓进行排序。如要将销量最好的排列在第一条记录，则可以单击↓按钮进行排序，如图10-1所示。

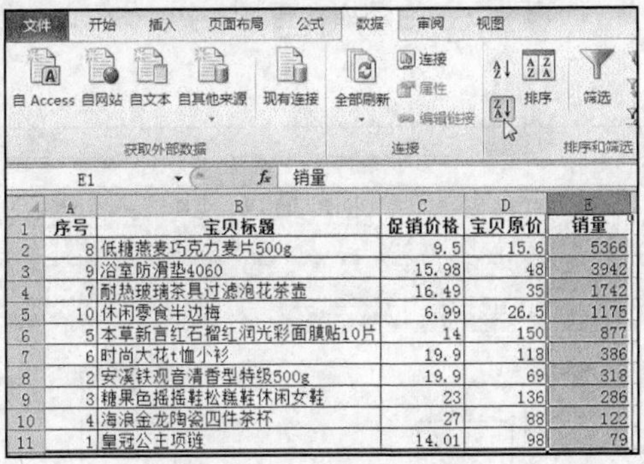

图10-1　降序排列数据

2. 组合排序

对某列数据进行排序时，常会遇到几个数据值相同的情况，此时如何确定哪个排前哪个排后呢？此时可以使用组合排序，即设置主、次关键字进行排序，如A列作为主要关键字进行降序排序，同时以B列作为次要关键字进行降序排序，这样就容易确定排序的顺序了。

使用组合排序的具体操作如下。

❶ 单击选择主要关键字列中的任意单元格，再

单击【数据】→【排序和筛选】组中的"排序"按钮 ，如图10-2所示。

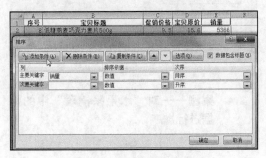

图10-2　单击"排序"按钮

❷ 在打开的对话框中单击 添加条件(A) 按钮添加次要关键字，如图10-3所示。

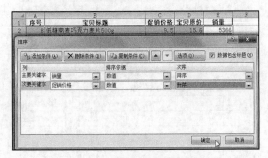

图10-3　添加次要关键字

❸ 在"次要关键字"下拉列表框中选择列，再分别对主要关键字及次要关键字进行排序规则设置，设置完成后单击 确定 按钮即可，如图10-4所示。

图10-4　进行排序规则设置

3. 自定义排序

用户可以使用自定义列表按用户定义的顺序进行排序。Excel提供了内置的星期日期和年月等自定义列表。

使用自定义排序时，在如图10-4所示对话框的"次序"下拉列表框中选择"自定义排序"选项，再在打开的对话框中双击具体的自定义排序列表即可完成排序规则的设置，其他操作与组合排序相同，如图10-5所示。

图10-5　自定义排序

4. 案例——对"水果采摘表"中的数据进行排序

本例要求为"水果采摘表"进行排序操作。排序前后效果如图10-6所示。通过该案例的学习，读者可以掌握对数据进行排序的方法。

图10-6　排序数据前后对比效果

素材\第10课\课堂讲解\水果采摘表.xlsx
效果\第01课\课堂讲解\水果采摘表.xlsx

❶ 打开"水果采摘表"工作簿，选择G3单元格，单击【数据】→【排序和筛选】组中的"排序"按钮，如图10-7所示。

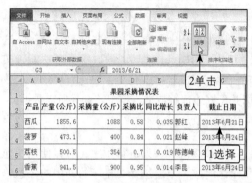

图10-7　单击排序按钮

❷ 在打开的对话框中的"主要关键字"下拉列表框中选择"截止日期"选项，在"次序"下拉列表框中选择"升序"选项，再单击添加条件(A)按钮添加次要关键字，如图10-8所示。

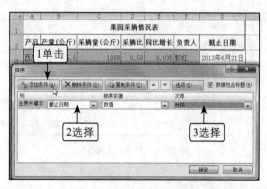

图10-8　进行排序规则设置

❸ 在"次要关键字"下拉列表框中选择"同比增长"选项，在"次序"下拉列表框中选择"降序"选项，再单击 确定 按钮，如图10-9所示，完成排序操作。

!　注意：如果在"次要关键字"下拉列表框中显示的是列号，则选择对应的列号即可。

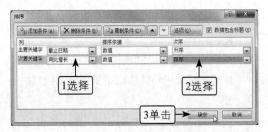

图10-9 进行排序规则设置

试一试

在本例操作中，再次单击 ⌈添加条件(A)⌋ 按钮添加多个条件，并分别选择"采摘比"、"采摘量（公斤）"、"产量（公斤）"作为排序关键字，并设置相应的排序条件，查看排序后的效果。

10.1.2 筛选数据

办公中常常需要在数据量很大的工作表中只显示满足某一个或某几个条件的数据，而隐藏其他的数据，这时就可以使用Excel 2010中的数据筛选功能。筛选主要有自动筛选、自定义筛选和高级筛选3种方式。

1. 自动筛选

使用自动筛选功能可以在工作表中只显示满足给定条件的数据，其具体操作如下。

❶ 选择需要进行自动筛选的单元格区域，单击【数据】→【排序和筛选】组中的"筛选"按钮 ，如图10-10所示。

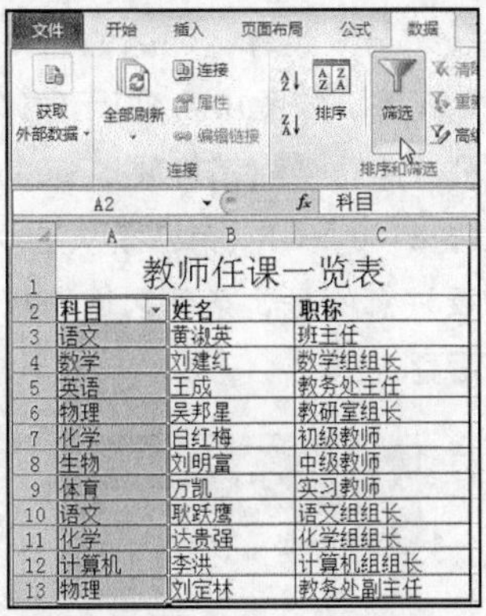

图10-10 自动筛选

❷ 此时数据清单的表头右侧将出现一个 按

钮，单击 按钮，在弹出的下拉列表中选择需要筛选的选项，如图10-11所示，工作表将自动隐藏不满足条件的数据。

图10-11 进行筛选规则设置

注意：进行筛选操作后，不满足条件的数据被隐藏起来了，如果要将其显示出来，需要单击【数据】→【排序和筛选】组中的"筛选"按钮 ，使其变为未选中状态即可。

2. 自定义筛选

自定义筛选功能是在自动筛选的基础上进行操作的，当自动筛选的条件不符合要求时，就可以使用自定义筛选功能，其具体操作如下。

❶ 选择需要进行自动筛选的单元格区域，单击【数据】→【排序和筛选】组中的"筛选"按钮 。

❷ 单击单元格右侧出现的 按钮，在弹出的下拉列表中选择【文本筛选】→【自定义筛选】命令，如图10-12所示。

❸ 在打开的"自定义自动筛选方式"对话框中设置筛选条件后单击 ⌈确定⌋ 按钮，完成自定义筛选操作，如图10-13所示。

提示：进行数据筛选后， 按钮变为 按钮，单击可修改筛选条件。

图10-12 选择"自定义筛选"命令

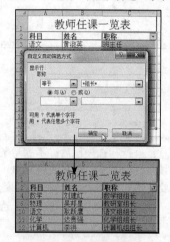

图10-13 设置筛选条件

在"自定义自动筛选方式"对话框中包括两组判断条件，上面的是必须项，下面的为可选项。上下两组条件通过 ◉ 与Ⓐ单选项与 ◎ 或Ⓞ单选项两种运算进行关联，其中 ◉ 与Ⓐ单选项表示上下两组条件都满足时才进行显示，而 ◎ 或Ⓞ单选项表示上下两组条件中只要有一组满足条件就进行显示。在上下两组中，都可以进行条件设置，其中各设置条件的含义如下。

- ◎ **等于**：筛选出等于设置的文本的数据。
- ◎ **不等于**：筛选出不等于设置的文本的数据。
- ◎ **包含**：筛选出文本中包含有设置文本的数据。
- ◎ **不包含**：筛选出文本中没有包含设置文本的数据。
- ◎ **开头是**：表示筛选出以什么开头的数据。

- ◎ **开头不是**：表示筛选出不是以什么开头的数据。
- ◎ **结尾是**：表示筛选出以什么结尾的数据。
- ◎ **结尾不是**：表示筛选出不是以什么结尾的数据。

其中在设置进行判断的数据时还可以使用"？"和"＊"通配符，"？"表示单个字符，而"＊"表示任意多个字符，如要搜索包括"组长"两个字的数据，则可以通过设置条件为"等于"、"＊组长＊"，或者为"包含"、"组长"这两种方式来实现。

3. 高级筛选

利用Excel提供的高级筛选功能可以筛选出同时满足两个或两个以上约束条件的记录，其操作根据具体的筛选条件不同而稍有不同，其中操作关键点如下。

- ◎ 对数据表中的A区域进行高级筛选时，必须在该区域上方插入至少3行空白行。其中插入的空白行中第一行必须放置列标签，通常与A区域中的列标题保持一致，当然如果对于同列有多个条件进行判断的，可以再增加相同的列标签。插入的第二行空白行用于输入判断条件（即公式输入）。插入的第三行空白行用于与A区域进行间隔，该行中的所有的单元格不能有内容。因此，如果有较多条件需要输入时，根据需要再增加空白行。

- ◎ 输入条件时需要注意几点，同行的条件表示进行"与"运算，同列的条件表示进行"或"运算。如图10-14所示的筛选条件对应的公式为："（（销售额 > 6000 AND 销售额 < 6500）OR (销售额 < 500)）"。另外需要注意的是，条件区域的执行顺序是先行后列。

A	B	C	D
类型	销售人员	销售额	销售额
		>6000	<6500
		<500	

图10-14 进行"与"运算还是"或"运算

- ◎ 各单元格中公式的写法与普通的公式的写法

稍有差别，需要在普通公式写法基础上在前面增加="，在后面增加"，注意输入引号的时候必须在英文状态下输入。如普通公式为=农产品，在条件区域单元格中输入时应该输入="=农产品"。

◎ 在单元格中输入公式时，支持"?"及"*"通配符，其写法和功能与普通公式相同。

下面以一个简单的筛选方式为例介绍高级筛选的操作流程，其具体操作如下。

❶ 在筛选区域上方插入至少3行空白行，并在第1行相应单元格中输入列标签，在第2行中输入筛选条件，如图10-15所示。

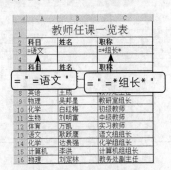

图10-15 输入筛选条件

❷ 选择筛选区域中的任意单元格或者选择筛选区域后，单击【数据】→【排序和筛选】组中的"高级"按钮 ，如图10-16所示，打开"高级筛选"对话框。

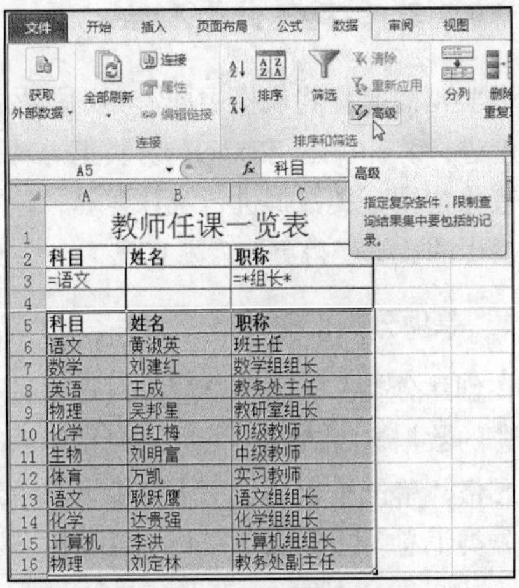

图10-16 选择筛选区域

❸ 在打开的对话框中选择需要进行筛选的条件

区域和结果的显示方式，然后单击 确定 按钮，完成高级筛选操作，如图10-17所示。

图10-17 进行区域设置

❹ 完成筛选后的效果如图10-18所示。

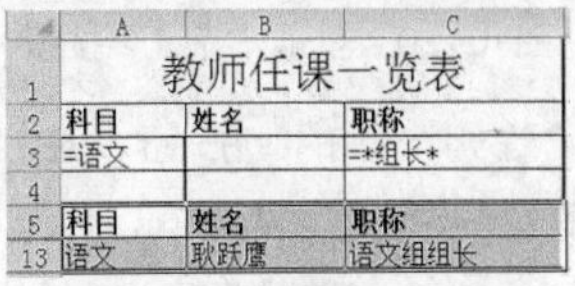

图10-18 筛选后的效果

4. 案例——对"员工信息表"进行数据筛选

本例要求对"员工信息表"中的数据进行筛选，要求筛选出性别为"女"，年龄大于或等于30岁的员工。筛选前后的对比效果如图10-19所示。通过该案例的学习，读者可以掌握对数据进行筛选的方法。

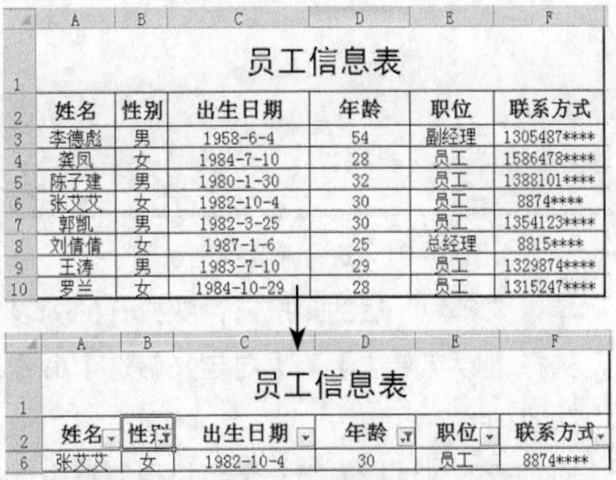

图10-19 筛选数据前后对比效果

素材\第10课\课堂讲解\员工信息表.xlsx
效果\第10课\课堂讲解\员工信息表.xlsx

❶ 打开"员工信息表"工作簿，单击选择B2单元格，再单击【数据】→【排序和筛选】组中的"筛选"按钮，如图10-20所示。

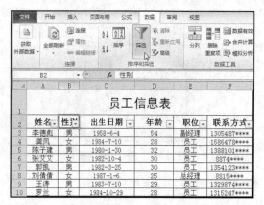

图10-20 单击"筛选"按钮

❷ 单击"性别"后的▼按钮，在打开的列表中取消选中□（全选）复选框，再选中☑女复选框，最后再单击 确定 按钮，完成筛选操作，如图10-21所示。

图10-21 进行筛选规则设置

❸ 单击"年龄"后的▼按钮，在打开的列表中选择【数字筛选】→【自定义筛选】命令，如图10-22所示。

❹ 在打开的对话框中第一个下拉列表框中选择"大于或等于"选项，在第二个下拉列表框中输入"30"，再单击 确定 按钮，如图10-23所示，完成数据筛选操作。

图10-22 进行筛选规则设置

图10-23 进行自定义筛选

⏱ 试一试

使用自定义筛选的方式一次性完成上例中的筛选操作，再使用高级筛选方式完成上例中的筛选操作。

10.1.3 数据的分类汇总

分类汇总是指将表格中同一类别的数据放在一起进行统计。运用Excel的分类汇总功能可以对表格中同一类数据进行统计运算，这将使工作表中的数据变得更加清晰直观。

1. 单项分类汇总

在创建分类汇总之前，应先对需要进行分类汇总的数据进行排序，然后选择排序后的任意单元格，单击【数据】→【分级显示】组中的"分类汇总"按钮，打开"分类汇总"对话框，如图10-24所示，在其中进行设置，然后单击 确定 按钮即可。

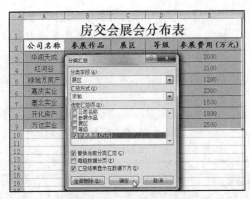

图10-24　分类汇总

2. 嵌套分类汇总

在Excel中，可以对已分类汇总的数据再次进行分类汇总，即嵌套分类汇总，其具体操作如下。

❶ 先进行基本的分类汇总，图10-25所示为分类汇总后的效果。

	房交会展会分布表				
1					
2	公司名称	参展作品	展区	等级	参展费用（万元）
3	华润天成	海景别墅	HZ-1	A	2000
4	红河谷	纯氧居	HZ-1	A	2100
5	绿地方房产	绿港湾	HZ-1	B	1200
6			HZ-1 汇总		5300
7	嘉庆实业	雅致联排别墅	HZ-2	A	2300
8	塞北实业	好地方	HZ-2	B	1500
9			HZ-2 汇总		3800
10	开化房产	书香门第	HZ-3	A	1800
11	万达实业	竹海	HZ-3	A	2500
12			HZ-3 汇总		4300
13			总计		13400

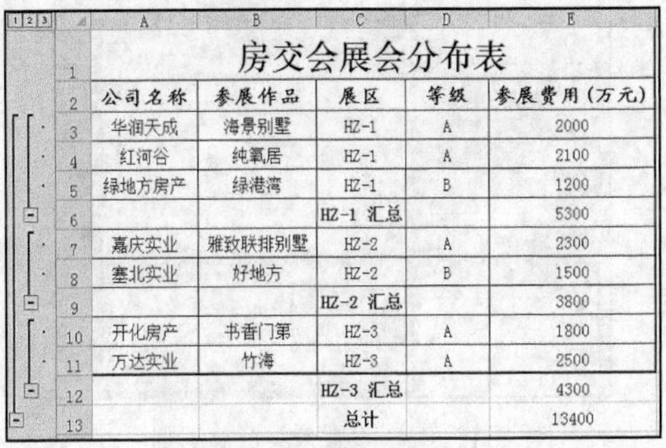

图10-25　分类汇总

❷ 单击【数据】→【分级显示】组中的“分类汇总”按钮，打开“分类汇总”对话框，在“分类字段”下拉列表框中选择一个新的分类选项，如“等级”，再进行汇总方式及汇总项的设置，取消“替换当前分类汇总(C)”复选框的选中状态，再单击“确定”按钮，完成嵌套分类汇总的设置，如图10-26所示，汇总后的显示效果如图10-27所示。

注意：嵌套分类需要选择一个新的分类，汇总方式可保持与原汇总方式一致。

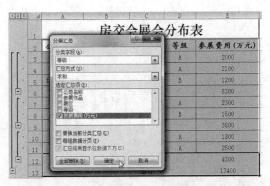

图10-26　嵌套分类汇总规则设置

	公司名称	参展作品	展区	等级	参展费用（万元）
3	华润天成	海景别墅	HZ-1	A	2000
4	红河谷	纯氧居	HZ-1	A	2100
5				A 汇总	4100
6	绿地方房产	绿港湾	HZ-1	B	1200
7				B 汇总	1200
8			HZ-1 汇总		5300
9	嘉庆实业	雅致联排别墅	HZ-2	A	2300
10				A 汇总	2300
11	塞北实业	好地方	HZ-2	B	1500
12				B 汇总	1500
13			HZ-2 汇总		3800
14	开化房产	书香门第	HZ-3	A	1800
15	万达实业	竹海	HZ-3	A	2500
16				A 汇总	4300
17			HZ-3 汇总		4300
18			总计		13400

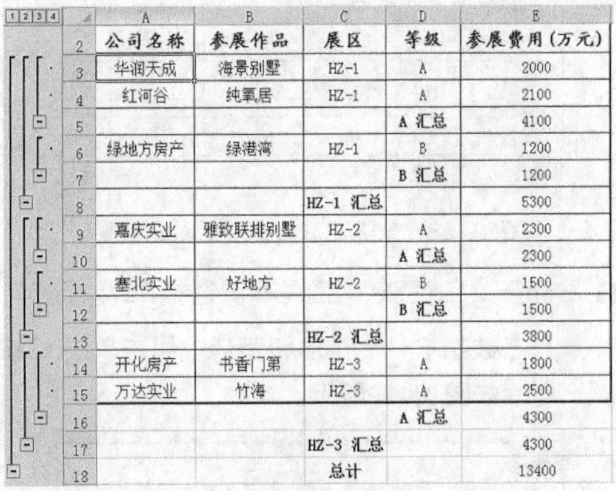

图10-27　嵌套分类汇总效果

3. 删除分类汇总

如果不再需要分类汇总可以将其删除，删除分类汇总后不会影响表格中原有的数据记录，其方法是在“分类汇总”对话框中单击“全部删除(R)”按钮。

4. 案例——对“工资表”中的数据进行分类汇总

本例要求对“工资表”中的数据以“部门”为分类标准，对“合计”进行汇总，汇总前后的对比效果如图10-28所示。通过该案例的学习，读者应掌握对数据分类汇总的方法。

素材\第10课\课堂讲解\工资表.xlsx
效果\第10课\课堂讲解\工资表.xlsx

姓名	部门	基本工资	提成	其他	合计
尤溪	摄影部	3000	1700	250	4950
王国涛	数码部	2000	2000	200	4200
孙涛	摄影部	3000	1700	300	5000
隋丽梅	市场部	2500	1400	300	4200
潘媛媛	化妆部	2500	1500	500	4500
刘国栋	市场部	2500	1500	200	4200
李想	摄影部	3000	1500	250	4750
杜良	化妆部	2500	1200	300	4000
曾泉林	摄影部	3000	1100	300	4400
蔡娟	化妆部	2500	2000	200	4700

姓名	部门	基本工资	提成	其他	合计
王国涛	数码部	2000	2000	200	4200
	数码部 汇总				4200
刘国栋	市场部	2500	1500	200	4200
隋丽梅	市场部	2500	1400	300	4200
	市场部 汇总				8400
孙涛	摄影部	3000	1700	300	5000
尤溪	摄影部	3000	1700	250	4950
李想	摄影部	3000	1500	250	4750
曾泉林	摄影部	3000	1100	300	4400
	摄影部 汇总				19100
蔡娟	化妆部	2500	2000	200	4700
潘媛媛	化妆部	2500	1500	500	4500
杜良	化妆部	2500	1200	300	4000
	化妆部 汇总				13200
	总计				44900

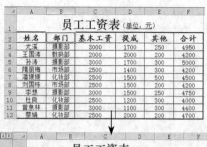

图10-28　分类汇总数据前后对比效果

❶　打开“工资表”工作簿，选择B2单元格，在【数据】→【排序和筛选】组中单击 按钮，如图10-29所示。

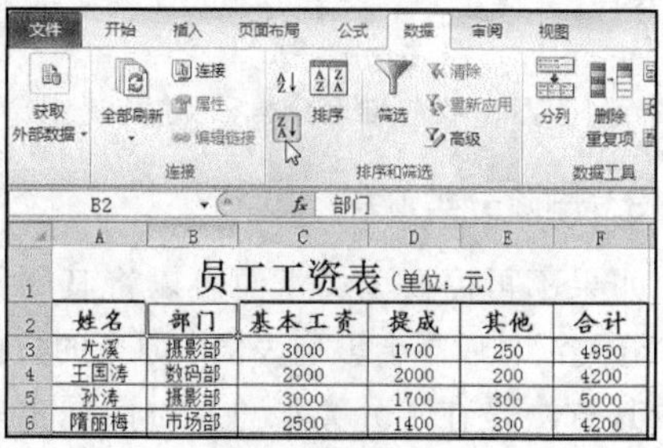

图10-29　排序

❷　在【数据】→【分级显示】组中单击“分类汇总”按钮，如图10-30所示。

图10-30　分类汇总

❸　在“分类字段”下拉列表框中选择“部门”选项，在“汇总方式”下拉列表框中选择“求和”选项，在“选定汇总项”列表框中选中☑合计复选框，再单击 确定 按钮，如图10-31所示。

> 注意：分类汇总前必须对分类条件列进行排序操作。

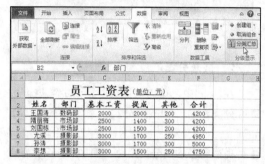

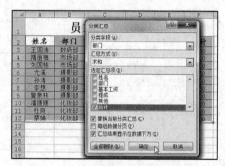

图10-31　设置分类汇总规则

试一试

对各部门基本工资在2500以上的人数进行分类汇总。

10.2 上机实战

本课上机实战将分别统计“销售统计表”和“学生信息表”工作簿中的数据信息，综合练习本课所学习的知识点。

上机目标：

◎　熟练掌握对数据进行排序的方法；

◎　熟练掌握对数据进行筛选的方法；

◎　熟悉创建和清除分类汇总的方法。

建议上机学时：1学时。

10.2.1 统计"销售统计表"

1. 操作要求

本例将打开提供的"销售统计表"，对其数据进行统计，统计前后的效果如图10-32所示。

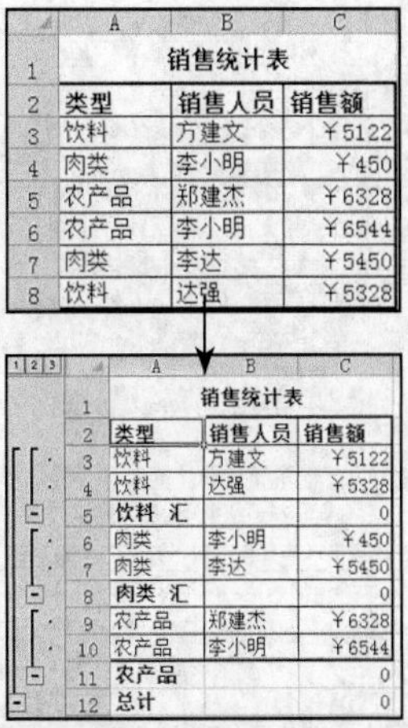

图10-32 统计前后效果

具体操作要求如下。

◎ 选择A2单元格，对该列进行降序排序。

◎ 以"类型"为分类标准，对"销售额"进行汇总。

2. 操作思路

根据上面的操作要求，本例的操作思路如图10-33所示。

素材\第10课\上机实战销售统计表.xlsx
效果\第10课\上机实战销售统计表.xlsx
演示\第10课\统计"销售统计表".swf

（1）排序

图10-33 分类汇总"销售统计表"的操作思路

（2）分类汇总

图10-33 分类汇总"销售统计表"的操作思路（续）

本例的主要操作步骤如下。

❶ 打开"销售统计表"工作簿，选择A2单元格，单击【数据】→【排序和筛选】组中的 按钮进行降序排序。

❷ 在【数据】→【分级显示】组中单击"分类汇总"按钮 。

❸ 在"分类字段"下拉列表框中选择"类型"选项，在"汇总方式"下拉列表框中选择"求和"方式，在"选定汇总项"列表框中选中 销售额 复选框，单击 确定 按钮，完成数据分类汇总操作。

10.2.2 筛选"学生信息表"

1. 操作要求

本例将打开提供的"学生信息表"，对其数据进行筛选，要求筛选出性别为"女"，入学成绩在450分及以上，籍贯为"四川"的数据记录。另外，要求采用高级筛选方式完成，筛选前后的效果如图10-34所示。

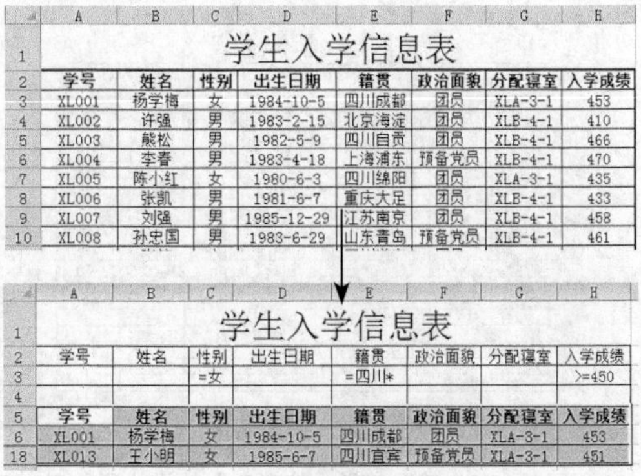

图10-34 筛选前后的效果

具体操作要求如下。

◎ 在原数据表“学号”行前面插入3行空白行，并分别输入列标签。

◎ 在相应单元格中输入筛选条件。

◎ 选择筛选区域后，单击【数据】→【排序和筛选】组中的 高级按钮。

◎ 在打开的对话框中进行筛选区域的设置后单击 确定 按钮。

2. 操作思路

根据上面的操作要求，本例的操作思路如图10-35所示。

素材\第10课\上机实战\学生信息表.xlsx
效果\第10课\上机实战\学生信息表.xlsx
演示\第10课\筛选“学生信息表”.swf

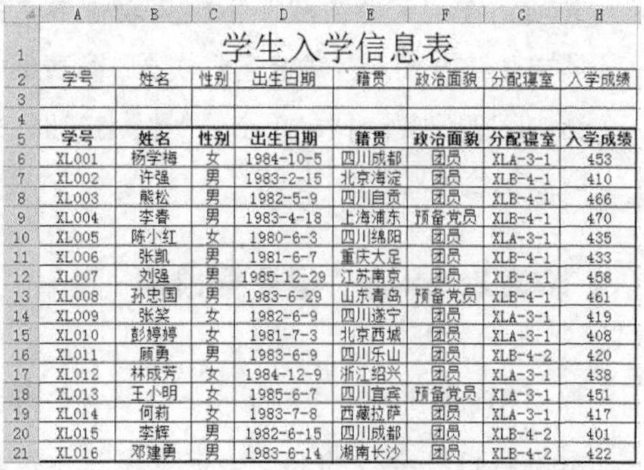

	A	B	C	D	E	F	G	H
1	学生入学信息表							
2	学号	姓名	性别	出生日期	籍贯	政治面貌	分配寝室	入学成绩
3								
4								
5	学号	姓名	性别	出生日期	籍贯	政治面貌	分配寝室	入学成绩
6	XL001	杨学梅	女	1984-10-5	四川成都	团员	XLA-3-1	453
7	XL002	许强	男	1983-2-15	北京海淀	团员	XLB-4-1	410
8	XL003	熊松	男	1982-5-9	四川自贡	团员	XLB-4-1	466
9	XL004	李春	男	1983-4-18	上海浦东	预备党员	XLB-4-1	470
10	XL005	陈小红	女	1980-6-3	四川绵阳	团员	XLA-3-1	435
11	XL006	张凯	男	1981-6-7	重庆大足	团员	XLB-4-1	433
12	XL007	刘强	男	1985-12-29	江苏南京	团员	XLB-4-1	458
13	XL008	孙忠国	男	1983-6-29	山东青岛	预备党员	XLB-4-1	461
14	XL009	张笑	女	1982-6-9	四川遂宁	团员	XLA-3-1	419
15	XL010	彭婷婷	女	1981-7-3	北京西城	团员	XLA-3-1	408
16	XL011	顾勇	男	1983-6-9	四川乐山	团员	XLB-4-2	420
17	XL012	林成芳	女	1984-12-9	浙江绍兴	团员	XLA-3-1	438
18	XL013	王小明	女	1985-6-7	四川宜宾	预备党员	XLA-3-1	451
19	XL014	何莉	女	1983-7-8	西藏拉萨	团员	XLA-3-1	417
20	XL015	李辉	男	1982-6-15	四川成都	团员	XLB-4-2	401
21	XL016	邓建勇	男	1983-6-14	湖南长沙	团员	XLB-4-2	422

（1）插入3行空白行并输入列标签

提示：插入行后可设置文本字号大小，否则会因字号太大影响操作。

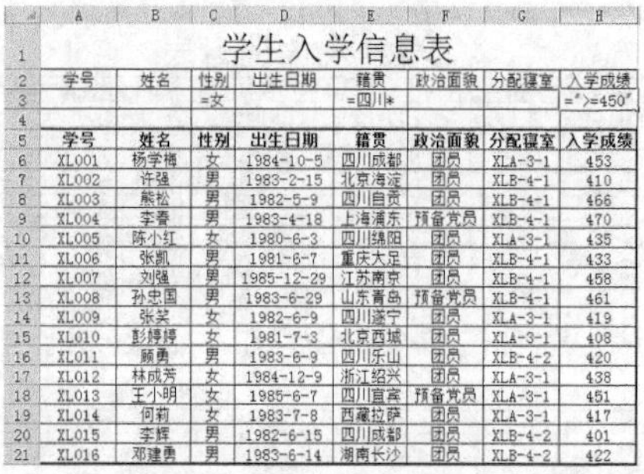

	A	B	C	D	E	F	G	H
1	学生入学信息表							
2	学号	姓名	性别	出生日期	籍贯	政治面貌	分配寝室	入学成绩
3			=女		=四川*			=">=450"
4								
5	学号	姓名	性别	出生日期	籍贯	政治面貌	分配寝室	入学成绩
6	XL001	杨学梅	女	1984-10-5	四川成都	团员	XLA-3-1	453
7	XL002	许强	男	1983-2-15	北京海淀	团员	XLB-4-1	410
8	XL003	熊松	男	1982-5-9	四川自贡	团员	XLB-4-1	466
9	XL004	李春	男	1983-4-18	上海浦东	预备党员	XLB-4-1	470
10	XL005	陈小红	女	1980-6-3	四川绵阳	团员	XLA-3-1	435
11	XL006	张凯	男	1981-6-7	重庆大足	团员	XLB-4-1	433
12	XL007	刘强	男	1985-12-29	江苏南京	团员	XLB-4-1	458
13	XL008	孙忠国	男	1983-6-29	山东青岛	预备党员	XLB-4-1	461
14	XL009	张笑	女	1982-6-9	四川遂宁	团员	XLA-3-1	419
15	XL010	彭婷婷	女	1981-7-3	北京西城	团员	XLA-3-1	408
16	XL011	顾勇	男	1983-6-9	四川乐山	团员	XLB-4-2	420
17	XL012	林成芳	女	1984-12-9	浙江绍兴	团员	XLA-3-1	438
18	XL013	王小明	女	1985-6-7	四川宜宾	预备党员	XLA-3-1	451
19	XL014	何莉	女	1983-7-8	西藏拉萨	团员	XLA-3-1	417
20	XL015	李辉	男	1982-6-15	四川成都	团员	XLB-4-2	401
21	XL016	邓建勇	男	1983-6-14	湖南长沙	团员	XLB-4-2	422

（2）输入筛选条件

图10-35 筛选“学生信息表”的操作思路

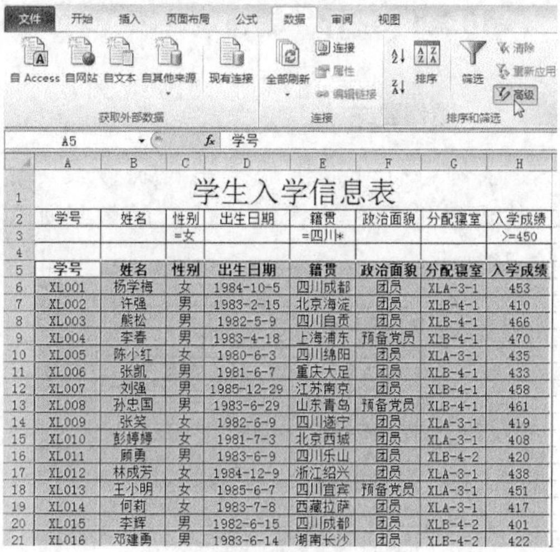

	A	B	C	D	E	F	G	H
1	学生入学信息表							
2	学号	姓名	性别	出生日期	籍贯	政治面貌	分配寝室	入学成绩
3			=女		=四川*			>=450
4								
5	学号	姓名	性别	出生日期	籍贯	政治面貌	分配寝室	入学成绩
6	XL001	杨学梅	女	1984-10-5	四川成都	团员	XLA-3-1	453
7	XL002	许强	男	1983-2-15	北京海淀	团员	XLB-4-1	410
8	XL003	熊松	男	1982-5-9	四川自贡	团员	XLB-4-1	466
9	XL004	李春	男	1983-4-18	上海浦东	预备党员	XLB-4-1	470
10	XL005	陈小红	女	1980-6-3	四川绵阳	团员	XLA-3-1	435
11	XL006	张凯	男	1981-6-7	重庆大足	团员	XLB-4-1	433
12	XL007	刘强	男	1985-12-29	江苏南京	团员	XLB-4-1	458
13	XL008	孙忠国	男	1983-6-29	山东青岛	预备党员	XLB-4-1	461
14	XL009	张笑	女	1982-6-9	四川遂宁	团员	XLA-3-1	419
15	XL010	彭婷婷	女	1981-7-3	北京西城	团员	XLA-3-1	408
16	XL011	顾勇	男	1983-6-9	四川乐山	团员	XLB-4-2	420
17	XL012	林成芳	女	1984-12-9	浙江绍兴	团员	XLA-3-1	438
18	XL013	王小明	女	1985-6-7	四川宜宾	预备党员	XLA-3-1	451
19	XL014	何莉	女	1983-7-8	西藏拉萨	团员	XLA-3-1	417
20	XL015	李辉	男	1982-6-15	四川成都	团员	XLB-4-2	401
21	XL016	邓建勇	男	1983-6-14	湖南长沙	团员	XLB-4-2	422

（3）单击“高级”按钮

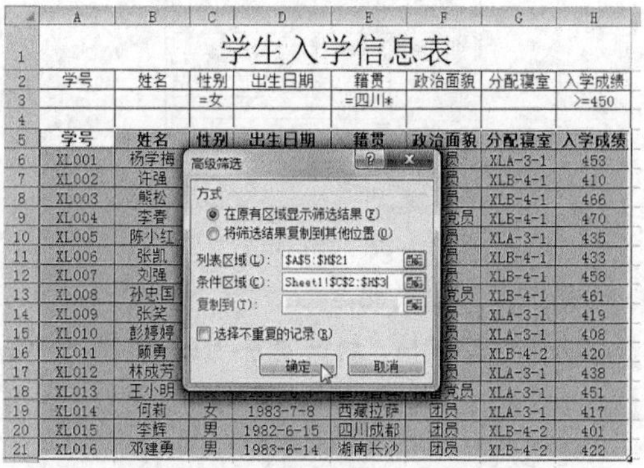

（4）设置筛选条件区域

图10-35 筛选“学生信息表”的操作思路（续）

本例的主要操作步骤如下。

❶ 打开“学生信息表”工作簿，在A2单元格上单击鼠标右键，在弹出的快捷菜单中选择“插入行”命令，再重复执行两次，完成3个空白行的插入。

❷ 在第一行空白行中输入列标签。

❸ 在C3单元格中输入="=女"并按【Enter】键。

❹ 在E3单元格中输入="=四川*"并按【Enter】键。

❺ 在H3单元格中输入 =">=450"并按【Enter】键。

❻ 选择筛选区域，如“A5：H21”，并单击【数据】→【排序和筛选】组中的 高级按钮。

❼ 在打开的对话框中检查“列表区域”文本框中的区域范围是否正确，再单击“条件区域”文本框右侧的 按钮。

⑧ 在工作簿中选择"C2：H3"单元格区域。

⑨ 返回到"高级筛选 – 条件区域："对话框，
单击文本框右侧的 按钮。

⑩ 返回到"高级筛选"对话框，单击
确定 按钮完成数据筛选。

10.3 常见疑难解析

问：在"高级筛选"对话框中有 在原有区域显示筛选结果(F) 单选项和 将筛选结果复制到其他位置(O) 单选项两个选项，分别有何作用？

答：选中 在原有区域显示筛选结果(F) 单选项，表示将筛选后的结果显示在原有数据位置；选中 将筛选结果复制到其他位置(O) 单选项，表示将筛选后的结果存放在一个新的目标位置。选中 将筛选结果复制到其他位置(O) 单选项后，对话框下方的"复制到"文本框将可用，此时可单击"复制到"文本框右侧的 按钮，再将鼠标指针移动到准备显示结果的单元格中单击，进行此设置后，筛选后的结果将以前面选择的单元格作为左上角进行显示，如图10-36所示。

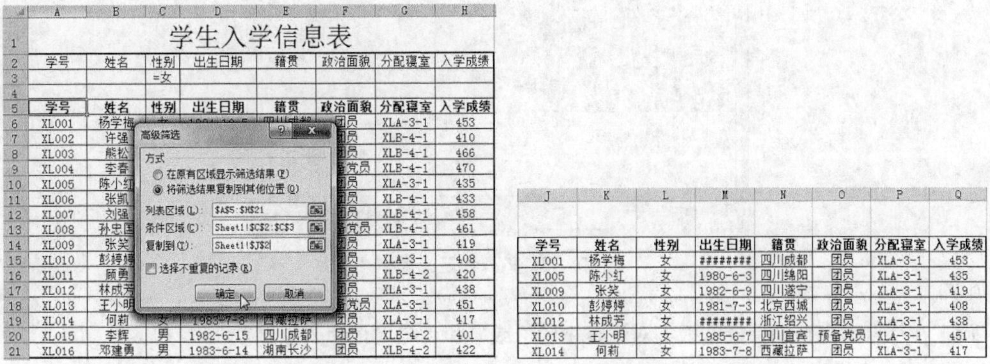

图10-36　将筛选结果复制到其他位置

问：如果需要将数据进行排序，而进行排序的有关信息既不能按拼音排序，也不能按笔画顺序排序，该怎么解决呢？

答：可以采用自定义排序方法解决。选择【文件】→【选项】命令，在打开的对话框左侧选择"高级"选项，在右侧拖动滚动条到底部，单击 编辑自定义列表(O)... 按钮，如图10-37所示。在打开的对话框中的"自定义序列"列表框中选择"新序列"选项，在"输入序列"列表框中输入自定义序列，输入一个条目后按【Enter】键换行，直至所有的序列都输入完成后单击 添加(A) 按钮，再单击 确定 按钮关闭对话框，完成自定义序列的添加，如图10-38所示。

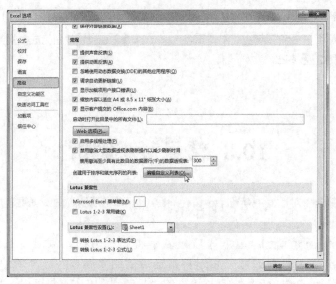

图10-37　编辑自定义列表

图10-38　输入自定义序列

问： 在"自定义自动筛选方式"对话框中的"或"和"与"是什么意思？

答： 它们是一种逻辑运算，"与"的意思的两个条件同时存在，其公式写法可表示为"A and B"，如果A和B的值都为True时，"A and B"的值就为True；如果A或B有一个值为False，或者A与B都为False，则"A and B"的值为False。"或"的意思是只要一个条件存在即可，其公式可写为"A or B"，如果A或者B其中有任意一个为True，或者A与B都为True时，"A or B"的值就为True；只有A与B的值都为False时，"A or B"的值都才为False。

问： "分类汇总"对话框中的☐每组数据分页(P)复选框有什么作用呢？

答： 它可将排序的数据项进行分类汇总，且在打印该表格时将各项目进行分页打印，通常不选中☐每组数据分页(P)复选框。

10.4 课后练习

（1）打开"销售业绩表"工作簿，筛选各季度中销量均超过各季度平均销量的记录，最终效果如图10-39所示，具体要求如下。

◎ 在第一行下方插入3行空白单元格，然后在第二行中输入列标签。

◎ 在B3单元格中输入="">=81.09"，在C3单元格中输入="">=35.70"，在D3单元格中输入="">=89.56"，在E3单元格中输入="">=51.66"。

◎ 选择A5：E14单元格区域（不包括"平均销量"行），单击【数据】→【排序和筛选】组中的 高级按钮，在打开的对话框中修改"列表区域"文本框中的值为"$A$5：$E$14"，设置条件区域为"Sheet1!$B$2：$E$3"。

◎ 选中 ⊙ 将筛选结果复制到其他位置(O) 单选项，设置"复制到"文本框中的值为"Sheet1!$G$5"，单击 确定 按钮完成数据筛选。

	A	B	C	D	E	F	G	H	I	J	K	L
1		大澳公司销售业绩表										
2	地区	一季度(万元)	二季度(万元)	三季度(万元)	四季度(万元)							
3		>=81.09	>=35.70	>=89.56	>=51.66							
4												
5	地区	一季度(万元)	二季度(万元)	三季度(万元)	四季度(万元)		地区	一季度(万	二季度(万	三季度(万	四季度(万元)	
6	北京	78.45	35.42	89.67	50.18		深圳	84.74	50.68	98.75	60.12	
7	上海	102.56	48.32	107.45	45.66							
8	广州	80.61	35.18	92.54	56.92							
9	深圳	84.74	50.68	98.75	60.12							
10	杭州	70.56	30.31	75.29	42.98				筛选结果			
11	成都	80.64	32.72	92.51	51.23							
12	重庆	81.24	29.87	88.57	56.38							
13	沈阳	70.56	28.15	75.35	60.49							
14	青岛	80.46	30.67	85.92	40.99							
15	平均销量	81.09	35.70	89.56	51.66							

图10-39 筛选"销售业绩表"

（2）打开提供的"成绩表"工作簿，先对"性别"列进行升序排序，再以性别为分类标准，对各科成绩进行汇总（求平均值），最终效果如图10-40所示，具体要求如下。

◎ 选择B2单元格，再进行升序排序。

◎ 在【数据】→【分级显示】组中单击"分类汇总"按钮。

◎ 进行相关设置后单击 确定 按钮，完成分类汇总。

	A	B	C	D	E	F	G
1			学生成绩表				
2	姓名	性别	语文	数学	英语	物理	化学
3	刘王亮	男	93	109	71	68	95
4	万鹏	男	88	119	62	107	125
5	方小军	男	113	93	120	99	118
6	李宏	男	79	124	59	118	135
7	周之凯	男	106	102	89	92	90
8	钱学友	男	96	118	105	68	120
9	李小强	男	92	100	95	102	127
10		男 平均值	95.28571	109.2857	85.85714	93.42857	115.7143
11	郭佳	女	105	90	98	70	65
12	夏燕	女	84	98	97	102	90
13	赵琳	女	80	75	131	80	90
14	胡玲玲	女	108	92	72	65	84
15	欧尚婷	女	104	95	99	87	96
16	罗敏	女	118	76	109	81	92
17		女 平均值	99.83333	87.66667	101	80.83333	86.16667
18		总计平均值	97.38462	99.30769	92.84615	87.61538	102.0769

图10-40 "成绩表"最终效果

第11课
分析表格数据

学生：老师，我从网上下载了一个工作簿，里面有图、对象、类别和数据项，这是什么？

老师：这是根据表格中的数据生成的一种图表，可以更直观地显示数据情况。Excel提供了10多种标准类型和多个自定义类型图表，如柱形图、条形图、折线图和股价图等。制作好表格后，可为其中的表格数据选择合适的图表类型，使信息突出显示，让图表更具阅读性。

学生：确实，有了图表，表格都变得更形象了。像刚才提到的那个工作簿中的图表，让我一下子就看到销量的走势，真是太方便了。

老师：没错，除此之外，Excel还提供了数据透视表与数据透视图，这两项功能也是非常有用的功能。通过数据透视表和数据透视图，用户可以做出有关企业关键数据的决策。

学生：这些知识太有用了，老师快教教我吧！

学习目标

▶ 掌握图表的基本操作方法

▶ 掌握设置图表格式的方法

▶ 掌握创建数据透视表的方法

▶ 掌握创建数据透视图的方法

11.1 课堂讲解

本课堂将主要讲述创建图表、设置图表格式、创建数据透视表和数据透视图等知识。通过相关知识点的学习和案例的练习，读者可以熟悉创建图表、更改图表类型、更改数据类型、设置图表选项、设置图表区格式、设置绘图区格式、设置数据系列格式、创建数据透视表、利用数据透视表分析数据和创建数据透视图的方法。

11.1.1 插入与编辑图表

为了使表格中的数据看起来更直观，可将数据以图表的形式显示。在Excel中，图表能清楚地显示各个数据的大小和变化情况，以帮助用户分析数据，查看数据的差异、走势，以及预测发展趋势。

1. 插入图表

图表是根据Excel表格数据生成的，因此在插入图表前，需要先设计Excel表格并填写好相应的数据。插入图表的具体操作如下。

❶ 选择数据区域，选择【插入】→【图表】组，在"图表"组中选择合适的图表类型，如选择"柱形图"，单击"柱形图"按钮后，在打开的下拉列表框中选择"细分类型"，如图11-1所示。

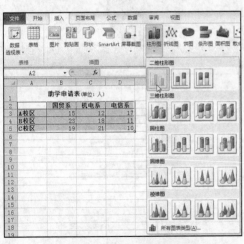

图11-1 选择图表类型

❷ 默认情况下图表被插入到Excel编辑区中心位置，可将鼠标指针移动到图表中，按住鼠标左键不放，将其拖动到合适位置，如图11-2所示。

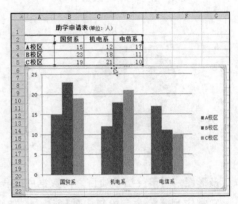

图11-2 移动图表位置

2. 更改图表类型

Excel中常用的图表类型主要有如下6种。

◎ 柱形图：用于显示一段时间内数据的变化，或描绘各项目之间数据的差异，它强调一段时间内各类别数据值的变化，如图11-3所示。

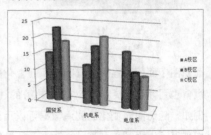

图11-3 柱形图

◎ 折线图：用于显示等时间间隔内数据的变化趋势，它强调的是数据的时间性和变动率，如图11-4所示。

◎ 饼图：用于显示每一数值在总数值中所占的比例。它只显示一个系列的数据比例关系，如果有几个系列同时被选中，只显示其中的一个系列，如图11-5所示。

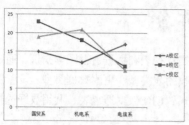

图11-4　折线图

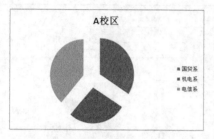

图11-5　饼图

◎　**条形图**：用于突出各项目之间数据的差异，它常应用于分类字段较多的图表中，如图11-6所示。

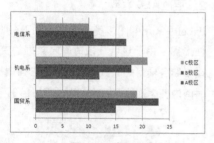

图11-6　条形图

◎　**面积图**：面积图强调数量随时间而变化的程度，也可用于引起人们对总值趋势的注意。例如，随时间而变化的利润数据可以用面积图来表示以强调总利润。通过显示所绘制的值的总和，面积图还可以用来显示部分与整体的关系，如图11-7所示。

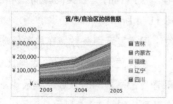

图11-7　面积图

◎　**散点图**：散点图类似于折线图，它可以显示

单个或多个数据系列的数据在时间间隔条件下的变化趋势，常用于比较成对的数据，如图11-8所示。

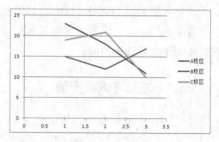

图11-8　散点图

如果创建的图表类型不能够表达出数据的含义，则可以重新选择一种新的图表类型，其方法为：打开工作簿，选择其中的图表，再选择【插入】→【图表】组中合适的图表类型，如图11-9所示。

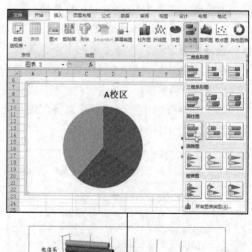

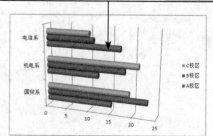

图11-9　更改图表类型

3. 设置图表样式

创建图表后，可以更改它的外观。为了避免手动进行大量的格式设置，Excel提供了多种实用的预定义布局和样式，可以快速应用于图

表中。然后可以通过手动更改单个图表元素的布局和样式来进一步自定义布局或样式。设置图表样式的具体操作如下。

❶ 单击选择要设计样式的图表，如图11-10所示。

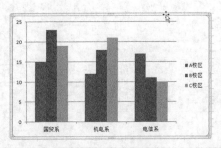

图11-10　选择图表

❷ 在【图表工具】→【设计】→【图表样式】组中选择合适的图表样式，如图11-11所示。

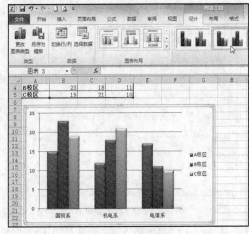

图11-11　更换图表样式

> 技巧：选择样式时，可单击"图表样式"组右侧的 ▲ 和 ▼ 按钮查看各分组图表样式，单击 ▼ 按钮可查看所有的图表样式。

❸ 在【图表工具】→【格式】选项卡中还可以对图表进行样式设置。图11-12所示为选择"水平（类别）轴"中的文本，在【图表工具】→【格式】→【艺术字样式】组中单击 A ▼ 按钮后，在打开的下拉列表中选择"红色"后的效果。

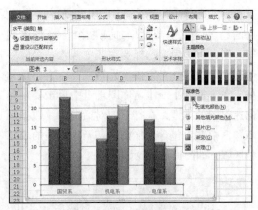

图11-12　设置图表样式

4. 设置图表布局

除了可以更改图表样式外，也可以更改图表布局。方法是：选择要更改布局的图表，在【图表工具】→【设计】→【图表布局】组中选择合适的图表布局即可，如图11-13所示。

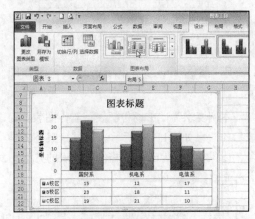

图11-13　更换图表布局

5. 更改数据系列

如果表格中的数据发生了变化，比如增加了数据，或修改了数据值，Excel会自动更新图表，因此一般不需要用户手动进行操作。如果需要手动操作，在【图表工具】→【设计】→【数据】组中单击"选择数据"按钮 ，在打开的对话框中进行相应的设置即可。

6. 插入迷你图

迷你图是Excel 2010中的一个新功能，它是显示在工作表单元格中的一个微型图表，可直观表示数据。使用迷你图可以显示一系列数值的趋势，如季节性增加或减少、经济周期等。创建方法为：选择要在其中插入一个或多个迷你图中的一个空白单元格或一组空白单元格，在【插入】→【迷你图】组中单击要创建的迷你图的类型，在打开的对话框中"数据区域"框中输入包含迷你图所基于的数据的单元格区域，如图11-14所示。

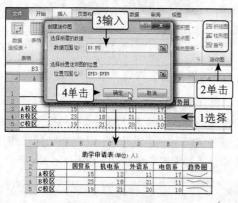

图11-14　插入迷你图表

7. 案例——为"市场份额表"制作图表

本例要求为"市场份额表"制作图表，完成后的效果如图11-15所示。通过该案例的学习，读者应掌握为Excel表格制作图表的方法。

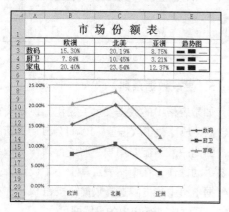

图11-15　图表效果

素材\第11课\课堂讲解\市场份额表.xlsx
效果\第11课\课堂讲解\市场份额表.xlsx

❶ 打开"市场份额表"工作簿，选择数据区域A2：D5，在【插入】→【图表】组中单击"折线图"按钮后，在打开的下拉列表中选择细分图表类型，如图11-16所示。

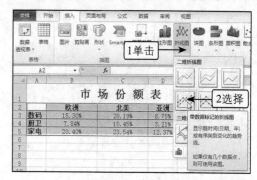

图11-16　插入折线图

❷ 将鼠标指针移动到插入的图表上，按住鼠标左键不放将其向左拖动到Excel表格下方，如图11-17所示。

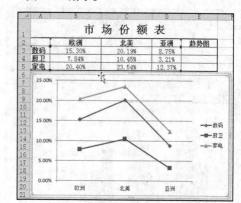

图11-17　移动图表位置

❸ 选择E3：E5单元格区域，在【插入】→【迷你图】组中单击"柱形图"按钮，如图11-18所示。

❹ 将鼠标指针移动到Excel数据表格中，选择B3：D5单元格区域，再单击[确定]按钮，完成迷你图表的插入，如图11-19所示。

图11-18　选择迷你图类型

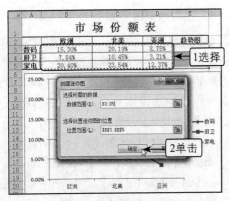

图11-19 选择数据区域

试一试

选择插入的迷你图，在【迷你图工具】→【设计】→【类型】组中单击“折线图”按钮，查看效果。

11.1.2 创建数据透视表和透视图

数据透视表是从数据表中生成的动态总结报告，可以将行和列转化成有意义的、可供分析的数据来表示，如图11-20所示。

	A	B
1	等级	A
2		
3	行标签	求和项:参展费用(万元)
4	HZ-1	4100
5	HZ-2	2300
6	HZ-3	4300
7	总计	10700

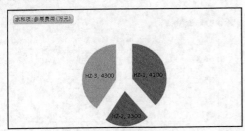

图11-20 数据透视表

数据透视表是Excel中具有强大分析能力的工具，能将大量繁杂的数据转换成可以用不同方式进行汇总的交互式表格。而数据透视图是数据透视表的一个图形形式，如图11-21所示，能直观地显示透视表中的数据。通过数据透视表和数据透视图，用户可以做出有关企业关键数据的决策。

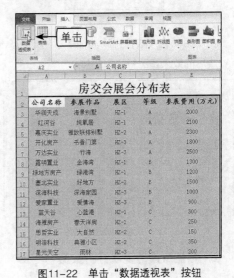

图11-21 数据透视图

提示：数据透视图和数据透视表是相联系的，改变了数据透视表，数据透视图将发生相应的变化；反之，改变了数据透视图，数据透视表也将发生变化。

1. 创建数据透视表

数据透视表可以清晰地反映工作表中的数据信息，创建的具体操作如下。

❶ 打开要创建数据透视表的表格，选择数据区域（包括列标签），在【插入】→【表格】组中单击“数据透视表”按钮，如图11-22所示。

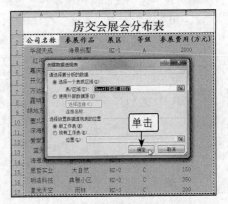

图11-22 单击“数据透视表”按钮

❷ 在打开的对话框中确定数据区域是否正确，并进行其他参数的设置后，单击 确定 按钮，如图11-23所示。

图11-23 确认数据区域

❸ 在Excel工作界面右侧的"数据透视表字段列表"列表框中选择要添加到数据透视表中的字段，如要确定各字段放置在数据透视表中的位置，可在字段名称上单击鼠标右键，在弹出的快捷菜单中选择相应的选项，图11-24所示为将"等级"字段添加到报表筛选区域的操作示意图。

图11-24　添加字段

❹ 使用相同的方法，完成其他字段的添加，完成后的效果如图11-25所示。

图11-25　完成数据透视表的插入

2. 根据数据透视表分析数据

根据数据透视表分析数据主要是指根据实际需要显示或隐藏具体的数据，其方法为：单击数据透视表中某个字段右侧的 按钮，在打开的下拉列表中选中或取消选中某些复选框即可。图11-26所示为筛选"展区"在"HZ-1"区的数据的操作示意图。

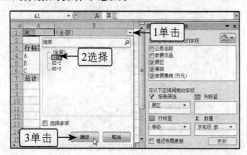

图11-26　筛选数据

3. 创建数据透视图

数据透视图可以通过工作表中的源数据和数据透视表来创建。可先完成数据透视表的创建，再在此基础上创建数据透视图，或者创建数据透视表与数据透视图同时完成。下面以在数据透视表的基础上创建数据透视图为例进行讲解。

❶ 打开已创建好数据透视表的Excel表格，选择整个数据透视表，在【数据透视表工具】→【选项】→【工具】组中单击"数据透视图"按钮 ，如图11-27所示。

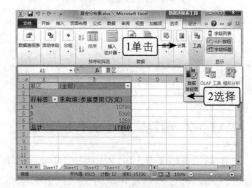

图11-27　创建数据透视图

❷ 在打开的对话框左侧选择图表大类，再在右侧列表框中双击具体的图表类型，如图11-28所示，创建的数据透视图如图11-29所示。

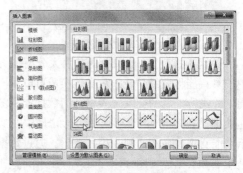

图11-28　选择数据透视图类型

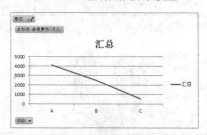

图11-29　数据透视图效果

⚠ 注意：数据透视图不能为气泡图、散点图和股价图等图表类型。

4. 案例——为"工资表"创建数据透视表和透视图

本例要求为"工资表"创建数据透视表及透视图，完成创建后的效果如图11-30所示。通过该案例的学习，读者应掌握为Excel表格创建数据透视表及透视图的方法。

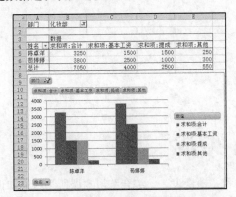

图11-30　创建的数据透视表及透视图效果

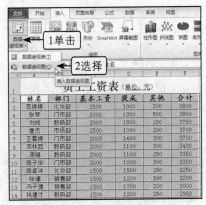

素材\第11课课堂讲解\工资表.xlsx
效果\第11课课堂讲解\工资表.xlsx

❶ 打开"工资表"工作簿，选择数据区域A2：F16，在【插入】→【表格】组中单击"创建数据透视表"按钮 📊 右侧的按钮 ▾ 按钮，在打开的下拉列表中选择"插入数据透视图"命令，如图11-31所示。

图11-31　选择"数据透视图"命令

❷ 在打开的对话框中确认数据区域是否正确，这里保持默认设置，单击 确定 按钮，如图11-32所示。

图11-32　确认数据区域

❸ 在打开的新工作表中右侧"数据透视表字段列表"列表框中的"姓名"字段上单击鼠标右键，在弹出的快捷菜单中选择"添加到轴字段（分类）"命令，如图11-33所示。

图11-33　添加字段

❹ 参照第❸步的方法，完成其他字段的添加，注意选择合适的命令进行添加。完成后的效果如图11-34所示。

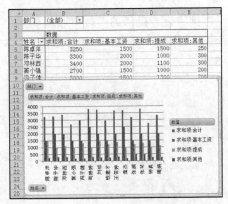

图11-34　完成字段的添加

❺ 单击数据透视表中"部门"字段右侧的▼ 按钮，在弹出的列表框中选择"化妆部"命令，并单击 确定 按钮，如图11-35所示。

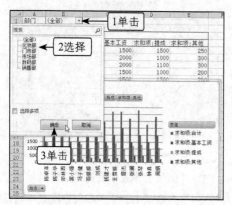

图11-35　筛选数据

试一试

　　试试将筛选字段设置为"合计"，筛选条件设置为">=3500"，先创建数据透视表，再根据数据透视表创建数据透视图。

11.2　上机实战

　　本课上机实战将分别用图表分析"订单收入表"和"销量表"，综合练习本课所学习的知识点。

　　上机目标：

◎　熟练掌握插入图表、更改图表类型的方法；

◎　熟悉创建数据透视表的方法；

◎　熟悉创建数据透视图的方法。

　　建议上机学时：1学时。

11.2.1　为"订单收入表"添加图表

1. 操作要求

　　本例将打开提供的"订单收入表"，为其添加"折线图"图表。添加的图表效果如图11-36所示。

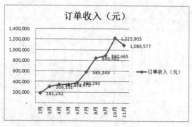

图11-36　最终效果

　　具体操作要求如下。

◎　选择数据区域A2：B12并创建"折线图"图表。

◎　修改图表样式为"样式4"。

◎　修改图表布局为"布局9"。

2. 操作思路

　　根据上面的操作要求，本例的操作思路如图11-37所示。

素材\第11课\上机实战\订单收入表.xlsx
效果\第11课\上机实战\订单收入表.xlsx
演示\第11课\为"订单收入表"创建图表.swf

（1）创建折线图

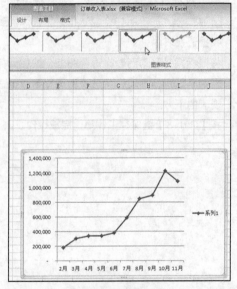

（2）修改图表样式

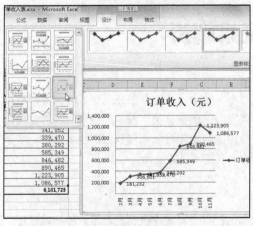

（3）修改图表布局

图11-37　创建图表的操作思路

本例的主要操作步骤如下。

❶ 打开"订单收入表"工作簿，选择数据区域 A2：B12，在【插入】→【图表】组中单击 "折线图"按钮 ⚏，在打开的下拉列表中选 择"带数据标记的折线图" ⚏。

❷ 保持插入图表的选中状态，在【图表工具】 →【设计】→【图表样式】组中选择"样式 4"选项。

❸ 在【图表工具】→【设计】→【图表布局】 组中单击右下角的 ⚏ 按钮，在打开的下拉列 表中选择"布局9" ⚏。

❹ 将鼠标指针移动到图表上，按住鼠标左键不 放进行拖动，适当调整图表放置的位置。

❺ 按【Ctrl+S】键保存工作簿，完成本例操 作。

11.2.2　为"销量表"添加透视图

1. 操作要求

本例将打开提供的"销量表"，为其创建 透视图。创建透视图后的效果如图11-38所示。 具体操作要求如下。

◎ 选择数据区域并创建透视图。

◎ 为数据透视表添加各个字段。

◎ 调整透视图的位置。

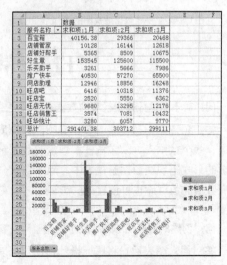

图11-38　创建数据透视图后的效果

2. 操作思路

根据上面的操作要求，本例的操作思路如图11-39所示。

素材\第11课\上机实战\销量表.xlsx
效果\第11课\上机实战\销量表.xlsx
演示\第11课\为"销量表"添加透视图.swf

（1）创建数据透视图

（2）添加字段

图11-39　创建数据透视图的操作思路

本例的主要操作步骤如下。

❶ 打开"销量表"工作簿，选择A2：D14数据区域，在【插入】→【表格】组中单击"数据透视表"按钮右侧的▼按钮，在打开的下拉列表中选择"数据透视图"命令。

❷ 在打开的对话框中确认数据区域是否正确，确认后单击 确定 按钮。

❸ 在打开的新工作表中窗口右侧"数据透视表字段列表"列表框中的"服务名称"字段上单击鼠标右键，在弹出的快捷菜单中选择"添加到轴字段（分类）"命令。

❹ 在"数据透视表字段列表"列表框中选中☑1月、☑2月、☑3月这3个复选框，将其添加到数据透视表中。

❺ 将鼠标指针移动到数据透视图上，按住鼠标左键不放进行拖动，将透视图调整到数据透视表的下方。

❻ 按【Ctrl+S】键保存工作簿，完成操作。

11.3 常见疑难解析

问：对于创建数据透视表的数据有什么要求吗？

答：创建数据透视表的数据必须以数据库的形式存在，数据库可以存储在工作表中或外部数据库中，一个数据库可以包含任意数量的数据字段和分类字段，但在分类字段中的数值应以行、列以及页的形式出现在数据透视表中。除了含有分类类别数据的数据库可以创建数据透视表外，一些不含有数值的数据库也可创建数据透视表，但它所统计的内容将不是数值而是个数。

问：创建的图表能够进行大小的调整吗？

答：插入图表后，将鼠标指针移动到图表边框四周的控点上，按住鼠标左键不放并拖动鼠标，即可随意调整图表的大小。

11.4 课后练习

（1）打开"评分表"工作簿，为其创建折线图表，以便确定哪些项目最优、哪些项目的评委分及用户评分相近或差别较大，最终效果如图11-40所示，具体要求如下。

◎ 选择A2：C7数据区域。

◎ 在【插入】→【图表】组中单击"折线图"按钮　，在打开的下拉列表中选择"带数据标记的折线图"图表类别。

◎ 调整图表位置。

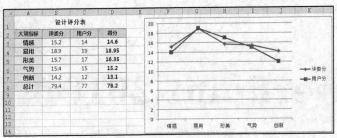

图11-40　创建折线图表后的效果

素材\第11课\课后练习\评分表.xlsx　　　效果\第11课\课后练习\评分表.xlsx

演示\第11课\创建"评分表"折线图表.swf

（2）打开"费用表"工作簿，为其创建数据透视图，并筛选出包含"*纸*"关键字的数据，最终效果如图11-41所示，具体要求如下。

◎ 选择A2：D18数据区域，创建数据透视图，注意在"创建数据透视表"对话框中需选中
　◉现有工作表(E)单选项，并确定放置数据透视表的起始单元格。

◎ 选中☑关键词复选框及☑平均点击费用（分）复选框。

◎ 将鼠标指针移动到透视表中"关键字"后面的按钮上单击，再筛选出包含"*纸*"关键字的数据。

◎ 选择透视图，将其修改为折线图，并修改图表样式为"样式4"。

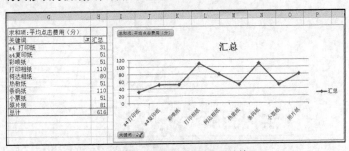

图11-41　创建数据透视图后的效果

素材\第11课\课后练习\费用表.xlsx　　　效果\第11课\课后练习\费用表.xlsx

演示\第11课\创建"费用表"数据透视图.swf

第12课
PowerPoint 2010快速入门

学生：老师，很多公司开会的时候，都使用投影仪播放幻灯片，这些幻灯片是怎么做出来的？

老师：这些幻灯片也就是演示文稿，它是利用Office 2010中的PowerPoint 2010组件生成的文件。用PowerPoint制作的演示文稿与用Word制作的文档和用Excel制作的工作簿类似，演示文稿也是常见的一种办公文档，由多张幻灯片组成，因此制作演示文稿实际上就是将多张幻灯片进行编辑后再将它们组织到一起。

学生：PowerPoint？

老师：是的。PowerPoint主要用于创建形象生动、图文并茂的幻灯片，是制作公司简介、会议报告、产品说明、培训计划和教学课件等演示文稿的首选软件。

学生：老师您快教教我吧！

学习目标

▶ 熟悉 PowerPoint 2010 的操作界面

▶ 掌握用不同方式创建演示文稿的方法

▶ 掌握保存和打开演示文稿的方法

▶ 掌握选择、移动、复制和删除幻灯片的方法

12.1 课堂讲解

本课堂将主要讲述演示文稿的基本操作和幻灯片的基本操作等知识。通过相关知识点的学习和案例的制作，读者可以熟悉PowerPoint 2010操作界面各组成部分的作用，并掌握新建演示文稿，以及选择、移动、复制和删除幻灯片的方法。

12.1.1 PowerPoint 2010操作界面

启动PowerPoint 2010后，将进入如图12-1所示的操作界面。PowerPoint的操作界面与Word和Excel相似，主要由标题栏、菜单栏、工具栏、幻灯片编辑区、任务窗格、滚动条和状态栏等部分组成，不同的是多了"幻灯片/大纲"窗格、"备注"窗格和视图切换按钮组等部分。下面将对上述PowerPoint特有的组成部分进行介绍。

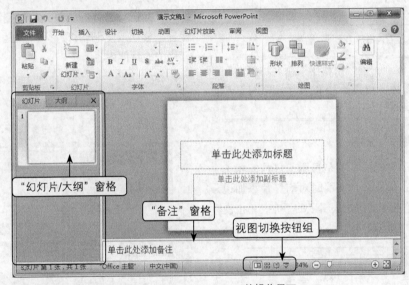

图12-1 PowerPoint 2010的操作界面

1. "幻灯片/大纲"窗格

"幻灯片/大纲"窗格位于操作界面的左侧，其中包含了"幻灯片"和"大纲"两个选项卡，单击便可在两者间进行切换。

"幻灯片"窗格

创建或打开含有多张幻灯片的演示文稿后，在"幻灯片/大纲"窗格中单击"幻灯片"选项卡（当缩小窗格后会以□图标表示），便可切换到"幻灯片"窗格。在其中可以看到所有幻灯片的缩略图，单击某张幻灯片的缩略图，如图12-2所示，该幻灯片便会在编辑区中显示。

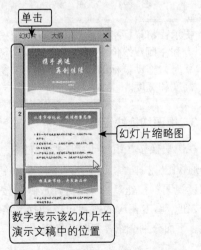

图12-2 "幻灯片"窗格

“大纲”窗格

在“幻灯片/大纲”窗格中单击“大纲”选项卡（当缩小窗格后会以图图标表示），在其中可以直接对每张幻灯片的内容进行编辑，如输入该幻灯片所要表达的主题，输入文本介绍等，如图12-3所示。

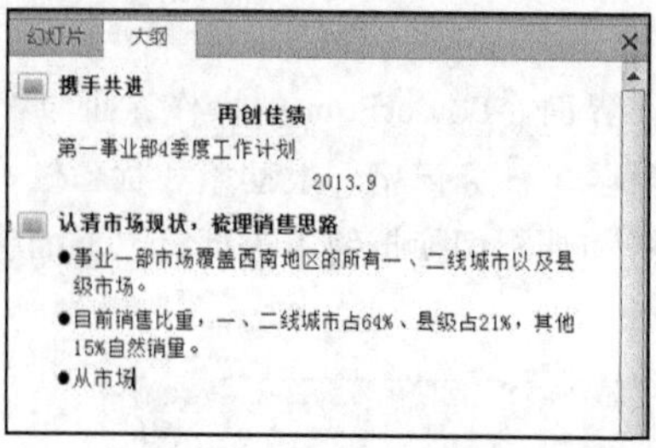

图12-3 “大纲”窗格

技巧：在“大纲”窗格中双击各标题左侧的图图标，可以折叠和展开该张幻灯片的正文内容。

2. “备注”窗格

“备注”窗格的功能是显示幻灯片的相关信息，以及在播放演示文稿时对幻灯片添加说明和注释，它位于幻灯片编辑区的下方，单击便可输入备注，如图12-4所示。

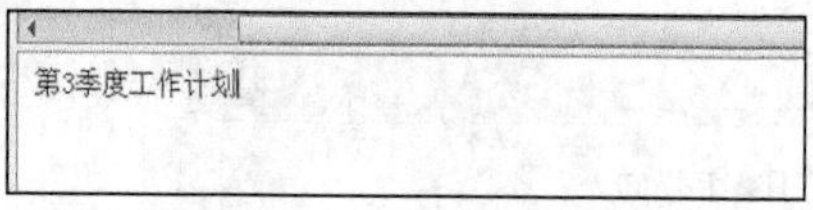

图12-4 “备注”窗格

提示：将鼠标指针移到“备注”窗格的上方和左侧双线位置，当其变为双向箭头形状时，拖动鼠标即可调整“备注”窗格的高度和宽度。

3. 视图切换按钮组

视图切换按钮组位于状态栏的右侧，包括“普通视图”按钮、“幻灯片浏览”按钮、“阅读视图”按钮、“幻灯片放映”按钮4个按钮，单击相应的按钮可以切换到各视图模式。下面分别介绍各视图的作用。

普通视图

普通视图是PowerPoint 2010默认的视图模式，打开演示文稿即进入普通视图，状态栏上的“普通视图”按钮呈按下状态。在普通视图模式下可以对幻灯片的总体结构进行调整，也可以对单张幻灯片进行编辑，还可为其添加备注。

幻灯片浏览视图

单击“幻灯片浏览”按钮即可进入幻灯片浏览视图，如图12-5所示。在该视图中可以浏览演示文稿中所有幻灯片的整体效果，并且可以对其进行整体的调整，如调整演示文稿的背景、移动或复制幻灯片等，但是不能编辑幻灯片中的具体内容。

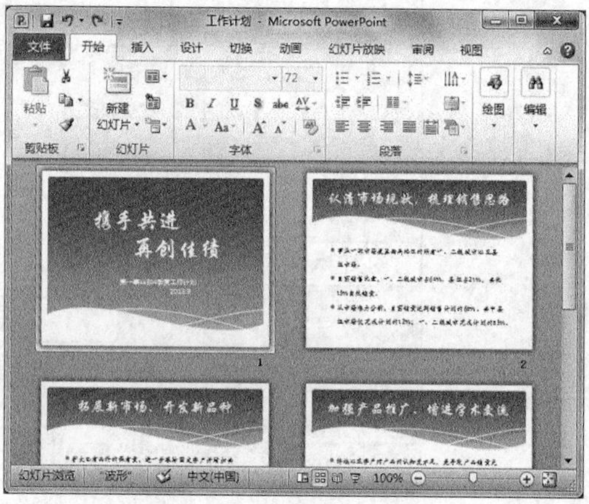

图12-5 幻灯片浏览视图

阅读视图

单击“阅读视图”按钮即可进入幻灯片阅读视图，如图12-6所示。在该视图中可以以窗口方式查看演示文稿放映效果。如果不想使用全屏的视图放映幻灯片，则可使用阅读视图。单击“上一张”按钮和“下一张”按钮便可切换幻灯片。

幻灯片放映视图

单击“幻灯片放映”按钮即可进入幻灯片放映视图，如图12-7所示。此时演示文稿中的幻灯片将以全屏形式动态放映，除可以浏

览每张幻灯片的放映情况外，还可以测试其中
插入的动画和声音效果等。

图12-6 阅读视图

图12-7 幻灯片放映视图

注意：进入幻灯片放映视图后，PowerPoint
2010的操作界面将会隐藏，按【Esc】键
可退出并返回操作界面。

技巧：在【视图】→【演示文稿视图】组
中单击相应的按钮也可切换到相应视图。

12.1.1 演示文稿的基本操作

制作演示文稿实际上就是对多张幻灯片进
行编辑后再将它们组织到一起的过程。打开、
关闭及保存PowerPoint演示文稿的方法与在
Word中进行相应的操作类似，这里主要介绍几
种新建演示文稿的方式，以及打开与保存演示
文稿的操作。

1. 新建空白演示文稿

启动PowerPoint 2010后，系统将自动新建
一个名为"演示文稿1"的空白演示文稿。如
果在编辑过程中还需要新建空白演示文稿，主
要有以下两种方法。

◎ 选择【文件】→【新建】命令，在中间列表
框中单击选中"空白演示文稿"图标，再
单击右侧的"创建"按钮。

◎ 按【Ctrl+N】键。

2. 利用样本模板创建演示文稿

PowerPoint 2010提供了相册、宣传手册和
培训样本模板，可以快速创建带有内容的演示
文稿，其具体操作如下。

❶ 选择【文件】→【新建】命令，在中间列表
框中单击"样本模板"图标。

❷ 在"可用的模板和主题"列表框中选择一种
模板样式，在右侧单击"创建"按钮，便
可创建该样本模板样式的演示文稿，如图
12-8所示。

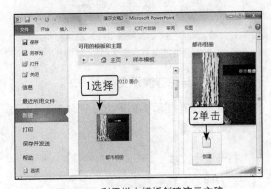

图12-8 利用样本模板创建演示文稿

3. 根据主题创建演示文稿

为了使创建的演示文稿具有统一的外观风
格，可使用PowerPoint 2010自带的主题创建演
示文稿，这样创建的演示文稿中各张幻灯片将
具有统一的背景、颜色和字体等，其具体操作
如下。

❶ 选择【文件】→【新建】命令，在中间列表
框中单击"主题"图标。

❷ 在"可用的模板和主题"列表框中选择一种

153

主题样式，在右侧单击"创建"按钮，便可创建该主题样式的演示文稿。

4. 根据现有内容创建演示文稿

如果需要创建的演示文稿与现有的某个演示文稿内容类似，可直接根据现有演示文稿内容进行创建，以减少工作量，其具体操作如下。

❶ 选择【文件】→【新建】命令，在中间列表框中单击"根据现有内容新建"图标，打开"根据现有演示文稿新建"对话框。

❷ 选择已有的演示文稿，并单击 新建(C) 按钮，如图12-9所示，即可新建一个与现有演示文稿内容相同的演示文稿。

图12-9 "根据现有演示文稿新建"对话框

5. 打开与保存演示文稿

打开和保存演示文稿的方法比较简单，下面分别简要介绍。

打开演示文稿

打开演示文稿的方法如下。

◎ 选择【文件】→【打开】命令或按【Ctrl+O】键，打开"打开"对话框，在左侧列表框中选择要打开的演示文稿所在的路径，然后在右侧列表框中选择要打开的演示文稿，单击 打开(O) 按钮，如图12-10所示。

保存演示文稿

保存演示文稿主要有直接保存和另存两种方式。

◎ 直接保存：选择【文件】→【保存】命令或

单击快速访问工具栏中的"保存"按钮，如果文档已被保存过，PowerPoint 将使用编辑过的内容替换过去保存的内容。如果文档是第一次保存，PowerPoint 会自动打开"另存为"对话框，让用户指定文件名以及保存位置。

◎ 另存为：对于保存过的文档，如果需要将其保存为其他格式或保存到其他位置，可以选择【文件】→【另存为】命令，在打开的"另存为"对话框中重新指定新的文件名称或保存位置，然后单击 保存(S) 按钮。

图12-10 打开演示文稿

> 提示：在"另存为"对话框中的"保存类型"下拉列表中选择"PowerPoint 97-2003演示文稿"选项，可以保存为与PowerPoint低版本兼容的演示文档。

6. 案例——根据主题新建演示文稿并保存

本例要求根据PowerPoint自带的"波形"主题新建演示文稿，然后保存为"年度工作会议"演示文稿。通过该案例的学习，读者应掌握新建和保存演示文稿的方法。

❶ 选择【开始】→【所有程序】→【Microsoft Office】→【Microsoft Office PowerPoint 2010】命令，启动PowerPoint 2010软件。

❷ 选择【文件】→【新建】命令，在中间列表框中单击"主题"图标。

❸ 在"可用的模板和主题"列表框中选择"波

形"主题样式，在右侧单击┗️按钮，根据该主题创建演示文稿，效果如图12-11所示。

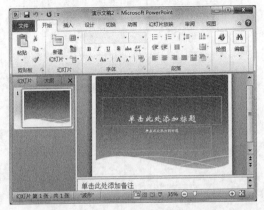

图12-11 根据主题创建的演示文稿

❹ 单击快速访问工具栏中的"保存"按钮🖫，打开"另存为"对话框，选择保存位置后在"文件名"列表框中输入"年度工作会议"，单击 保存(S) 按钮，如图12-12所示，完成创建和保存操作。

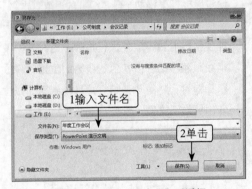

图12-12 设置"另存为"对话框

⏱️ 试一试

根据"PowerPoint 2010简介"样本模板新建演示文稿。

12.1.3 幻灯片的基本操作

一个完整的演示文稿通常是由多张幻灯片组成的，在制作演示文稿的过程中往往需要对多张幻灯片进行操作，如新建幻灯片、应用幻灯片版式、选择幻灯片、移动和复制幻灯片，以及删除幻灯片等。下面将分别进行介绍。

1. 新建幻灯片

当演示文稿中幻灯片的数量不能满足要求时，可以新建幻灯片。当新建空白演示文稿和根据主题新建演示文稿后，其中只有一张幻灯片，其他幻灯片都需要用户自行新建。新建幻灯片的方法主要有以下两种。

◎ **在"幻灯片/大纲"窗格中新建**：单击"幻灯片"或"大纲"选项卡，选择已有的幻灯片，单击鼠标右键，在弹出的快捷菜单中选择"新建幻灯片"命令即可。图12-13所示为在"幻灯片"窗格中新建幻灯片前后的效果。

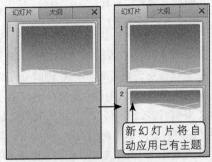

图12-13 新建幻灯片前后对比

◎ **通过【幻灯片】组新建**：在普通视图或幻灯片浏览视图中选择一张幻灯片，在【开始】→【幻灯片】组中单击"新建幻灯片"按钮🖼️下方的▾按钮，在打开的下拉列表中选择一种幻灯片版式即可新建，如图12-14所示。

图12-14 选择新建幻灯片的版式

技巧：直接单击"新建幻灯片"按钮▤或按【Ctrl+M】键，可以在当前幻灯片的后面插入一张新幻灯片，其版式默认为"标题和内容"。

2. 应用幻灯片版式

如果对新建的幻灯片版式不满意，需要设置为其他版式，可直接在【开始】→【幻灯片】组中单击"版式"按钮▤右侧的▾按钮，在打开的下拉列表中选择一种幻灯片版式，即可将其应用于当前幻灯片。

3. 选择幻灯片

通常情况下，在演示文稿编辑区中滚动鼠标滚轮或拖曳幻灯片编辑区右侧的垂直滚动条时，相应的幻灯片就已经被选择了，但是当演示文稿中有多张幻灯片时，如果要精确选择需要的幻灯片，有以下两种方法。

◎ **选择单张幻灯片**：在"幻灯片"窗格中单击幻灯片缩略图，或在"大纲"窗格中单击图标▤进行选择，如图12-15所示。

图12-15　选择单张幻灯片

◎ **选择多张幻灯片**：可以在幻灯片浏览视图或"幻灯片"窗格中按住【Shift】键选择多张连续的幻灯片，也可按住【Ctrl】键选择多张不连续的幻灯片，如图12-16所示。

提示：在PowerPoint中幻灯片以其对应的数字作为编号，用"第几张"表示其位置。

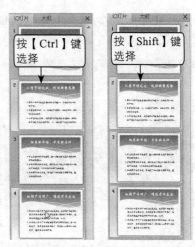

图12-16　选择多张幻灯片

4. 移动幻灯片

在Office 2010各组件中，移动对象通常采用"剪切"和"粘贴"命令实现，PowerPoint也不例外。移动幻灯片的常用方法主要有以下3种。

◎ **通过鼠标拖曳移动**：在"幻灯片"或"大纲"窗格中选择要移动的幻灯片缩略图，在其上按住鼠标左键不放并进行拖动，此时有一条横线跟随移动，当其到达所需的位置时释放鼠标即可，将第2张幻灯片移动到第3张位置的操作及效果，如图12-17所示。

图12-17　移动幻灯片前后对比

◎ **通过右键快捷菜单移动**：在"幻灯片"或"大纲"窗格中选择要移动的幻灯片，然后单击鼠标右键，在弹出的快捷菜单中选择"剪切"

命令，然后在目标位置幻灯片上单击鼠标右键，在弹出的快捷菜单中选择"粘贴"命令，可以将幻灯片移至目标幻灯片的下方。

◎ **在幻灯片浏览视图中移动**：在幻灯片浏览视图中选择要移动的幻灯片并按住鼠标左键不放进行拖动，此时有一条横线跟随移动，当到达所需的位置时释放鼠标即可，如图12-18所示。

图12-18 在幻灯片浏览视图中移动幻灯片

5. 复制幻灯片

复制幻灯片的操作与移动幻灯片相似，同样有以下3种方法。

◎ **通过鼠标拖曳复制**：在"幻灯片"或"大纲"窗格中选择要复制的幻灯片缩略图，按住鼠标左键不放进行拖动，并同时按住【Ctrl】键，此时有一条横线跟随移动，当到达所需的位置时释放鼠标即可，如图12-19所示。

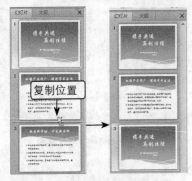

图12-19 复制幻灯片前后对比

◎ **通过右键快捷菜单复制**：在"幻灯片"窗格中选择要复制的幻灯片，然后单击鼠标右键，在弹出的快捷菜单中选择"复制幻灯片"命令，可以在当前位置复制一张选择的幻灯片。如果要复制到其他位置，则在"幻灯片"或"大纲"窗格中选择要复制的幻

灯片，然后单击鼠标右键，在弹出的快捷菜单中选择"复制"命令，然后在目标位置幻灯片上单击鼠标右键，在弹出的快捷菜单中选择"粘贴"命令进行复制。

◎ **在幻灯片浏览视图中复制**：在幻灯片浏览视图中选择要移动的幻灯片，按住【Ctrl】键不放并拖动鼠标，此时有一条横线跟随移动，当到达所需的位置时释放鼠标即可。

> ⓘ 技巧：在"幻灯片"和"大纲"窗格，或者幻灯片浏览视图中选择幻灯片后，按【Ctrl+X】键可以剪切幻灯片或按【Ctrl+C】键可以复制幻灯片，然后在目标位置按【Ctrl+V】键粘贴。

6. 删除幻灯片

在"幻灯片"窗格、"大纲"窗格或幻灯片浏览视图中删除幻灯片的方法基本相同，主要有以下3种。

◎ 选择要删除的幻灯片，然后单击鼠标右键，在弹出的快捷菜单中选择"删除幻灯片"命令。

◎ 选择要删除的幻灯片，按【Delete】键。

◎ 选择要删除的幻灯片，按【Backspace】键。

7. 案例——调整"工作汇报"演示文稿结构

本例要求打开"工作汇报"演示文稿，然后将第3张幻灯片移至第2张幻灯片前面，复制第4张幻灯片并修改复制后幻灯片的版式为"双栏内容"，然后在所有幻灯片最后新建一张"仅标题"版式的幻灯片。通过该案例的学习，读者应掌握添加、移动、复制幻灯片及应用幻灯片版式的方法。

素材\第12课\课堂讲解\工作汇报.pptx
效果\第12课\课堂讲解\工作汇报.pptx

❶ 选择【文件】→【打开】命令，打开"工作汇报.pptx"演示文稿。

❷ 单击"幻灯片"选项卡，在"幻灯片"窗格

中选择第3张幻灯片，在其上按住鼠标左键不放，将其拖动至第2张幻灯片前面，如图12-20所示，释放鼠标后将移动幻灯片的位置。

表中选择"两栏内容"幻灯片版式，修改该幻灯片的版式，如图12-22所示。

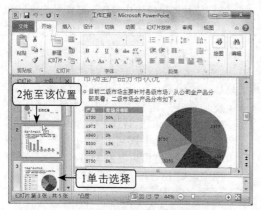

图12-20　移动幻灯片位置

❸ 在"幻灯片"窗格中选择第4张幻灯片，单击鼠标右键，在弹出的快捷菜单中选择"复制幻灯片"命令，如图12-21所示，在当前位置复制一张相同幻灯片。

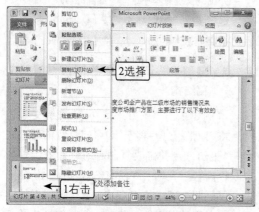

图12-21　在当前位置复制幻灯片

❹ 此时默认选择的是复制后生成的第5张幻灯片，在【开始】→【幻灯片】组中单击"版式"按钮右侧的按钮，在打开的下拉列

图12-22　修改复制幻灯片的版式

❺ 选择最后一张幻灯片，在【开始】→【幻灯片】组中单击"新建幻灯片"按钮下方的按钮，在打开的下拉列表中选择"仅标题"幻灯片版式，新建一张幻灯片，效果如图12-23所示，然后保存演示文稿，完成本例的操作。

图12-23　新建幻灯片效果

⏱ 试一试

新建一篇空白演示文稿，为其添加5张空白幻灯片，并为添加的幻灯片应用不同的版式。

12.2 上机实战

本课上机实战将根据模板新建"产品相册"和编辑"总结"演示文稿，综合练习本课所学习的知识点。

上机目标：

◎ 熟练掌握根据样本模板创建演示文稿的方法；

◎ 熟练掌握保存和打开演示文稿的方法；

◎ 熟练掌握应用幻灯片版式的方法；

◎ 熟练掌握选择、移动、复制和删除幻灯片的方法。

建议上机学时：1学时。

12.2.1 根据模板新建"产品相册"文稿

1. 操作要求

本例要求利用"现代型相册"创建演示文稿。通过本例的操作，读者应熟练掌握新建和保存演示文稿，以及应用幻灯片版式的操作，具体操作要求如下。

◎ 通过"现代型相册"创建演示文稿。

◎ 在首张幻灯片后面新建一张"两横栏（带标题）"幻灯片，为第3张幻灯片应用幻灯片版式"全景（带标题）"。

◎ 删除第5张幻灯片。

◎ 保存演示文稿为"产品相册"。

2. 专业背景

对于企业来说，产品相册主要用于宣传和展示产品，常以图片为主，少用文字，往往还需要对图片进行排列和添加各种效果，以突出产品特点。

PowerPoint提供了很多相册类模板，根据它可以快速创建相册类演示文稿，然后再替换其中的图片和文字内容便可。

3. 操作思路

根据上面的操作要求，本例将根据模板创建演示文稿并添加幻灯片演示等，其操作思路如图12-24所示。在操作过程中需要注意的是，使用样本模板创建演示文稿后，幻灯片的版式样式会随同模板发生变化，因此选择的模板不一样，可选择应用的幻灯片版式也各不相同。

（1）选择模板新建演示文稿

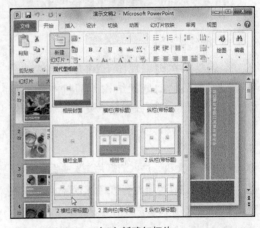

（2）新建幻灯片

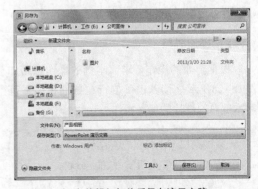

（3）编辑幻灯片后保存演示文稿

图12-24 根据模板新建"产品相册"的操作思路

效果\第12课\上机实战\产品相册.pptx
演示\第12课\根据模板新建"产品相册"
文稿.swf

本例的主要操作步骤如下。

❶ 选择【文件】→【新建】命令，根据"现代型相册"模板创建演示文稿。

❷ 在"幻灯片"窗格中选择第1张幻灯片，单击"新建幻灯片"按钮，在打开的下拉列表中选择"两横栏（带标题）"幻灯片版式。

❸ 选择第3张幻灯片，单击"版式"按钮，选择并应用幻灯片版式为"全景（带标题）"。

❹ 选择第5张幻灯片，利用右键菜单进行删除。

❺ 通过选择【文件】→【保存】命令，保存演示文稿为"产品相册"。

12.2.2 浏览和调整"总结"文稿

1．操作要求

本例要求在浏览视图下浏览并调整"总结"演示文稿的幻灯片结构。通过本例的操作，读者应熟练掌握打开演示文稿、添加幻灯片、复制和移动幻灯片的操作，具体操作要求如下。

◎ 打开演示文稿，进入幻灯片浏览视图。
◎ 将第3张幻灯片调整至第2张幻灯片前面，将第6张幻灯片调整至最后面。
◎ 将第3张幻灯片复制一张到第6张后面。
◎ 在最后新建一张空白幻灯片。

2．操作思路

根据上面的操作要求，本例的操作思路如图12-25所示。读者也可自行在普通视图下练习本例对幻灯片的编辑操作。

素材\第12课\上机实战\总结.pptx
效果\第12课\上机实战\总结.pptx
演示\第12课\浏览和调整"总结"文稿.swf

（1）调整幻灯片顺序

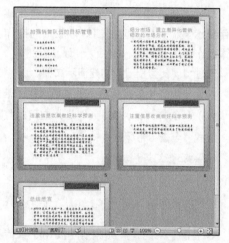
（2）复制幻灯片并应用版式

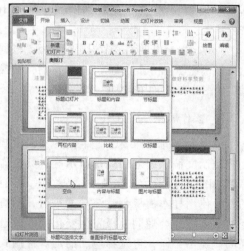
（3）新建空白幻灯片

图12-25　浏览和调整"总结"演示文稿的操作思路

本例的主要操作步骤如下。

❶ 选择【文件】→【打开】命令，打开"总结.pptx"演示文稿。

❷ 切换到幻灯片浏览视图，利用拖动鼠标法将第3张幻灯片调整至第2张幻灯片前面，将第

6张幻灯片调整至最后面，将第3张幻灯片复制一张到第6张后面。

❸ 单击最后一张幻灯片的后面，利用"新建幻灯片"按钮📄新建一张空白幻灯片。

❹ 保存演示文稿。

12.3 常见疑难解析

问：不小心将"幻灯片/大纲"窗格关闭了，该怎样恢复显示呢？

答：在状态栏右侧单击"普通视图"按钮🔲，便可将"幻灯片/大纲"窗格再次显示出来，也可在【视图】→【演示文稿视图】组中单击"普通视图"按钮▦。

- -

问：可以将制作好的演示文稿保存为模板吗？保存后怎样查看呢？

答：可以将制作好的演示文稿保存为模板，方法是选择【文件】→【保存】命令，打开"另存为"对话框，单击"保存类型"下拉列表框的下拉按钮▾，在打开的下拉列表中选择"PowerPoint模板（*.pptx）"选项，此时保存位置将自动切换到PowerPoint安装文件的保存模板位置，单击 保存(S) 按钮完成保存。保存后选择【文件】→【新建】命令，单击"我的模板"图标👤，在打开的对话框中即可查看保存的模板，并可根据模板创建演示文稿。

- -

问：从其他演示文稿中复制幻灯片到当前演示文稿后会自动应用当前主题，怎样使复制后的幻灯片保持原来的主题不变呢？

答：在目标演示文稿中选择幻灯片后进行复制操作，然后在当前演示文稿的【开始】→【剪贴板】组中单击"粘贴"按钮📋下方的▾按钮，在打开的下拉列表中单击"保持源格式"按钮▦，即可使复制后的幻灯片保持原来的主题样式。

- -

12.4 课后练习

（1）启动PowerPoint 2010，指出各部分的名称。

（2）利用PowerPoint 2010新建一篇空白演示文稿，并将其以"公司简介"为名进行保存，然后为其添加4张版式各不相同的幻灯片，将第2张幻灯片移动到最后，并复制第1张幻灯片。

（3）利用"宣传手册"样本模板新建演示文稿，删除其中的第2～3张幻灯片，并在最后面添加一张"节标题"幻灯片，再对其应用"空白"版式，在浏览视图下进行浏览后保存为"手册"演示文稿。

效果\第12课\课后练习\手册.pptx
演示\第12课\创建"手册"演示文稿.swf

第13课
制作与编辑幻灯片

学生：老师，我已经学会了如何创建演示文稿，以及新建和删除幻灯片，可是新建的幻灯片看起来没什么内容，我可以向幻灯片里面添加内容吗？

老师：当然可以，你不仅可以输入幻灯片文本，还可以通过添加背景、各种图形对象和多媒体文件来丰富幻灯片的内容。

学生：看来 PowerPoint 的功能十分强大，我需要认真学习和掌握。

老师：是的，除了可以插入这些内容，我们还可以通过对它们进行编辑和美化，使制作出来的演示文稿更加生动、形象。

学生：原来漂亮的幻灯片都是这么做出来的！老师，您赶快教我制作与编辑幻灯片的方法吧。

学习目标

▶ 掌握输入与编辑文本的方法

▶ 掌握设置背景的方法

▶ 掌握插入各种图形对象的方法

▶ 掌握插入多媒体的方法

13.1 课堂讲解

本课堂将讲述在幻灯片中输入并编辑文本，设置幻灯片背景，插入并编辑图形和图表对象，插入媒体文件等知识。通过相关知识点的学习和案例的制作，读者可以熟悉输入与设置文本格式的操作，并掌握设置幻灯片背景，插入艺术字、图片、剪贴画、相册、图形、SmartArt图形、表格、图表、声音和影片的方法。

13.1.1 输入并编辑文本

文本是幻灯片的重要组成部分，无论是演讲类、报告类还是形象展示类的演讲文稿，制作与编辑幻灯片的操作过程都离不开文本的输入与编辑。下面将介绍在幻灯片中输入文本和设置文本格式的操作方法。

1. 输入文本

在幻灯片中可以通过占位符、文本框和大纲3种方法输入文本，下面分别进行介绍。

在占位符中输入文本

新建演示文稿或插入新幻灯片后，其中都会出现包含两个或多个的虚线框，这类虚线框被称为占位符。占位符大致可以分为以下两种。

◎ **文本占位符**：用于放置标题和正文等文本内容，在幻灯片中显示为"单击此处添加标题"或"单击此处添加文本"。占位符中原有的文本并不是系统自动输入的文本内容，而是对用户的一种提示。只需要单击占位符，这些文本就会自动消失，并显示出光标，即可输入文本内容，如图13-1所示。

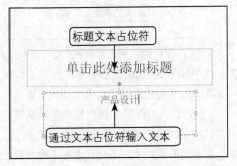

图13-1 文本占位符

◎ **项目占位符**：在其中单击选择相应的图标，

如图13-2所示，可以插入图片、表格、图表或媒体文件等对象。

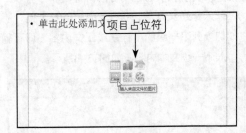

图13-2 项目占位符

> 提示：在幻灯片中选择、改写、移动和复制文本的方法与Word文档中的文本修改操作基本相同。

通过文本框输入文本

幻灯片中，除了可以在占位符中输入文本，还可以在空白位置绘制文本框进行文本的添加。在幻灯片中绘制文本框有以下两种方法。

◎ 在【开始】→【绘图】组单击"形状"列表框右侧的▼按钮，在打开的下拉列表中单击"横排文本框"按钮▣或"竖排文本框"按钮▣，当鼠标指针变为↓形状时，单击需添加文本的空白位置，就会出现一个文本框，在其中输入文本即可。

◎ 在【插入】→【文本】组单击"文本框"按钮下方的▼，在打开的下拉列表中选择"横排文本框"按钮▣或"竖排文本框"按钮▣，在空白位置单击鼠标即可插入文本框并输入文本。

> 提示：如要改变文本框的大小，可用鼠标拖曳文本框的8个控制柄进行调整。

通过大纲输入文本

通过大纲输入文本是一种特殊的文本输入方式。方法是：单击"大纲"选项卡，打开"大纲"窗格，将鼠标指针定位到幻灯片图标后面并单击，显示出光标后即可输入文本。

幻灯片中的文本分为一级标题、二级标题和正文等，直接输入的文本一般都被显示为标题。为了突出文本的层次关系，可使用一些按键操作来实现，其方法分别如下。

◎ 输入标题文本后，按【Ctrl+Enter】键，将切换到下一级的小标题或正文内容，即可输入下一级文本内容，如图13-3所示。

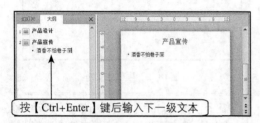

图13-3 输入下一级文本

◎ 将鼠标光标定位到文本中，按【Tab】键，可将该文本降一级；按【Shift+Tab】键，则可将该文本升一级，如图13-4所示。

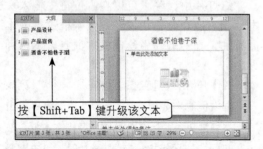

图13-4 升级文本

◎ 在输入同一级内容时，按【Shift+Enter】键可以换行。

2. 编辑文本格式

在PowerPoint中为了使幻灯片的字体、字号、颜色及特殊效果等显得更加美观，可以通过"字体"组和"字体"对话框来设置文本格式。

◎ 选择需要调整的文本内容，在【开始】→【字体】组对字体 Calibri (正文) 、字号 32 ，以及

加粗、倾斜、下划线等文本效果进行设置。

◎ 选择需要调整的文本内容，单击鼠标右键，在弹出的快捷菜单中选择"字体"命令，在打开的"字体"对话框中进行字体格式的设置，如图13-5所示。

图13-5 "字体"对话框

3. 插入并编辑艺术字

在PowerPoint中选中输入的文本，然后在【绘图工具】→【格式】→【艺术字样式】组中单击 按钮，在打开的下拉列表中可以选择应用一种艺术字效果。

另外，还可以插入并编辑所需的艺术字，其具体操作如下。

❶ 选择某张幻灯片，在【插入】→【文本】组中单击"艺术字"按钮 A 下方的 按钮，在打开的下拉列表中选择艺术字样式选项。

❷ 随后将出现一个提示文本框，将文本框移动到合适位置，单击输入文本即可，如输入标题文本"产品宣传"，如图13-6所示。

图13-6 插入艺术字文本

❸ 选中输入的艺术字文本内容，在【绘图工具】→【格式】→【艺术字样式】组中单击 按钮，在打开的下拉列表中可以选择修改艺术字的样式选项，如图13-7所示。

❹ 在【绘图工具】→【格式】→【形状样式】组中单击 按钮，在打开的下拉列表中可以选择修改艺术字文本框的的形状样式。

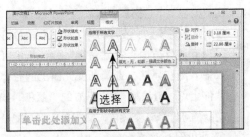

图13-7　修改艺术字样式

4. 案例——制作"诗词欣赏"演示文稿

本例要求通过输入文本，编辑文本格式，插入并编辑文本框，插入并编辑艺术字等操作来输入"诗词欣赏"演示文稿中的内容。通过该案例的学习，读者应掌握在幻灯片中输入并编辑文本的方法。最终效果如图13-8所示。

图13-8　最终效果

效果\第13课\课堂讲解\诗词欣赏.pptx

❶ 启动PowerPoint，新建一篇空白演示文稿，将其保存为"诗词欣赏"演示文稿，选择第1张幻灯片，在"大纲"窗格中单击输入标题"诗词欣赏"，按【Ctrl + Enter】键换行，继续输入"第一课"，如图13-9所示。

图13-9　输入文本

❷ 选中"诗词欣赏"文本，在【绘图工具】→【格式】→【艺术字样式】组中单击▼按钮，在打开的下拉列表中选择"应用于所选文字"栏下的"填充-无，轮廓-强调文字颜

色2"选项，如图13-10所示。

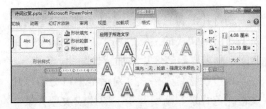

图13-10　选择艺术字样式

❸ 新建一张幻灯片，删除其中的占位符，在【插入】→【文本】组中单击"艺术字"按钮 ◢ 下方的▼按钮，在打开的下拉列表中选择艺术字样式"填充-蓝色，轮廓-强调文字颜色1"选项，将提示文本框移动到合适位置，单击输入文本"小池"。

❹ 在【开始】→【绘图】组中单击"竖排文本框"按钮▦，当鼠标指针变为↓形状时，绘制一个文本框并输入古诗正文，如图13-11所示。

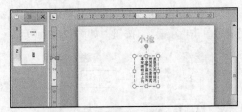

图13-11　用竖排文本框输入文本

❺ 选择古诗正文文本，单击鼠标右键，在弹出的快捷菜单中选择"字体"命令，打开"字体"对话框，在"中文字体"下拉列表框中选择"隶书"选项，在"大小"列表框中选择"32"选项，单击 确定 按钮，如图13-12所示，完成本例制作。

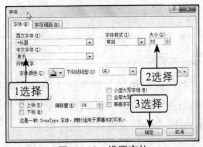

图13-12　设置字体

⏱ **试一试**

插入第3张幻灯片，参考本例的方法再输入和编辑一首诗词幻灯片内容。

13.1.2 设置幻灯片背景

幻灯片的背景在默认情况下都是白色的，为了与演示文稿的主题、内容、放映场合等相匹配，则需要给幻灯片添加背景图片。

在"设置背景格式"对话框中可为幻灯片设置纯色背景、渐变背景、图片或纹理背景、图案背景，打开该对话框有以下两种方法。

◎ 在【设计】→【背景】组中单击 背景样式▼ 按钮。

◎ 在需要设置背景的幻灯片编辑区的空白处单击鼠标右键，在弹出的快捷菜单中选择"设置背景格式"命令。

1. 设置纯色背景

打开"设置背景格式"对话框后，在"填充"栏中选中◎ 纯色填充(S)单选项，然后单击"颜色"按钮 ▲▼ ，在打开的下拉列表中选择一种颜色，即可为幻灯片设置纯色填充背景，完成后单击 关闭 按钮，如图13-13所示。

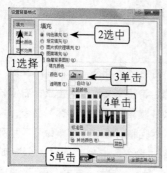

图13-13　设置纯色背景

技巧：单击 全部应用(L) 按钮，可以将背景应用于所有幻灯片。

---

2. 设置渐变背景

由两种或两种以上的颜色，通过均匀过渡并呈现出特定的底纹样式的填充效果称为渐变色。设置渐变色背景的具体操作如下。

❶ 打开"设置背景格式"对话框，在"填充"栏中选中◎ 渐变填充(G)单选项，然后单击"预设颜色"按钮 ▲▼ ，在打开的下拉列表中选择一种预设的渐变色样式。

❷ 在"类型"下拉列表中可以选择"线性"、"射线"等类型，在"方向"下拉列表中可以设置线性方向，在"角度"数值框中可以输入渐变角度，选择渐变光圈上的各个"停止点"滑块 ，单击下方的"颜色"按钮 ▲▼ 可选择渐变颜色，从而自定义渐变颜色。如图13-14所示。

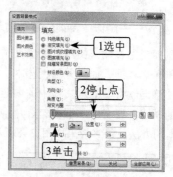

图13-14　设置渐变背景

3. 设置图片或纹理背景

幻灯片的背景还可以使用电脑中的图片或纹理进行设置，其具体操作如下。

❶ 打开"设置背景格式"对话框，在"填充"栏中选中◎ 图片或纹理填充(P)单选项，单击"纹理"下拉按钮 ▼ ，在打开的下拉列表中选择合适的纹理样式。

❷ 单击"插入自"下方的 文件(F)... 按钮，打开"设置背景格式"对话框，选择插入的图片，单击 打开(O) ▼ 按钮即可插入图片。

❸ 通过对话框下方的参数区可以对图片或纹理的偏移量、缩放比例、对齐方式、镜像类型、透明度等进行设置，如图13-15所示。

图13-15　设置图片或纹理背景

4. 设置图案背景

在"设置背景格式"对话框中单击选中 ◎ 图案填充(A)单选项，在列表框中选择合适的图案背景，通过下方的"前景色"按钮和"背景色"按钮可以设置图案颜色，如图13-16所示。

图13-16 设置图案背景

5. 案例——设置"公司形象展"演示文稿的背景

本例要求分别用3种方式为"公司形象展"演示文稿中的前3张幻灯片设置不同的背景，效果如图13-17所示。通过该案例的学习，读者应掌握设置幻灯片各种效果背景的方法。

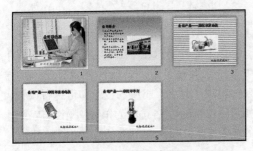

图13-17 最终效果

素材\第13课\课堂讲解\公司形象展.pptx
效果\第13课\课堂讲解\公司形象展.pptx

❶ 打开"公司形象展"演示文稿，选择首页幻灯片，在【设计】→【背景】组中单击 背景样式 按钮，打开"设置或纹理填充"对话框。

❷ 在"填充"栏中选中 ◎ 图片或纹理填充(P)单选项，单击"插入自"下方的 文件(F)... 按钮，在打开的对话框中选择插入图片"办公.jpg"，单击 打开(O) 按钮。

❸ 返回"设置背景格式"对话框，单击 关闭 按钮，效果如图13-18所示。

图13-18 插入图片背景

❹ 选择第2张幻灯片，再次打开"设置背景格式"对话框，在"填充"栏中选中 ◎ 渐变填充(G)单选项，设置渐变光圈上的"停止点1"滑块的位置为0%，颜色为青绿色，如图13-19所示，"停止点2"滑块的位置为100%，颜色为天蓝色。

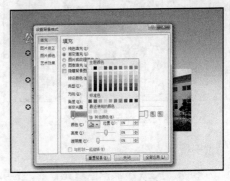

图13-19 设置颜色

❺ 其他选项为默认设置，单击 关闭 按钮，效果如图13-20所示。

图13-20 插入渐变背景

❻ 选择第3张幻灯片，打开"设置背景格式"对话框，在"填充"栏中选中 ◉ 图案填充(A) 单选项，在列表框中选择"深色横线"选项，如图13-21所示。

图13-21　选择图案选项

❼ 单击"前景色"按钮 🎨▾ ，在打开的下拉列表中选择颜色为"白色，背景1，深色35%"。背景色为默认颜色，单击 关闭 按钮，效果如图13-22所示，完成本例的操作。

图13-22　图案背景效果

⏱ 试一试

为第4张幻灯片添加橙色填充背景，为第5张幻灯片添加一种预设的渐变背景。

13.1.3　插入并编辑图形和图表对象

图形与表格的使用不仅能使幻灯片图文并茂，还能引起观众的共鸣。在幻灯片中可以插入外部图片，还可以插入剪贴画、相册、图形、SmartArt图形、表格和图表等对象。

1. 插入并编辑图片

在幻灯片中可以插入外部图片并进行编辑，以达到需要的效果。

✏ 插入图片

插入图片主要有以下两种方法。

◎ 单击项目占位符中的"插入来自文件的图片"按钮 🖼，如图13-23所示，打开"插入图片"对话框，在其中选择需要插入的图片，单击 打开(O) ▾ 按钮。

◎ 在【插入】→【图像】组中单击"图片"按钮 🖼，可在打开的对话框中设置并插入图片。

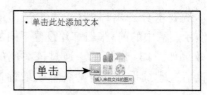

图13-23　插入图片

✏ 编辑图片

选中图片后，在【图片工具】→【格式】中单击"调整"组、"图片样式"组、"排列"组和"大小"组中的按钮即可进行设置，如图13-24所示。各选项的作用及操作与Word中的基本相同，可参见第4课的讲解进行学习。

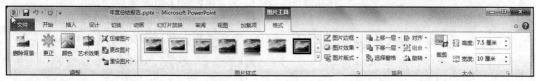

图13-24　图片的"格式"选项卡

2. 插入并编辑剪贴画

PowerPoint 2010提供了大量专业设计的剪贴画，包括风景、人物、动物、植物、建筑、运动和科技等类型，主要用于美化幻灯片的外观。

插入剪贴画

插入剪贴画的具体操作如下。

❶ 在【插入】→【图像】组中单击"剪贴画"按钮，打开"剪贴画"任务窗格。

❷ 在打开的"剪贴画"任务窗格中单击"结果类型"右侧的按钮，在打开的下拉列表中只选中"插图"复选框，然后单击 搜索 按钮。如图13-25所示。

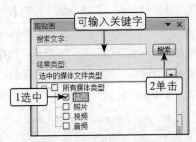

图13-25 "剪贴画"任务窗格

❸ 在"搜索结果"列表框中选择需要的剪贴画，单击即可插入到幻灯片中。

编辑剪贴画

编辑剪贴画和编辑图片的方法基本相同。选中剪贴画，在【图片工具】→【格式】中单击"调整"组、"图片样式"组、"排列"组和"大小"组中的按钮可调整剪贴画颜色、添加图片样式、设置排列顺序和调整大小。

3. 插入并编辑相册

在PowerPoint 2010中需要插入批量图片或制作相册时，可利用相册的插入功能创建电子相册并对其进行设置，其具体操作如下。

❶ 在【插入】→【图像】组中单击 相册 按钮，在打开的下拉列表中选择"新建相册"命令，如图13-26所示。

图13-26 新建相册

❷ 在打开的"相册"对话框中单击"相册内容"栏下的 文件/磁盘(F)... 按钮，打开"插入新图片"对话框。

❸ 在地址栏中选择图片所在位置，在图片列表框中选择要插入的多张图片，或按【Ctrl+A】键选择全部图片，单击 插入(S) 按钮，如图13-27所示。

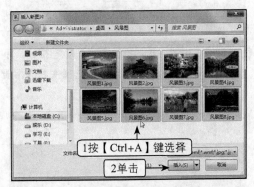

图13-27 选择插入图片

❹ 返回"相册"对话框，在"相册版式"栏下的"图片版式"下拉列表中选择每页幻灯片的版式，在"相框形状"下拉列表中选择相框样式，如图13-28所示。

❺ 单击"相册版式"栏下"主题"文本框后的 浏览(B)... 按钮。

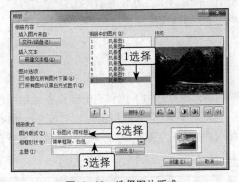

图13-28 选择图片版式

❻ 打开"选择主题"对话框，在下方的主题列表中选择一个需要的相册主题，单击 选择 按钮，如图13-29所示。

> 提示：在"相册"对话框的"预览"框下方有一组按钮，通过单击这些按钮可以调整图片的显示方向、灰度和明暗度。

图13-29 选择主题

❼ 返回"相册"对话框，单击 创建(C) 按钮。系统即可自动创建一个应用所选择主题的相册演示文稿。效果如图13-30所示。

图13-30 创建的相册

4. 插入并编辑形状图形

当没有合适的外部图片时，通过绘制形状图形能帮助制作者更好地阐述幻灯片的内容，使幻灯片的结构更加清晰明了。

插入形状

在【插入】→【插图】组中单击"形状"按钮，在打开的下拉列表中选择各种绘图样式，如图13-31所示，当鼠标指针变成十形状时，按住鼠标左键不放，并拖动鼠标，即可在幻灯片合适位置绘制出形状图形。

图13-31 选择绘图样式

编辑形状

插入形状后，在【绘图工具】→【格式】选项卡中可对其大小和外观等进行编辑，还可为其添加或更换不同的样式。该选项卡中的【艺术字样式】组、【排列】组、【大小】组的作用与设置方法与前面介绍的图片工具的格式设置类似，下面主要介绍其他各组的操作。

◎ 【插入形状】组：选择绘制的形状，单击"编辑形状"按钮，在打开的下拉列表中选择"更改形状"下的形状样式，可在现有的图形上更换样式，如图13-32所示。选择"编辑顶点"选项，拖动图形四周出现的控制柄则可改变其形状。

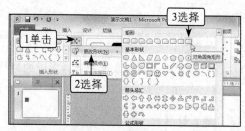

图13-32 更改形状样式

◎ 【形状样式】组：单击列表框旁的下拉按钮，在打开的下拉列表中选择图形样式选项，也可单击右侧的按钮自定义形状填充、形状轮廓和形状效果等。

◎ 【艺术字样式】组：可通过该组为插入形状中的文字设置艺术字效果。

◎ 【排列】组：设置多个重叠的图形的上下位置排列、可见性、对齐、组合和旋转。

◎ 【大小】组：设置图形宽度和高度的数值。

5. 插入并编辑SmartArt图形

PowerPoint 2010中的SmartArt图形可以直观地说明图形内各个部分的关系，使人一目了然地了解所要表达的核心内容。

插入SmartArt图形

插入SmartArt图形的具体操作如下。

❶ 在【插入】→【插图】组中单击"SmartArt"按钮，打开"选择SmartArt图形"对话框。

❷ 在对话框左侧单击选择SmartArt图形的类型，如选择"列表"选项卡，在对话框右侧的列表中选择样式，如选择"图片题注列表"选项，单击 确定 按钮，如图13-33所示。

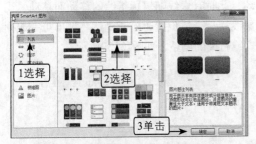

图13-33　选择SmartArt图形类型和样式

❸ 返回幻灯片，在自动打开的"在此处键入文字"窗格中输入文本，文档中的结构图中将同步显示输入的文本，也可以在SmartArt图形中单击需要输入文本的形状，再输入相应文本，"在此处键入文字"窗格也将同步显示输入的文本，如图13-34所示。

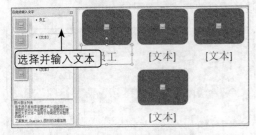

图13-34　添加SmartArt图形文本

❹ 完成后在编辑区外的文档其他位置单击鼠标，取消SmartArt图形的选中状态，即可查看效果。

编辑SmartArt图形

插入SmartArt图形后，在【SmartArt工具】→【设计】选项卡中通过【创建图形】组、【布局】组、【SmartArt样式】组、【重置】组可对其样式进行编辑。具体操作与Word中类似，参见第4课相关的内容进行学习。

6. 插入并编辑表格

表格是由多个单元格按行、列的方式组合而成，在PowerPoint 2010中表格的制作十分方便，不仅可以插入表格，还可以对表格进行各种编辑和美化操作，下面将具体进行讲解。

插入表格

在幻灯片中插入表格，有以下两种方法。

◎ **自动插入表格**：将插入点定位到需插入表格的位置，在【插入】→【表格】组中单击"表格"按钮 ，在打开的下拉列表中拖动鼠标指针，直到达到需要的表格行列数，如图13-35所示。释放鼠标即可在插入点位置插入表格。

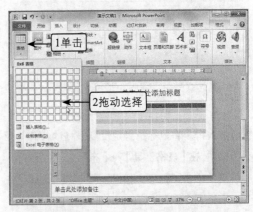

图13-35　通过"表格"按钮插入表格

◎ **手动绘制表格**：在"表格"下拉列表中选择"绘制表格"选项。此时鼠标指针变成 ∥ 形状，在需要插入表格处按住鼠标左键不放并拖动，会出现一个虚线框显示的表格，拖动鼠标调整虚框到适当大小后释放鼠标，即可绘制出表格的边框。然后在【表格工具】→【设计】→【绘制边框】组中单击"绘制表格"按钮，在绘制的边框中按住鼠标左键横向或纵向拖动出现一条虚线，释放鼠标即可在表格中画出横线或列线，从而将绘制的边框分成若干个单元格，如图13-36所示。

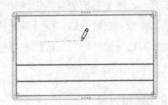

图13-36　绘制表格行列线

输入表格内容并调整表格

插入表格后即可在其中输入文本和数据等内容，并可根据需要对表格进行合并、拆分单元格以及插入、删除行或列等调整。

◎ **输入文本和数据**：将鼠标光标定位到单元格中，即可输入文本和数据。

◎ **选择行**：将鼠标指针移至插入的表格左侧，当鼠标指针变为 ➡ 形状时，单击鼠标左键即可选择该行，如图 13-37 所示。

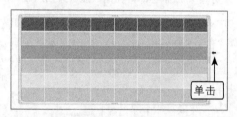

图13-37 选择行

◎ **插入行**：将鼠标指针定位到表格的任意单元格中，在【表格工具】→【布局】→【行和列】组中单击"在下方插入"按钮 ，即可在表格下方插入一行。

◎ **删除行**：选择多余的行，在【表格工具】→【布局】→【行和列】组中单击"删除"按钮 ，在打开的下拉列表中选择"删除行"选项。

◎ **合并单元格**：选择要合并的单元格，在【表格工具】→【布局】→【合并】组中单击"合并单元格"按钮 ，如图 13-38 所示。

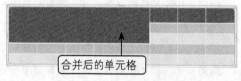

合并后的单元格

图13-38 合并单元格

◎ **拆分单元格**：选择要拆分的单元格，单击鼠标右键，在弹出的快捷菜单中选择"拆分单元格"命令，在打开的"拆分单元格"对话框的"列数"和"行数"数值框中分别输入数值，单击 确定 按钮。

调整行高和列宽

在绘制表格的过程中，为使表格整齐美观，往往需要调整表格的行高和列宽。

将鼠标指针移到表格中需要调整列宽或行高的单元格分隔线上。当鼠标指针变为 ＋ 或 ÷ 形状时，按住鼠标左键不放向左右或上下拖动，此时有虚线随鼠标指针的移动而移动，当虚线移至合适位置时松开鼠标左键即可完成列宽或行高的调整，如图13-39所示。

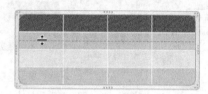

图13-39 调整行高

美化表格

为表格添加一些其他样式，可使表格显得更加专业和美观。

在【表格工具】→【设计】→【表格样式】组中单击 按钮展开样式列表，在列表中选择需要的样式，如图13-40所示。

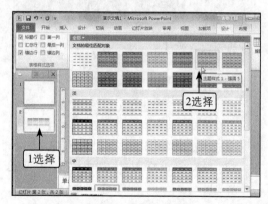

图13-40 套用表格样式

7. 插入并编辑图表

在PowerPoint中可直接将数据的说明和对比通过图表的形式表现出来，以增强幻灯片内容的说服力。

插入图表

图表可以简单地展示出数据之间的关系，其具体操作如下。

❶ 在【插入】→【插图】组中单击"图表"按

钮 📊，打开"插入图表"对话框。

❷ 在打开的"插入图表"对话框的左侧单击选择图表类型，如选择"柱状图"选项卡，在对话框右侧的列表中选择一种样式，如选择"堆积柱形图"选项，单击 确定 按钮，如图13-41所示。

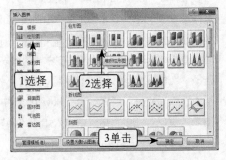

图13-41 选择图表类型

❸ 插入图表后将打开"Microsoft PowerPoint中的图表"窗口，其中的表格和Excel中的表格类似，在该数据表中输入如图13-42所示的数据。输入完毕后关闭图表窗口即可。

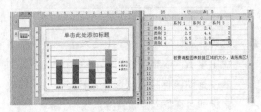

图13-42 输入图表数据

调整并编辑图表

通常直接插入的图表的大小、位置、数据和格式不一定符合要求，用户可根据需要改变图表的设置，其方法如下。

◎ **改变图表大小**：选择图表，将鼠标指针移到图表边框上，当鼠标指针变为 形状时，按住鼠标左键不放并拖动鼠标，这时图表上方将显示一个透明的框线跟随鼠标移动，当图表达到合适大小后，释放鼠标左键即可。

◎ **改变图标位置**：将鼠标指针移动到图表上，当鼠标指针变为 形状时，按住鼠标左键拖动，这时图表上方也将显示一个透明的框线跟随鼠标移动，将图表移至合适位置后释放

鼠标左键即可。

◎ **修改图表数据**：在【图表工具】→【设计】→【数据】组中单击 按钮，打开"Microsoft PowerPoint中的图表"窗口，修改单元格中的数据，单击 按钮关闭窗口即可。

◎ **更改图表类型**：用户可以根据需要对已经插入的图表的类型进行更改，在【图表工具】→【设计】→【类型】组中单击 📊 按钮，在打开的"更改图表类型"对话框中进行设置，单击 确定 按钮关闭对话框，如图13-43所示。

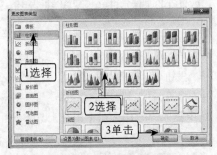

图13-43 更换图表类型

设置图表格式

图表由图表区、数据系列、图例、网格线和坐标轴等组成，可以通过【图标工具】→【布局】中的各组进行设置。

◎ 【背景】组：可以设置图标背景墙、图表基底、三维旋转等。

◎ 【标签】组：可以设置图表标题、坐标轴标题、图例、数据标签、模拟运算表等。

◎ 【坐标轴】组：可以设置坐标轴和网格线。

◎ 【分析】组：可以设置趋势线、折线、涨\跌柱线。

8. 案例——编辑"年度总结报告"演示文稿

本例要求通过插入图片、SmartArt图形、表格和图表等对象来编辑"年度总结报告"演示文稿中的内容。通过该案例的学习，读者应掌握在幻灯片中插入并编辑图形和图表对象的方法。最终效果如图13-44所示。

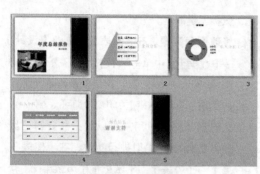

图13-44 最终效果

素材\第13课\课堂讲解\年度总结报告.pptx、
汽车.jpg
效果\第13课\课堂讲解\年度总结报告.pptx

❶ 打开"年度总结报告"演示文稿，选择第1张
幻灯片，在【插入】→【插图】组中单击"图
片"按钮，打开"插入图片"对话框，在其
中选择图片"汽车.jpg"，单击 打开(O) 按钮。

❷ 选中插入的图片，在【图片工具】→【格
式】→【大小】组中设置高度为"7.5厘
米"，宽度为"10厘米"，在【图片样式】
组中选择"简单框架，白色"样式，效果如
图13-45所示。

图13-45 插入并设置图片样式

❸ 选择第2张幻灯片，在【插入】→【插图】
组中单击"SmartArt"按钮，打开"选择
SmartArt 图形"对话框，在左侧单击选择"棱
锥图"选项卡，在对话框右侧的列表中选择
"棱锥型列表"选项，单击 确定 按钮。

❹ 返回幻灯片，在自动打开的"在此处键入文
字"窗格中输入文本，如图13-46所示。

图13-46 在SmartArt图形中输入文本

❺ 选择第3张幻灯片，在【插入】→【插图】
组中单击"图表"按钮，打开"插入图表"对话
框，单击"圆环图"选项卡，在右侧的列表中
选择"气泡图"选项，单击 确定 按钮。

❻ 插入图表后将打开"Microsoft PowerPoint中的
图表"窗口，在该数据表中输入如图13-47所
示的数据，输入完毕后关闭图表窗口。

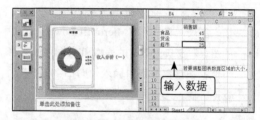

图13-47 在图表中输入数据

❼ 选择第4张幻灯片，在【插入】→【表格】
组中单击"表格"按钮，在打开的下拉列
表中拖动鼠标指针，选择"4行5列"，释放
鼠标即可在插入点位置插入表格。

❽ 选中表格，在【表格工具】→【设计】→
【表格样式】组中单击按钮展开样式列
表，在列表中选择样式"中度样式1-强调
2"，并在表格中输入如图13-48所示文本。

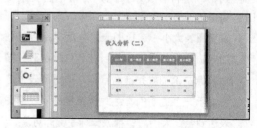

图13-48 在表格中输入文本

⏱ 试一试

在第1张幻灯片中插入关键字为"汽车"
的剪贴画，并对插入的剪贴画进行编辑。

13.1.4 插入多媒体文件

在PowerPoint演示文稿中插入多媒体对象可使其变得更加声形并茂，丰富观众的视听感受。下面将介绍音频和视频文件的插入方法。

1. 插入音频文件

在PowerPoint中可以插入剪辑管理器中的声音，也可插入存储在电脑中的声音文件。下面以插入自带的音频为例，其具体操作如下。

❶ 在【插入】→【媒体】组中单击"音频"按钮下方的按钮，在打开的下拉列表中选择"剪贴画音频"命令，如图13-49所示。

图13- 49 选择"剪贴画音频"命令

❷ 在打开的"剪贴画"任务窗格下方的声音文件列表框中选择提供的音频，单击鼠标左键插入，如图13-50所示。

❸ 单击幻灯片中的"播放"按钮 ▷ 即可播放音频，默认情况下音频只播一遍。

图13-50 插入音频文件

> 💡 提示：在图13-49中选择"文件中的音频"命令，便可以在打开的对话框中选择并插入外部的声音文件。

2. 插入视频文件

在幻灯片中还可以插入存储在电脑中的视频文件，其具体操作如下。

❶ 选择幻灯片，单击项目占位符中的 🎬 按钮。在打开的"插入视频文件"对话框中选择要插入的视频文件，单击 插入(S) 按钮，如图13-51所示。

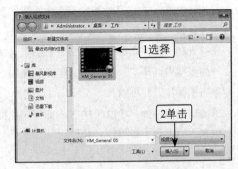

图13-51 选择视频

❷ 返回幻灯片中，单击"播放"按钮 ▷ 即可播放视频，如图13-52所示。

图13-52 插入的视频

3. 案例——在"电话销售培训"演示文稿中插入声音

插入多媒体文件的演示文稿会更加生动。本例要求在"电话销售培训"演示文稿中插入声音。通过该案例的学习，读者应掌握在幻灯片中插入声音的方法。最终效果如图13-53所示。

图13-53 最终效果

素材\第13课\课堂讲解\电话销售培训.pptx
效果\第13课\课堂讲解\电话销售培训.pptx

❶ 打开"电话销售培训"演示文稿,在【插入】→【媒体】组中单击"音频"按钮🔊下方的 ▾ 按钮,在打开的下拉列表中选择"剪贴画音频"命令。

❷ 在打开的"剪贴画"任务窗格下方的声音文件列表框中选择"Telephone,电话"音频,单击鼠标左键即可插入。

❸ 单击幻灯片中的"播放"按钮 ▷ 即可开始播放插入的音频,如图13-54所示。

图13-54　播放音频

⏱ 试一试

在第1张幻灯片中插入存储在电脑上的视频文件并对其播放。

13.2 上机实战

本课上机实战将分别制作"黄龙景点宣传"演示文稿和"美化"广告策划案"演示文档,综合练习本课所学知识。

上机目标:

◎ 熟练掌握输入并编辑文本的方法;
◎ 熟练掌握设置幻灯片背景的方法;
◎ 熟练掌握插入并编辑图形和图表对象的方法;
◎ 熟练掌握插入媒体文件的方法。

建议上机学时:2学时。

13.2.1 制作"黄龙景点宣传"演示文稿

1. 操作要求

本例要求创建"黄龙景点宣传.pptx"演示文稿。完成后的效果,如图13-55所示。具体操作要求如下。

◎ 在第1张幻灯片中通过大纲输入标题文本"黄龙景点宣传"和正文文本,标题格式为"方正细珊瑚简体、44、深红"。正文文本格式为"楷体,32,茶色,背景2,深色75%"。

◎ 在第2、3、4、5张幻灯片中通过占位符输入文本介绍,格式为"幼圆,16,橄榄色,强调文字颜色3,深色50%"。

◎ 在第2、3、4、5、6张幻灯片中插入艺术字,样式为"填充–白色,投影",设置文本格式

为"楷体,36"。

◎ 在全部幻灯片中设置"纸莎草纸"作为幻灯片背景。

◎ 插入提供的图片文件和软件自带的剪贴画。

◎ 在第1张幻灯片中插入声音文件。

图13-55　"黄龙景点宣传"最终效果

素材\第13课\上机实战\景点宣传
效果\第13课\上机实战\黄龙景点宣传.pptx
演示\第13课\制作"黄龙景点宣传"
文稿.swf

2. 专业背景

要制作出让人印象深刻的介绍类幻灯片，需要掌握以下制作原则。

◎ **目标明确**：在景点宣传的过程中，制作幻灯片通常是为了简单直接地展示该景区的特色，以便吸引顾客关注。

◎ **形式合理**：演示文稿主要有两种作用：一是现场演示辅助演讲；二是直接发给受众阅读。

◎ **逻辑清晰**：专业幻灯片要保证要点齐全，就要建立清晰、严谨的逻辑。每一个内容页必须严格遵守大标题、小标题、正文、注释等这样的内容层次结构。

◎ **美观大方**：幻灯片不必过于追求漂亮，但应该美观大方，可以从样式和布局两方面着手。

3. 操作思路

根据上面的操作要求，本例的操作思路如图13-56所示。

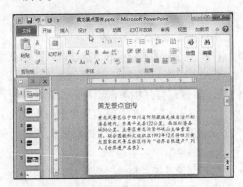

（1）输入并编辑文本

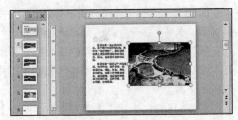

（2）插入图片和声音文件

图13-56 制作"黄龙景点宣传"的操作思路

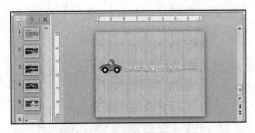

（3）设置纹理背景

图13-56 制作"黄龙景点宣传"的操作思路（续）

本例的主要操作步骤如下。

❶ 启动PowerPoint 2010，新建空白演示文稿，再另存为"黄龙景点宣传.pptx"，返回第1张幻灯片，在"大纲"窗格中输入标题和正文，通过【开始】→【字体】组设置字体格式。

❷ 选择每张幻灯片的标题，在【格式】→【艺术字样式】组中单击 ▾ 按钮，在打开的下拉列表中选择"应用于所选文字"栏下的样式。

❸ 分别在第2、3、4、5张幻灯片中单击项目占位符中的"插入来自文件的图片"按钮，分别插入图片"盆景池.jpg"、"黄龙寺.jpg"、"红星岩景区.jpg"、"雪宝顶.jpg"。

❹ 选择第6张幻灯片，在【插入】→【图像】组中单击"剪贴画"按钮。在"剪贴画"任务窗格中搜索关键字为"车"的剪贴画，然后插入剪贴画。

❺ 选择第1张幻灯片，在【插入】→【媒体】组中单击"音频"按钮下方的 ▾ 按钮，在打开的下拉列表中选择"剪贴画音频"命令，插入提供的素材。

❻ 在任意幻灯片空白处单击鼠标右键，在弹出的快捷菜单中选择"设置背景格式"命令，在打开的对话框中设置纹理背景。

13.2.2 美化"广告策划案"演示文稿

1. 操作要求

本例要求运用插入图片和声音、设置渐变背景、形状图形、表格和SmartArt图形等知识来美化"广告策划案"，完成后的最终效果如图13-57所示。

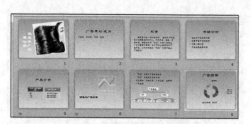

图13-57 "广告策划案"演示文稿效果

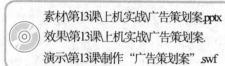

素材\第13课\上机实战\广告策划案.pptx
效果\第13课\上机实战\广告策划案.
演示\第13课\制作"广告策划案".swf

具体操作要求如下。

◎ 打开"广告策划案.pptx"演示文稿,选择第
1张幻灯片,设置渐变背景并插入1张图片。

◎ 在第5张幻灯片的"产品分析"标题下插入
并编辑SmartArt图形。

◎ 在第7张幻灯片的"销售与广告分析"标题
下插入并编辑图形。

◎ 在第8张幻灯片的"广告预算"标题下插入
并编辑图表。

2. 专业背景

广告策划是指在对制作广告运作过程的每
一部分做出分析和评估,并制定出相应的实施
计划后,最后形成一个纲领式的总结文件,我
们通常称其为广告策划案。广告策划案是根据
广告策划结果编写的,是提供给广告雇主加以
审核、认可的广告运作的策略性指导文件。

3. 操作思路

根据上面的操作要求,本例的操作思路如
图13-58所示。

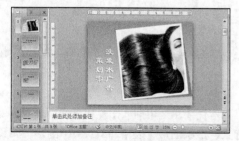

(1)插入图片和渐变背景

图13-58 美化"广告策划案"的操作思路

(2)插入并设置SmartArt图形样式

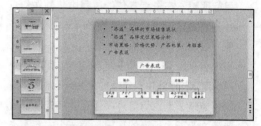

(3)插入并设置图形

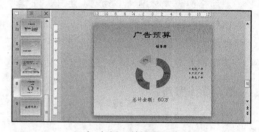

(4)插入并设置图表

图13-58 美化"广告策划案"的操作思路(续)

本例的主要操作步骤如下。

❶ 打开"广告策划案.pptx"演示文稿,在第1张幻
灯片中设置渐变背景,渐变颜色为"蓝色"。

❷ 在第1张幻灯片中单击项目占位符插入图片
"头发.jpg",在【图片工具】→【格式】
→【图片样式】组中选择样式为"棱台亚
光,白色"。

❸ 打开"设置图片格式"对话框,在"大小"
栏中设置"旋转"数值为"-8°"。

❹ 在第5张幻灯片的"产品分析"标题下插入并
编辑"水平项目符号列表"SmartArt图形。

❺ 在第7张幻灯片的"销售与广告分析"标题
下绘制"圆角矩形"和"线条"形状图形并
输入文本。

❻ 选择第8张幻灯片,在【插入】→【图表】
组中单击"图表"按钮,插入并编辑"分
离型圆环图"图表。

13.3 常见疑难解析

问：怎样使插入到幻灯片中的声音在每张幻灯片中都能播放？

答：插入声音后默认只在当前幻灯片中播放，选中插入声音后显示的声音图标，在【音频工具】→【播放】→【音频选项】组中的"开始"下拉列表框中选择"跨幻灯片播放"选项即可。

问：在制作演示文稿的过程中会插入许多对象，有什么方法可以使其排列得更美观？

答：按住【Ctrl】键选择需要排列的图形对象，在【图片工具】→【格式】→【排列】组中单击"对齐"按钮 ，在打开的下拉列表中选择一种对齐方式即可。

问：对图片进行修改后，在PowerPoint中还需重新插入，有没有自动更新图片的办法？

答：在【插入】→【插图】组中单击"图片"按钮 ，打开"插入图片"对话框，选择要插入的图片，单击 按钮旁的 按钮，在打开的下拉列表中选择"链接文件"命令，图片将以链接的形式插入到幻灯片中，当链接源改变时，幻灯片中的链接对象也会自动更新。

13.4 课后练习

（1）新建空白演示文稿，通过大纲和竖排文本框输入文本，并设置文本格式和添加纹理背景，制作出如图13-59所示的"水调歌头"幻灯片效果。

效果\第13课\课后练习\水调歌头.pptx
演示\第13课\编辑"水调歌头"演示
文稿.swf

图13-59　"水调歌头"幻灯片效果

（2）打开"公司宣传"文稿，对其进行编辑和美化，效果如图13-60所示，相关操作如下。

◎　在第2张和第3张幻灯片中插入剪贴画。

◎　在第4张幻灯片中添加SmartArt图形。在SmartArt图形中输入内容，并设置SmartArt图形格式。

◎　在第5张幻灯片中插入表格，在表格中输入数据，并设置表格格式。

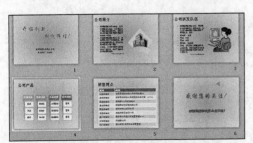

素材\第13课\课后练习\公司宣传.pptx
效果\第13课课后练习公司宣传.pptx
演示\第13课\编辑"公司宣传"文档.swf

图13-60　"公司宣传"演示文稿效果

第14课
设置幻灯片版式与动画

学生：老师，我看到别人制作的幻灯片版式很漂亮，而且每张幻灯片的风格也很统一，这些版式都是PowerPoint自带的模板样式吗？

老师：PowerPoint自带了一些主题和配色方案，可以用来快速美化幻灯片的版式，但要想设计出专业的演示文稿，还需要自行编辑幻灯片的母版。

学生：那什么是幻灯片的母版呢？

老师：简单地说，母版就是用于放置幻灯片上所有需要显示的元素，如页眉页脚、图片背景和各级标题的字体格式等，这样就不需要对每张幻灯片的布局再次进行设计了。

学生：原来是这样，那本课我们就将学习母版的制作是吗？

老师：是的。另外，为了使幻灯片更加生动，还要设置幻灯片的切换动画、动画方案和自定义对象动画等。

学生：我准备好学习这些知识了。老师，您开始讲解吧！

学习目标

▶ **熟悉幻灯片母版的类型**

▶ **掌握编辑幻灯片母版的方法**

▶ **掌握设置幻灯片主题及颜色的方法**

▶ **掌握设置幻灯片动画的方法**

14.1 课堂讲解

本课堂将主要讲述设置幻灯片母版、设置主题及设置幻灯片动画等知识。通过相关知识点的学习和案例的制作，读者可以熟悉幻灯片的母版类型，并掌握编辑母版的方法，以及美化幻灯片版式和设置幻灯片动画的方法，为后面的放映做好准备。

14.1.1 设置幻灯片主题

幻灯片版式中的各个元素并不是独立存在的，是由背景、文本、图形、表格、图片等元素和谐搭配在一起形成的，所以设计版式时需要考虑各种元素与幻灯片主题的色彩搭配。如果对色彩搭配不擅长，则可以使用PowerPoint提供的已经搭配好颜色的幻灯片主题，也可以自定义幻灯片的配色方案和字体方案等。

1. 应用幻灯片主题

主题是指PowerPoint 2010提供的各种颜色、字体和效果搭配，选择一种固定的主题效果，可以使演示文稿中各幻灯片的相应内容也拥有相同的效果，从而达到风格统一的目的。

除了前面介绍的根据主题来新建演示文稿外，编辑好的幻灯片也可再次应用主题。方法是在【设计】→【主题】组中单击 ⁼ 按钮，在打开的下拉列表中选择一种主题选项，如图14-1所示。

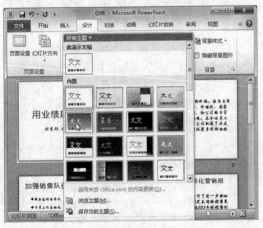

图14-1 应用幻灯片主题

2. 更改主题颜色方案

应用主题后，PowerPoint 2010还提供了多种主题的颜色方案，用户可以直接选择这些方案，以快速解决幻灯片制作中的颜色搭配问题。方法是应用一种主题后，在【设计】→【主题】组中单击"颜色"按钮 ■，在打开的下拉列表中选择一种主题颜色，如图14-2所示，即可将颜色方案应用于所有幻灯片。

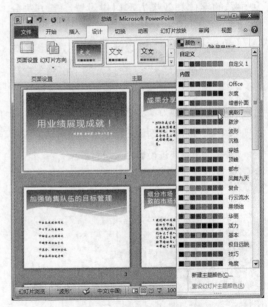

图14-2 更改主题颜色方案

> ！ 提示：如果自带的主题颜色方案不能满足制作的需求，可以手动设置幻灯片的主题颜色。方法是在图14-2中的下拉列表中选择"新建主题颜色"命令，在打开的"新建主题颜色"对话框中便可以自定义各项目元素的主题颜色，如图14-3所示。自定义后的颜色方案将显示在"颜色"下拉列表的最上方的"自定义"组中，以供用户选择并应用。

图14-3 自定义主题颜色

3. 更改字体和效果方案

应用主题后，PowerPoint 2010还提供了多种主题的字体和效果方案以供设置，其方法分别如下。

◎ **更改字体方案**：在【设计】→【主题】组中单击"字体"按钮☒，在打开的下拉列表中选择一种字体，如图14-4所示，即可更改所有幻灯片的字体方案。选择"新建主题字体"命令，便可打开"新建主题字体"对话框，对标题和正文字体进行自定义设置。

图14-4 更改字体方案

◎ **更改效果方案**：在【设计】→【主题】组中单击"效果"按钮◉，在打开的下拉列表中选择一种效果，如图14-5所示，便可以快速地更改图表、SmartArt 图形、形状、图片、表格和艺术字这些对象的外观。

图14-5 更改效果方案

> ⚠ 技巧：如果需要将其他演示文稿中漂亮的主题应用到自己的演示文稿中，可以在【设计】→【主题】组中单击▾按钮，在打开的下拉列表中选择"浏览主题"命令，在打开的"选择主题或主题文档"对话框中选择演示文稿，便可将其主题应用到当前演示文稿。

4. 案例——为"领导力培训"演示文稿设置主题方案

本例要求通过设置主题方案来快速统一"领导力培训"演示文稿的版式和外观效果。设置前后的对比效果如图14-6所示。通过该案例的学习，读者应掌握使用主题和自定义配色方案的方法。

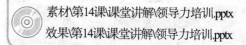

素材\第14课\课堂讲解\领导力培训.pptx
效果\第14课\课堂讲解\领导力培训.pptx

❶ 打开"领导力培训"演示文稿，在【设计】→【主题】组中单击▾按钮，在打开的下拉列表中单击应用"流畅"主题。

图14-6 设置主题方案效果对比

❷ 在【设计】→【主题】组中单击"字体"按钮，在打开的下拉列表中选择"聚合"字体，如图14-7所示。

图14-7 设置字体方案

❸ 在【设计】→【主题】组中单击"颜色"按钮，在打开的下拉列表中选择"新建主题颜色"命令，打开"新建主题颜色"对话框，单击"文字/背景-浅色1"选项右侧的色块，在打开的颜色列表中选择如图14-8所示的颜色。

❹ 单击 保存(S) 按钮，应用自定义的主题颜色。保存演示文稿，完成本例的设置操作。

图14-8 自定义主题颜色

🕐 试一试

对本例应用提供的其他主题方案，并对其主题颜色和字体进行自定义设置。

14.1.2 设置幻灯片母版

在PowerPoint中除了使用前面介绍的主题来统一幻灯片的风格外，还可以通过自定义幻灯片母版来统一设置幻灯片的风格。

幻灯片母版的作用是统一和存储幻灯片的模板信息，在对母版进行编辑后，可快速生成相同样式的幻灯片，从而减少重复输入的操作，提高工作效率。通常情况下，如果要将同一背景、标志、标题文本及主要文本格式运用到整篇演示文稿的每张幻灯片中，就可以使用PowerPoint 2010的幻灯片母版功能。

1. 认识母版的类型

PowerPoint 2010中的母版有幻灯片母版、讲义母版和备注母版3种，其作用和视图各不相同，下面分别进行介绍。

✏️ 幻灯片母版

在【视图】→【母版视图】组中单击"幻灯片母版"按钮，即可进入幻灯片母版视图，如图14-9所示。

图14-9　幻灯片母版视图

在幻灯片母版视图中，左侧为"幻灯片版式选择"窗格，右侧为"幻灯片母版编辑"窗口。选择相应的幻灯片版式后，便可在右侧对其标题及文本的版面进行设置。在母版中更改和设置的内容将应用于同一演示文稿中所有应用了该版式的幻灯片。

讲义母版

在【视图】→【母版视图】组中单击"讲义母版"按钮，即可进入讲义母版视图，如图14-10所示。在讲义母版视图中可查看页面上显示的多张幻灯片，也可设置页眉和页脚的内容，以及改变幻灯片的放置方向等。

图14-10　讲义母版视图

> 提示：当需要将幻灯片作为讲义文稿打印出来并装订成册时，就可以使用讲义母版形式将其打印出来。

进入讲义母版视图后，通过"讲义母版"选项卡下各个组便可进行设置，各组的主要功能介绍如下。

◎ "页面设置"组：用于设置讲义的方向，以及幻灯片的大小和方向等。

◎ "占位符"组：用于设置是否在讲义中显示出页眉、页脚、页码和日期。

◎ "编辑主题"组：用于修改讲义中幻灯片的主题和颜色等。

◎ "背景"组：用于设置讲义背景。

备注母版

在【视图】→【母版视图】组中单击"备注母版"按钮，即可进入备注母版视图，如图14-11所示，选中各级标题文本后可对其字体格式等进行设置。通常在查看幻灯片内容时，需要将幻灯片和备注显示在同一页面中，就可以在备注母版视图中进行查看。

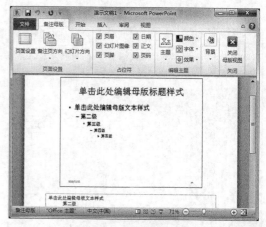

图14-11　备注母版视图

> 注意：讲义母版和备注母版的设置效果只有在打印时才能显示出来。

2. 编辑幻灯片母版

这里将主要介绍幻灯片母版的编辑方法，其他两种母版的编辑方法与此类似。

编辑幻灯片母版与编辑幻灯片的方法类似，只需选择幻灯片版式后便可对母版中的文本样式等进行设置，也可以将每张幻灯片中都添加的对象（如图片、声音、文本等）全部添加到母版中，完成后单击"关闭母版视图"按钮⊠退出母版。下面将着重介绍幻灯片母版中的几种常用编辑操作。

设置标题和各级文本样式

在幻灯片母版中设置标题和各级文本样式主要是设置第1、第2张幻灯片母版的样式，其具体操作如下。

❶ 在幻灯片母版视图左侧的"幻灯片版式选择"窗格中选择第2张幻灯片版式，单击"单击此处编辑母版标题样式"占位符，利用"开始"选项卡对其字体和段落格式进行设置，再单击"单击此处编辑母版副标题样式"占位符设置副标题样式，如图14-12所示。

图14-12　设置母版标题样式

❷ 在幻灯片母版视图左侧的"幻灯片版式选择"窗格中选择第1张幻灯片版式，可以对正文幻灯片的标题和各级正文的文本格式进行设置。方法是分别单击选择各级文本，然后运用与设置幻灯片文本格式相同的方法进行设置便可，还可添加项目符号，如图14-13所示。

❸ 设置第1张母版的文本格式后，"幻灯片版式选择"窗格中下方其他各种版式的幻灯片母版中的各级文本样式也将发生相应的变化，一般保持默认设置便可，如果需要对某个版式进行特殊设置则选择后再进行适当修改，并可根据需要删除不需要的占位符或调整占位符的位置等。

图14-13　设置母版正文各级文本样式

> 提示：将鼠标指针指向"幻灯片版式选择"窗格中各张幻灯片时，将提示当前演示文稿中哪些幻灯片应用了该版式。

设置母版背景

在上一课中讲解了如何为幻灯片添加统一的背景效果，根据幻灯片的效果需要也可以在幻灯片母版视图中添加背景。

方法是在幻灯片母版视图左侧窗格中选择第1张幻灯片版式，然后在右侧编辑区单击鼠标右键，在弹出的快捷菜单中选择"设置背景格式"命令，在打开的对话框中设置需要的背景样式，应用设置后将为所有幻灯片版式添加相同的背景效果，如图14-14所示。

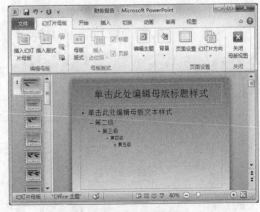

图14-14　设置母版背景

> 提示：一般情况下标题幻灯片的背景与正文不相同，此时只需在母版视图下选择第2张标题幻灯片，再重新设置背景便可。

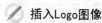

插入Logo图像

在某些演示文稿中经常需要将公司的Logo图像放置在所有幻灯片的某个位置进行显示，此时可以将Logo图像插入到幻灯片母版中。方法是在幻灯片母版视图左侧窗格中选择第1张幻灯片版式，然后在右侧编辑区插入图像并调整到相应的位置便可。

> 注意：如果只是需要部分幻灯片显示Logo等固定图像，则分别在左侧窗格选择各种版式后再插入或粘贴图像便可。

添加页眉和页脚

母版的顶部和底部通常会有几个小的占位符，在其中可设置幻灯片的页眉和页脚，包括日期、时间、编号和页码等内容，这些要通过"页眉和页脚"对话框进行设置，其具体操作如下。

❶ 进入幻灯片母版视图，在左侧窗格中选择第1张幻灯片版式，然后在【插入】→【文本】组中单击"页眉和页脚"按钮，打开"页眉和页脚"对话框。

❷ 单击"幻灯片"选项卡，选中相应的复选框，表示显示日期、幻灯片编号和页脚等内容，再输入页脚内容或设置固定的页眉。选中☑标题幻灯片中不显示(S)复选框，可以使标题页幻灯片不显示页眉和页脚，如图14-15所示。

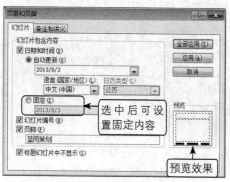

图14-15 "页眉和页脚"对话框

❸ 设置后单击 应用(A) 按钮，便可在除标题幻灯片外的其他版式中添加相应内容的页眉和

页脚。添加后还可选中各占位符，然后对其字体格式等进行设置。

> 提示：在"页眉和页脚"对话框中单击"备注和讲义"选项卡，便可设置备注和讲义母版中的页眉和页脚内容。

3. 案例——创建并设置"领导力培训"幻灯片母版

本例要求为提供的"领导力培训"演示文稿创建幻灯片母版，并对其进行版式设计，使其变得美观，完成后的效果如图14-16所示。通过该案例的学习，读者可以掌握编辑母版的方法，也可与前面介绍的运用主题设计幻灯片版式进行对比，总结出两种设计风格的各自特点。

图14-16 自定义母版后的最终效果

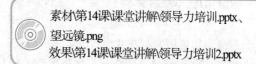
素材\第14课\课堂讲解\领导力培训.pptx、望远镜.png
效果\第14课\课堂讲解\领导力培训2.pptx

❶ 打开"领导力培训.pptx"演示文稿，在【视图】→【母版视图】组中单击"幻灯片母版"按钮，进入幻灯片母版视图。

❷ 在幻灯片母版视图左侧的"幻灯片版式选择"窗格中选择第2张标题幻灯片版式，在幻灯片上方拖动绘制一个与幻灯片宽度相同的矩形形状图形，然后在【绘图工具】→【格式】→【形状样式】组中单击"形状填充"按钮，在打开的下拉列表中选择"渐变"子列表中第2种渐变样式，填充效果如图14-17所示。

图14-17　绘制并填充矩形图形

❸ 用同样的方法再绘制一个更大的矩形形状图形，并填充为"黄色"与"橄榄色"的渐变色，然后单击鼠标右键将其设置为置于底层，如图14-18所示。

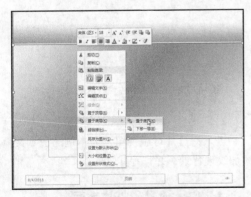

图14-18　绘制另一个矩形图形

❹ 在【插入】→【图像】组中单击"图片"按钮，打开"插入图片"对话框，选择提供的"望远镜.png"图像，单击 打开(O) ▾ 按钮，插入图像后调整其大小和位置，效果如图14-19所示。

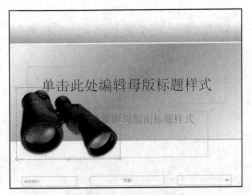

图14-19　添加图像

❺ 单击"单击此处编辑母版标题样式"占位符，在【开始】→【字体】组中将其字体格式设置为"方正舒体简体，54，加粗"，再单击"单击此处编辑母版副标题样式"占位符，设置其字体格式为"方正舒体简体，20，加粗，文字颜色为白色"，然后适当调整两个标题占位符的位置和大小，效果如图14-20所示。

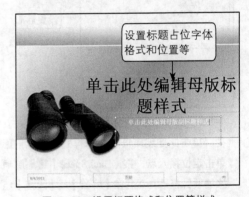

图14-20　设置标题格式和位置等样式

❻ 选中"望远镜"和渐变图像，按【Ctrl+C】键进行复制，在幻灯片母版视图左侧的"幻灯片版式选择"窗格中选择第1张幻灯片版式，按【Ctrl+V】键进行粘贴，调整其大小和位置，将渐变图形置于最底层，效果如图14-21所示。

❼ 单击"单击此处编辑母版标题样式"占位符，在【开始】→【字体】组中将其字体修改为"方正大黑简体"，并将占位符左侧边框向右拖动缩小。

图14-21　复制和调整图像

⑧　拖动选中下方文本占位符中的所有级别文本，然后在【开始】→【字体】组中将其字体修改为"微软雅黑"，再依次修改各级文本的字号，字号分别为28、24、20、18、16，设置后的效果如图14-22所示。

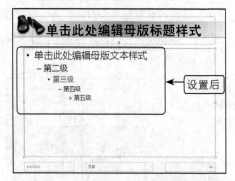

图14-22　设置各级文本的字体和大小

⑨　在"单击此处编辑母版文本样式"文本前面单击定位插入点，按【BackSpace】键删除原来的项目符号，然后在【开始】→【段落】组中单击"项目符号"按钮 ≡· 右侧的 ▼ 按钮，在打开的下拉列表中选择"项目符号和编号"命令，在打开的对话框中单击 图片(P)... 按钮，选择并添加 ♦ 样式的项目符号。

⑩　在【插入】→【文本】组中单击"页眉和页脚"按钮，打开"页眉和页脚"对话框。

⑪　单击"幻灯片"选项卡，选中 ☑幻灯片编号(N) \ ☑页脚(F) 和 ☑标题幻灯片中不显示(S) 复选框，并输入页脚内容，如图14-23所示，然后单击 全部应用(T) 按钮。

⑫　此时选中左下角的日期占位符，按【Delete】

键将其删除，并将右侧的页脚占位符移至左侧适当位置，此时的第1张幻灯片版式效果如图14-24所示。

⑬　选择第2张标题幻灯片版式，选中下方的3个日期等占位符并将其删除。至此完成本例母版的编辑，退出母版视图，切换到普通或浏览视图中便可查看定义母版后的效果，将其另存为"领导力培训2"演示文稿。

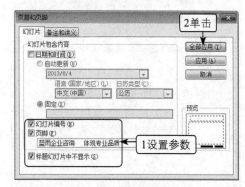

图14-23　设置页眉和页脚

图14-24　删除日期占位符后的母版效果

⏱ 试一试

进入幻灯片母版视图，为本例的演示文稿添加纹理背景，并查看其效果。

14.1.3　设置幻灯片动画

在演示文稿的制作过程中还有一个非常重要的环节，就是设置幻灯片的动画效果，主要包括设置幻灯片中的文本、图片等对象的动画效果和幻灯片之间的切换动画效果等，并可通过一些动画设置的小技巧，使幻灯片在放映时更加生动。

1. 设置幻灯片切换动画效果

设置幻灯片切换动画就是设置一张幻灯片放映结束后切换到下一张幻灯片时的动画效果，设置动画之后可使幻灯片之间的衔接更加自然、生动。设置的具体操作如下。

❶ 打开要设置的演示文稿，选择要设置切换效果的幻灯片。

❷ 在【切换】→【切换到此幻灯片】组中单击 ▼ 按钮，在打开的下拉列表中选择一种切换效果，如图14-25所示，此时在幻灯片编辑区中将显示切换动画效果。

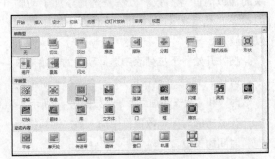

图14-25 选择切换效果

❸ 用同样的方法便可为其他幻灯片设置各种切换效果，如果需要为整个演示文稿设置统一的切换效果，则在【切换】→【计时】组中单击 🗔 全部应用 按钮即可。

❹ 在【切换】→【计时】组中单击"声音"下拉列表框右侧的 ▼ 按钮，在打开的下拉列表中可以设置幻灯片切换时的音效，并可在"持续时间"数值框中输入切换的长度，即持续时间的长短，如图14-26所示。

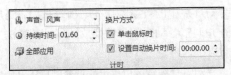

图14-26 【计时】组

❺ 在"换片方式"栏中选中 ☑ 单击鼠标时 复选框，表示放映幻灯片时只有在单击鼠标左键时才播放幻灯片切换动画；选中 ☑ 设置自动换片时间 复选框，并设置时间后，则可在放映幻灯片时根据设置的间隔时间进行自动切换。

> 💡 提示：设置切换效果和参数后，在【切换】→【预览】组中单击"预览"按钮 🔲 可以预览切换效果。

2. 添加对象动画效果

在PowerPoint中可以为每张幻灯片中的各个对象添加动画效果，包括进入动画、强调动画、退出动画和路径动画4种，其作用介绍分别如下。

◎ **进入**：反映文本或其他对象在幻灯片放映时进入放映界面的动画效果。

◎ **退出**：反映文本或其他对象在幻灯片放映时退出放映界面的动画效果。

◎ **强调**：反映文本或其他对象在幻灯片放映过程中需要强调的动画效果。

◎ **动作路径**：指定某个对象在幻灯片放映过程中的运动轨迹。

下面将讲解添加单一动画和组合动画的方法。

✏ 添加单一动画

为对象添加单一动画效果是指为某个对象或多个对象快速添加提供的进入、退出、强调或动作路径动画。方法是在幻灯片编辑区中选择要设置动画的对象，然后在【动画】→【动画】组中单击 ▼ 按钮，在打开的下拉列表中选择某一类型动画下的动画选项即可，如图14-27所示。

为对象添加动画效果后，系统将自动在幻灯片编辑窗口中对设置了动画效果的对象进行放映，从而方便用户预览并决定是否选择该动画效果。同时在添加动画效果的对象旁会出现数字标识，代表添加动画的先后顺序，也代表播放动画的顺序。

> 💡 提示：在"动画"下拉列表底部选择"更多进入效果"、"更多强调效果"等命令，可以在打开的对话框中选择更多的动画效果进行添加。

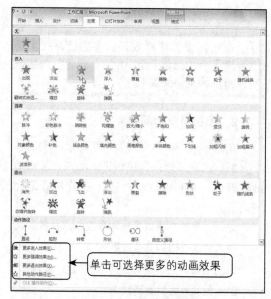

图14-27　选择动画效果

添加组合动画

为对象添加组合动画是指为同一个对象添加进入、退出、强调和动作路径动画4种类型中的任意组合动画，如同时添加进入和退出动画。

方法是在幻灯片编辑区中选择要设置动画的对象，然后在【动画】→【高级动画】组中单击"添加动画"按钮★，在打开的下拉列表中选择某一类型的动画后，再次单击"添加动画"按钮★，继续选择添加其他类型的动画即可，添加组合高级动画后在对象的左侧将同时显示多个数字标识，如图14-28所示。

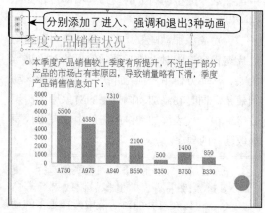

分别添加了进入、强调和退出3种动画

图14-28　添加组合动画的效果

3. 设置动画效果

为对象添加动画效果后，还可以对已经添加的动画效果进行调整设置，使这些动画效果在播放的时候更具条理性，主要包括设置动画播放参数、调整动画的播放顺序和删除动画等。

设置动画播放参数

默认添加的动画效果总是按照添加的顺序逐一播放，并且默认的动画效果播放速度以及时间是统一的，可以根据需要更改这些动画效果的播放时间等参数。方法是选择添加了动画的对象，然后在【动画】→【计时】组中进行以下设置。

◎ 在"开始"下拉列表中选择动画的开始播放时间，包括"单击时"、"与上一动画同时"和"上一动画之后"，如图14-29所示。

◎ 在"持续时间"数值框中输入播放动画持续时间的长短。

◎ 在"延迟"数值框中输入相对上一动画效果播放后经过多少秒后再播放该动画。

图14-29　设置动画开始时间

调整动画播放顺序

播放幻灯片时各动画之间的衔接效果、逻辑关系和播放顺序等都会影响播放质量。因此在为幻灯片中的对象添加完动画效果后，还应检查并调整各动画效果的播放顺序。其方法主要有以下两种。

◎ 在幻灯片编辑区中单击要调整顺序的动画序号，然后在【动画】→【计时】组中单击▲向前移动 或▼向后移动 按钮可将所选动画的播放顺序向前移动或向后移动一位。

◎ 在【动画】→【高级动画】组中单击"动画窗格"按钮，打开如图14-30所示的窗格，选择各动画栏后单击底部的⬆或⬇按钮，即可调整动画播放顺序，完成后单击 ► 播放 按钮预览动画效果。

图14-30　动画窗格

> ⓘ 提示：在"动画窗格"窗格中选择要调整
> 的动画选项，按住鼠标左键不放进行拖
> 动，此时有一条黑色的横线随之移动，当
> 横线移动到需要的目标位置后释放鼠标也
> 可调整动画的播放顺序。

4. 添加动作按钮

在幻灯片中通过创建一个动作按钮，并为其添加超链接，便可在设置后单击或经过动作按钮时快速切换到下一张幻灯片、第一张幻灯片等。添加动作按钮的具体操作如下。

❶ 选择要添加运作按钮的幻灯片或切换到幻灯片母版视图中进行添加，然后在【插入】→【插图】组中单击"形状"按钮🔲，在打开的下拉列表中的"动作按钮"栏下选择要绘制的动作按钮，如单击"第一张"动作按钮◁。

❷ 此时鼠标指针将变为+形状，将其移至幻灯片右下角，按住鼠标左键不放向右下角拖动绘制一个动作按钮，如图14-31所示。

图14-31　绘制动作按钮

❸ 此时将自动打开"动作设置"对话框，根据 需要单击"单击鼠标"或"鼠标移过"选项卡，表示单击鼠标或经过动作按钮时链接到相应的幻灯片，如单击"单击鼠标"选项卡，然后在"超链接到"下拉列表中选择要链接到的目标位置，如图14-32所示。

❹ 单击 确定 按钮关闭对话框。放映幻灯片时，单击动作按钮便可切换到下一张幻灯片，用同样的方法可以创建多个不同链接功能的动作按钮。

图14-32　"动作设置"对话框

5. 创建超链接

除了使用动作按钮链接到指定幻灯片外，还可以为幻灯片中的文本或者图片等对象创建超链接，创建链接后在放映幻灯片时便可单击该对象将页面跳转到链接所指向的幻灯片进行播放。创建超链接的具体操作如下。

❶ 在幻灯片编辑区中选择要添加超链接的对象，然后在【插入】→【链接】组中单击"超链接"按钮🔗。

❷ 在打开的"插入超链接"对话框左侧的"链接到"列表中单击"本文档中的位置"选项卡，然后在"请选择文档中的位置"列表框中便可选择要链接到的幻灯片位置，此时在右侧的"幻灯片预览"窗口中将显示所选幻灯片的缩略图，如图14-33所示。

❸ 单击 屏幕提示(E) 按钮，在打开的"设置超链接屏幕提示"对话框中的"屏幕提示文字"文本框中可输入鼠标指向链接对象时的提示

文字，如图14-34所示。

❹ 单击 确定 按钮，返回上一级对话框后再单击 确定 按钮应用设置。

图14-33 选择链接到当前文档中的位置

图14-34 设置屏幕提示

> 提示：为幻灯片中的对象设置超链接后，可选择该对象，然后单击鼠标右键，在弹出的快捷菜单中选择"编辑超链接"命令，重新修改链接参数。

6. 案例——设置"饰品"演示文稿动画

本例要求为"饰品"演示文稿设置幻灯片切换动画为"棋盘"样式，然后为首页幻灯片的"饰品"文字添加进入和强调动画，再为副标题添加"淡出"退出动画，最后为其他正文幻灯片设置动画，使其单击后才分别显示左侧的图片和文字对象，部分幻灯片动画预览效果如图14-35所示。通过该案例的学习，读者应掌握设置切换和设置对象动画的方法。

素材\第14课\课堂讲解\饰品.pptx
效果\第14课\课堂讲解\饰品.pptx

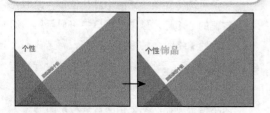

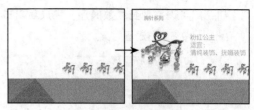

图14-35 部分动画效果

❶ 打开"饰品"演示文稿，在【切换】→【切换到此幻灯片】组中单击 按钮，在打开的下拉列表中选择"棋盘"，将自动预览其效果。

❷ 在【切换】→【计时】组中单击 全部应用 按钮，单击"声音"下拉列表框右侧的 按钮，在打开的下拉列表中选择"风铃"。

❸ 选择第1张幻灯片，选择"饰品"文本框对象，然后在【动画】→【动画】组中单击 按钮，在打开的下拉列表中选择"飞入"。

❹ 在【动画】→【高级动画】组中单击"添加动画"按钮，在打开的下拉列表中选择"强调"栏的"波浪形"动画，单击"动画窗格"按钮，打开动画窗格进行查看，同时添加进入和强调动画后的效果如图14-36所示。

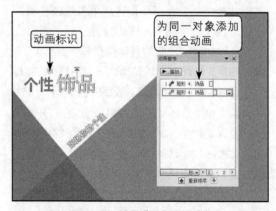

图14-36 设置进入和强调动画

❺ 选择"张扬你的个性"文本框对象，然后在【动画】→【动画】组中单击 按钮，在打开的下拉列表中选择"退出"栏的"淡出"效果。

❻ 在【动画】→【计时】组的"开始"下拉列表中选择"上一动画之后"选项，表示在上一动画结束后自动播放"淡出"动画。完成首页幻灯片动画的设置，单击 播放 按钮预览动画效果，如图14-37所示。

图14-37 预览首页动画

图14-38 选择并调整动画顺序

❼ 选择第2张幻灯片，同时选择两个文本框对象，然后在【动画】→【动画】组中单击 ▽ 按钮，在打开的下拉列表中选择"浮入"进入动画，再选择左侧的大张图片，为其添加"弹调"进入动画。在"动画窗格"窗格中选择第2顺序的动画项，如图14-38所示，单击两次 ⬆ 按钮上移至最前面，表示先出现图片再显示文字。

❽ 用同样的方法为其他正文幻灯片的文字和图片设置相同的动画效果，完成制作。

⏱ 试一试

将第2张幻灯片中的文字对象添加"擦除"退出动画效果。

14.2 上机实战

本课上机实战将分别设置"英语课件"演示文稿的母版和"公司简介"演示文稿的版式与动画，综合练习本课所学习的知识点。

上机目标：

◎ 熟练掌握编辑幻灯片母版的方法，包括在母版中设置字体格式以及添加背景、添加动作按钮、添加动画的方法；

◎ 熟练掌握设置幻灯片换片方式的方法；

◎ 熟练掌握设置幻灯片对象动画和调整动画顺序的方法。

建议上机学时：2学时。

14.2.1 设置"英语课件"演示文稿母版和超链接

1. 操作要求

本例要求设置已有演示文稿的母版，在其中设置背景和动作按钮等，并为第2张的标题幻灯片设置超链接，设置前后的对比效果如图14-39所示。具体操作要求如下。

◎ 进入幻灯片母版编辑状态，设置标题幻灯片版式的大标题文本格式为"方正粗倩简体，

绿色"，副标题文本格式为"方正准圆简体，蓝色"。

◎ 在第3张幻灯片母版中插入提供的"背景.gif"作为幻灯片背景。然后插入4个动作按钮，并设置其链接功能和样式。

◎ 退出幻灯片母版，为第2页幻灯片各标题设置超链接，使其链接到对应的幻灯片。

图14-39 自定义母版和超链接后的对比效果

2. 专业背景

使用PowerPoint制作教学课件是目前教学工作中比较常见的一种形式，采用该方式教学不仅生动形象，而且可以添加各种多媒体元素，增加教学乐趣。

制作课件类演示文稿的相关事项如下。

◎ **图文并茂**：要达到理想的教学效果，就必须图文并茂，多用图片，少用文字，这样可以让观众边看边听，讲解内容与演示相得益彰。

◎ **逻辑清晰**：教学类演示文稿就要建立清晰、严谨的逻辑，有两种方法是非常有效的，一是通过紧跟封面页的目录页来展示整个PPT的内容结构。结束页之前，还要有总结页，引领观众回顾要点，切实留下深刻印象。每一个内容页，也必须严格遵守大标题、小标题、正文、注释等这样的内容层次结构。二是运用常见的分析图表，可以帮助观众排除情绪干扰，理清思路，分析利害，寻找解决方案。

3. 操作思路

根据上面的操作要求，本例的操作思路如图14-40所示。

（1）在母版中设置标题格式

（2）在母版中设置背景和动作按钮

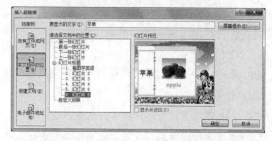

（3）退出母版在第2页幻灯片中设置标题超链接

图14-40 设置"英语课件"演示文稿母版的操作思路

素材\第14课\上机实战\英语课件.pptx、背景.gif
效果\第14课\上机实战\英语课件.pptx
演示\第14课设置"英语课件"演示文稿母版和超链接.swf

本例的主要操作步骤如下。

❶ 打开"英语课件.pptx"演示文稿，进入幻灯片母版视图。

❷ 选择第2张标题幻灯片版式，分别选中大标题和副标题文本，在"开始"选项卡中设置其字体格式。

❸ 选择第3张标题幻灯片版式，在【插入】→【图像】组中单击"图片"按钮，打开"插入图片"对话框，选择提供的"背景.gif"图像，插入图像后调整其大小、位置及叠放次序。

❹ 在【插入】→【插图】组中单击"形状"按钮，在打开的下拉列表中的"动作按钮"栏下选择前4个动作按钮，绘制并保持默认的链接格式，完成后设置其按钮样式。

❺ 退出灯片母版视图，选择第2页幻灯片，分别选中各标题文字，然后在【插入】→【链接】组中单击"超链接"按钮，设置超链接，使其分别链接到对应的幻灯片，完成制作。

14.2.2 设置"公司简介"演示文稿的主题与动画方案

1. 操作要求

本例要求设置"公司简介"演示文稿的主题与动画方案。完成前后的对比效果如图14-41所示。

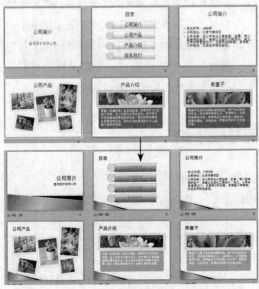

图14-41 设置主题和动画的对比效果

具体操作要求如下。

◎ 为演示文稿应用"聚合"主题，并通过设置主题颜色来快速改变幻灯片的配色方案。

◎ 设置所有幻灯片的切换效果为"百叶窗"，并每隔6秒钟自动换片。

◎ 为第2张幻灯片的文字小标题设置超链接，为整个标题对象设置动画为"进入→擦除"。

◎ 设置第3张幻灯片正文文字动画为"进入→轮子"，然后自动播放"强调→下划线"动画。

◎ 设置第4张幻灯片各张图片对象依次单击后进入，进入动画为"浮入"。

◎ 设置第5张、6张幻灯片图形对象动画为"进入→飞入"。

2. 专业背景

公司简介是介绍公司情况和产品的一种演示文稿，在公司推广活动中经常使用。制作这类演示文稿时其主题色彩的设计和选择很重要，恰当的颜色更具有说服力与促进力。

为幻灯片配色时，应该了解以下一些基本知识。

◎ 颜色一般可分为两类，冷色（如蓝和绿）和暖色（如橙或红）。冷色最适合作为背景色，因为它们不会引起人们的注意。暖色最适用于显著位置的主题（如文本），因为它可创造扑面而来的效果。

◎ 如果在暗室（如大厅）中进行演示，使用深色背景（深蓝、灰等）配上白或浅色文字可取得较好的效果。但在光线充足的情况下，白色背景配上深色文字会得到更好的效果。

◎ 幻灯片中的图形和文字都使用相同的颜色，幻灯片的文字与背景颜色以反差较大的色彩为主，如底色是白色，文字则使用黑色或深灰色。

3. 操作思路

根据上面的操作要求，本例的操作思路如图14-42所示。需要注意的是设置动画时也可根据自己的理解来设置不同的动画方案，使演示效果更符合使用需求。

素材\第14课\上机实战\公司简介.pptx

效果\第14课\上机实战\公司简介.pptx

演示\第14课设置"公司简介"演示文稿
的主题和动画方案.swf

（3）自定义各张幻灯片动画

图14-42 设置"公司简介"主题与动画的操作思路（续）

本例的主要操作步骤如下。

❶ 打开"公司简介.pptx"演示文稿，在【设计】→【主题】组中应用"聚合"主题，单击"颜色"按钮修改其主题颜色方案为"奥斯汀"。

❷ 选择所有幻灯片，在【切换】→【切换到此幻灯片】组中选择"百叶窗"效果，并在【切换】→【计时】组中设置每隔6秒自动换片。

❸ 分别选择第2张幻灯片的文字小标题，在【插入】→【链接】组中单击"超链接"按钮设置超链接，然后选择整个图形对象，在【动画】→【动画】组中单击按钮，在打开的下拉列表中设置"擦除"进入动画。

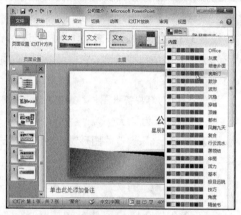

（1）设置主题和配色方案

❹ 用同样的方法分别选择其他各张幻灯片中的对象，根据要求中的动画效果在【动画】→【动画】组和【动画】→【高级动画】组中设置所需的动画即可，设置过程中可打开"动画窗格"窗格查看和调整动画顺序。

（2）设置换片方式

图14-42 设置"公司简介"主题与动画的操作思路

14.3 常见疑难解析

问：在PowerPoint浏览视图中查看幻灯片时，其左下角的图标表示什么？

答：表示该张幻灯片设置有切换和动画效果，单击图标，PowerPoint就会快速演示该张幻灯片的切换效果和设置的动画效果。

问：可以根据自己的需要自定义页脚的位置和字体格式吗？

答：可以。方法是进入幻灯片母版视图后，分别选中幻灯片母版中的"日期区"、"页脚区"和"数字区"占位符，便可对其进行移动和删除操作。设置字体格式时只需分别选中占位符中的文本，然后在【开始】→【字体】组中设置字体格式等，返回普通视图，每张幻灯片将应用设置的效果。

问：为什么在占位符中输入文本后，有时会出现⊞按钮？

答：当在占位符中输入的文本过多并超过其边界时，占位符旁边将出现⊞按钮。单击该按钮，在打开的下拉列表中选中◉ 根据占位符自动调整文本(A)单选项，系统将自动调整文本字号以适应该占位符；选中◉ 停止根据此占位符调整文本(S)单选项，将以设置的字体及字号填充占位符。

问：怎样将设置好母版等版式后的演示文稿保存为模板呢？

答：选择【文件】→【保存】命令，打开"另存为"对话框，在"文件名"下拉列表框中输入模板名称，在"保存类型"下拉列表框中选择"PowerPoint模板"选项，单击 保存(S) 按钮即可。

问：一般设置的动画效果只会播放一次，怎样设置循环播放的效果？

答：打开"动画窗格"窗格，在动画选项上单击鼠标右键，在弹出的快捷菜单中选择"计时"命令，打开"效果选项"对话框，在"计时"选项卡中的"重复"下拉列表中可输入重复播放的次数。

14.4 课后练习

（1）打开"产品展示.pptx"演示文稿，要求为其应用"穿越"主题样式，再修改其主题颜色方案为"行云流水"，字体方案为"暗香扑面"，最后设置切换效果为"显示"。

 素材\第14课\课后练习\产品展示.pptx　　效果\第14课\课后练习\产品展示.pptx
演示\第14课\美化"产品展示"演示文稿.swf

（2）打开"专题报道.pptx"演示文稿，相关操作要求如下。

◎ 为每张幻灯片自定义不同的切换效果。

◎ 为每张幻灯片自定义动画效果，其中正文各张幻灯片中的文字对象先进入显示，再设置图片的进入和退出动画。

◎ 进入幻灯片母版视图，将标题幻灯片中的所有图形对象复制到第1张幻灯片版式中，缩小后放置到右上角。然后为其添加页眉和页脚，内容是日期和编号，效果如图14-43所示。

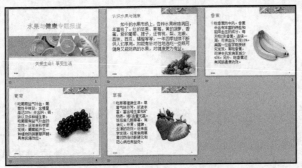

图14-43　"专题报道"最终效果

 素材\第14课\课后练习\专题报道.pptx　　效果\第14课\课后练习\专题报道.pptx
演示\第14课\设置"专题报道"演示文稿.swf

第15课
放映与输出幻灯片

学生：老师，制作好幻灯片后，怎样观看其放映效果呢？

老师：使用PowerPoint制作演示文稿的最终目的就是要将其中的幻灯片展示给观众，即放映幻灯片。前面介绍的设置幻灯片动画就是为放映所设计的效果。本课我们将详细介绍放映幻灯片的各种方法及相关设置。

学生：老师，如果对方电脑中没有安装PowerPoint软件，还能够放映幻灯片吗？

老师：可以的，PowerPoint提供有打包的功能，可将演示文稿打包输出，这样即使电脑中没有安装PowerPoint软件，也可直接播放打包后的幻灯片。

学生：太好了，这样就可以将制作好的幻灯片展示给观众欣赏了，那我们赶快学习吧！

学习目标

▶ **掌握设置放映方式的方法**

▶ **掌握设置排练计时的方法**

▶ **掌握放映幻灯片和添加标记的方法**

▶ **掌握打包和打印幻灯片的方法**

15.1 课堂讲解

本课堂主要讲述放映前的设置、放映幻灯片、打包幻灯片和打印幻灯片等知识。通过相关知识点的学习和案例的制作，读者可以熟悉并掌握设置放映方式、隐藏幻灯片、设置排练计时、放映幻灯片、添加标记、打包幻灯片和打印幻灯片等的方法。

15.1.1 放映前的设置

在PowerPoint中，放映幻灯片时可以设置由演讲者控制放映，也可以让观众自行浏览或演示文稿自动循环放映，并可隐藏不需要放映的幻灯片和录制旁白等，从而满足不同场合的不同放映需求。

1. 设置放映方式

设置幻灯片的放映方式主要包括设置放映类型、放映幻灯片的数量、换片方式和是否循环放映演示文稿等。方法是在【幻灯片放映】→【设置】组中单击"设置幻灯片放映"按钮，将打开如图15-1所示的"设置放映方式"对话框，各主要设置功能介绍如下。

图15-1 "设置放映方式"对话框

◎ **设置放映类型**：在"放映类型"栏中选中相应的单选项，即可为幻灯片应用对应的放映类型。其中演讲者放映方式是PowerPoint默认的放映类型，放映时幻灯片全屏显示，在放映过程中，演讲者具有完全的控制权；观众自行浏览方式是一种让观众自行观看幻灯片的交互式放映类型，观众可以通过提供的快捷菜单进行翻页、打印和浏览，但不能单击鼠标进行放映；在展台浏览方式同样以全屏显示幻灯片，与演讲者放映方式不同的是

除了保留鼠标指针用于选择屏幕对象进行放映外，不能进行其他放映控制，要终止放映只能按【Esc】键。

◎ **设置放映选项**：在"放映选项"栏中3个复选框分别表示设置循环放映、添加旁白和播放动画，以及设置绘图笔的颜色等。在"绘图笔颜色"和"激光笔颜色"下拉列表框中可以选择一种颜色，在放映幻灯片时，可使用该颜色的绘图笔在幻灯片上写字或作标记。

◎ **设置放映幻灯片的数量**：在"放映幻灯片"栏中可设置需要进行放映的幻灯片数量，可以选择放映演示文稿中所有的幻灯片或手动输入放映开始和结束的幻灯片页数。

◎ **设置换片方式**：在"换片方式"栏中可设置幻灯片的切换方式，手动切换表示在演示过程中将手动切换幻灯片及演示动画效果；自动切换表示演示文稿将按照幻灯片的排练时间自动切换幻灯片和动画，但是如果没有已保存的排练计时，即使选中该单选项，放映时还是以手动方式进行控制。

> 提示：在展台浏览方式通常用于展览会场或会议中无人管理幻灯片放映的场合，因此又被称作自动放映方式。

2. 自定义幻灯片放映

自定义幻灯片放映是指选择性地放映部分幻灯片，它可以将需要放映的幻灯片另存为一个名称再进行放映，这类放映主要应用于大型演示文稿中幻灯片的放映。

❶ 在【幻灯片放映】→【开始放映幻灯片】组中单击"自定义幻灯片放映"按钮，

在打开的下拉列表中选择"自定义放映"命令，打开"自定义放映"对话框，单击 新建(N)... 按钮。

❷ 在打开的"定义自定义放映"对话框的"幻灯片放映名称"文本框中输入本次放映名称，然后在"在演示文稿中的幻灯片"列表中按住【Shift】键不放选择要放映的幻灯片，然后单击 添加(A)>> 按钮，如图15-2所示。

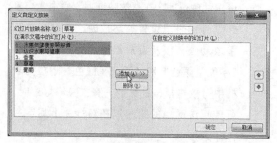

图15-2 "定义自定义放映"对话框

❸ 添加后单击右侧的 ⬆ 或 ⬇ 按钮，可以调整播放顺序，单击 确定 按钮，返回"自定义放映"对话框，单击 放映(S) 按钮即可进入幻灯片放映状态进行观看。

3. 隐藏幻灯片

放映幻灯片时，如果只需要放映其中的几张幻灯片，除了可以通过前面介绍的自定义放映来实现外，还可将不需要放映的幻灯片隐藏起来，需要放映时再将其重新显示。

隐藏幻灯片的方法是在"幻灯片"窗格中选择需要隐藏的幻灯片，在【幻灯片放映】→【设置】组中单击"隐藏幻灯片"按钮 🔲，再次单击该按钮便可将其重新显示。

> ❗ 技巧：在"幻灯片"窗格中需要隐藏的幻灯片上单击鼠标右键，在弹出的快捷菜单中选择"隐藏幻灯片"命令也可隐藏幻灯片，再次选择该命令可重新显示出来。

4. 录制旁白

在没有解说员或演讲者的情况下，可事先为演示文稿录制好旁白。其具体操作如下。

❶ 在【幻灯片放映】→【设置】组中单击"录制幻灯片演示"按钮 🕘，打开如图15-3所示的"录制幻灯片演示"对话框。

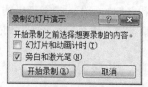

图15-3 "录制幻灯片演示"对话框

❷ 保持默认设置，也可取消动画的录制，然后单击 开始录制(R) 按钮，此时幻灯片开始放映并开始计时录音，此时只要安装了音频输入设备就可直接录制旁白。

❸ 放映结束的同时将完成旁白的录制，并返回幻灯片浏览视图。此时每张幻灯片右下角会出现一个喇叭图标 🔊，表示添加了旁白。

5. 设置排练计时

在正式放映幻灯片之前，可预先统计出放映整个演示文稿和放映每张幻灯片所需的大致时间。通过排练计时可以使演示文稿自动按照设置好的时间和顺序进行播放，从而使整个放映过程不需要人工操作。

方法是在【幻灯片放映】→【设置】组中单击"排练计时"按钮 🖳，进入放映排练状态，并在放映左上角打开"录制"工具栏，如图15-4所示。开始放映幻灯片，幻灯片在人工控制下不断进行切换，同时在"录制"工具栏中进行计时，完成后弹出提示框确认是否保留排练计时，单击 是(Y) 按钮完成排练计时操作。

图15-4 "录制"工具栏

6. 案例——设置"领导力培训"幻灯片放映

本例要求设置"领导力培训"幻灯片放映，包括隐藏第7张幻灯片，然后进行排练计时，最后设置放映方式为观众自行浏览方式，完成后进入幻灯片放映视图查看效果，最终效果如图15-5所示。

图15-5 观众自行浏览方式效果

素材\第15课\课堂讲解\领导力培训.pptx
效果\第15课\课堂讲解\领导力培训.pptx

❶ 打开"领导力培训.pptx"演示文稿，在
"幻灯片"窗格中选择第7张幻灯片，然
后在【幻灯片放映】→【设置】组中单击
"隐藏幻灯片"按钮🖼，隐藏后的效果如
图15-6所示。

图15-6 隐藏幻灯片

❷ 在【幻灯片放映】→【设置】组中单击"排
练计时"按钮🖼，进入放映排练状态。单击
切换放映幻灯片，每张幻灯片中间间隔一定
时间，完成后弹出提示框，单击 是(Y) 按
钮，如图15-7所示。

图15-7 完成排练计时

❸ 在【幻灯片放映】→【设置】组中单击

"设置幻灯片放映"按钮🖼，打开"设
置放映方式"对话框，在"放映类型"栏
中选中 ⊙观众自行浏览(窗口)(B) 单选项，单击
确定 按钮。

❹ 进入幻灯片浏览视图，此时将以观众自行浏览
方式并按前面排练的时间自动放映演示文稿。

⏱ 试一试
将演示文稿的放映方式设置为在展台浏
览，并隐藏第2张幻灯片。

15.1.2 放映幻灯片

对幻灯片进行放映设置后，就可以放映幻
灯片了，在放映过程中还可以进行标记和定位
等控制操作。

1. 放映幻灯片

幻灯片的放映包含开始放映、切换放映和
结束放映等操作，下面分别进行介绍。

✏ 开始放映

开始放映幻灯片的方法有如下3种。

◎ 在【幻灯片放映】→【开始放映幻灯片】组
中单击"从头开始"按钮🖼或按【F5】键，
将从第1张幻灯片开始放映，

◎ 在【幻灯片放映】→【开始放映幻灯片】组
中单击"从当前幻灯片开始"按钮🖼或按
【Shift+F5】键，将从当前选择的幻灯片开
始放映。

◎ 单击状态栏上的"放映幻灯片"按钮🖳，将从
当前幻灯片开始放映。

✏ 切换放映

在放映幻灯片的过程中经常需要切换到上
一张或切换到下一张幻灯片，方法分别如下。

◎ **切换到上一张幻灯片**：方法是按【Page Up】
键、按【←】键或按【Backspace】键。

◎ **切换到下一张幻灯片**：方法是单击鼠标左键、
按空格键、按【Enter】键或按【→】键。

✎ 结束放映

当最后一张幻灯片放映结束后，系统会在屏幕的正上方显示提示信息"放映结束，单击鼠标退出。"此时单击鼠标左键即可结束放映。如果想在放映过程中结束放映，可以按【Esc】键实现。

2. 添加标记

放映幻灯片时，为了配合演讲，可在幻灯片中添加标记以强调这部分内容。前面在讲解设置放映方式时介绍了可以设置绘图笔和激光笔的颜色。

放映时进行标记的方法是：在演讲放映方式下放映幻灯片时，单击鼠标右键，在弹出的快捷菜单中选择"指针选项"命令，在弹出的子菜单中选择"笔"或"荧光笔"绘图笔样式，如图15-8所示。此时鼠标指针将变成点状，按住鼠标左键，像使用画笔一样在需要着重指出的位置进行拖动，即可标记出重点内容。

图15-8 "录制"工具栏

3. 快速定位幻灯片

在放映演示文稿时，无论当前放映的是哪一张幻灯片，只要使用幻灯片的快速定位功能就可以快速定位到指定的幻灯片进行放映。方法是单击鼠标右键，在弹出的快捷菜单中选择"定位至幻灯片"命令，在弹出的子菜单中选择切换至的目标幻灯片便可。

4. 案例——放映"饰品"演示文稿

本例要求放映上一课添加动画后的"饰品"幻灯片，并在放映过程中练习定位和标记

幻灯片。

❶ 打开"饰品"演示文稿，在【幻灯片放映】→【开始放映幻灯片】组中单击"从头开始"按钮🖵，开始放映演示文稿。

❷ 单击鼠标左键，将播放首张幻灯片中设置的对象动画效果，播放完动画后按【→】键切换到下一张幻灯片进行放映。

❸ 依次单击鼠标左键，播放第2张幻灯片中设置的对象动画效果。

❹ 单击鼠标右键，在弹出的快捷菜单中选择【指针选项】→【笔】命令，按住鼠标左键不放，在"粉红公主"文字周围进行拖动添加标记，效果如图15-9所示。

图15-9 添加标记

❺ 单击鼠标右键，在弹出的快捷菜单中选择【定位至幻灯片】→【个性挎包】命令，切换到最后一张幻灯片进行放映。

❻ 放映完成后按【Esc】键结束放映。

⏱ 试一试

从第2张幻灯片开始放映幻灯片，并使用快捷键切换幻灯片并结束放映。

🔘 15.1.3 输出幻灯片

在PowerPoint 2010中不仅可以制作与放映幻灯片，还可以将所有幻灯片进行打包输出，不仅有利于长期保存，更方便观众在不同的位置或环境中观看幻灯片。还可将幻灯片打印在纸张上，以供用户随时查看。

1. 打包幻灯片

打包是指将演示文稿和与之链接的文件复

制到计算机的文件夹中或刻录到CD上。打包后的演示文稿放映不再依赖PowerPoint软件本身，而且在其他缺少字体的电脑上也可以进行放映。

将幻灯片打包到文件夹的具体操作如下。

❶ 打开要打包的演示文稿，选择【文件】→【保存并发送】→【将演示文稿打包成CD】命令，然后在最右侧的列表中单击"打包成CD"按钮💿，打开如图15-10所示的"打包成CD"对话框。

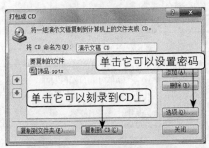

图15-10 "打包成CD"对话框

❷ 单击 复制到文件夹(F)... 按钮，打开"复制到文件夹"对话框，在"文件夹名称"文本框中输入文件夹名称，在"位置"文本框中输入或单击 浏览(B)... 按钮选择保存位置，完成后单击 确定 按钮，如图15-11所示。

图15-11 "复制到文件夹"对话框

❸ 打开提示框，提示是否一起打包链接文件。单击 是(Y) 按钮，系统开始自动打包演示文稿。

❹ 完成后返回"打包成CD"对话框，单击 关闭 按钮。打包后系统会自动打开文件所在文件夹，以方便用户进行查看。

> 提示：打包完成后，将整个文件夹复制到其他未安装PowerPoint的电脑中，双击其中的PowerPoint文件即可放映幻灯片。

2. 将演示文稿转换为PDF文档

在PowerPoint 2010中可以将制作的演示文稿创建为PDF文档，以便于查看。方法是选择【文件】→【保存并发送】→【创建PDF/XPS文档】命令，单击右侧列表中的"创建PDF/XPS"按钮📄，打开如图15-12所示的"发布为PDF或XPS"对话框，选择保存位置并输入名称，单击 发布(S) 按钮，即可转换为PDF文档。

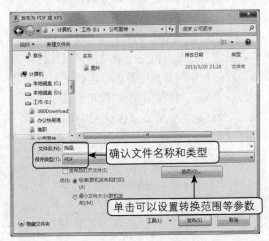

图15-12 "发布为PDF或XPS"对话框

3. 打印幻灯片

幻灯片制作完成后，用户可以根据实际需要以不同的颜色（如彩色、灰度或黑白）打印整个演示文稿中的幻灯片、大纲、备注页和观众讲义，但在打印之前还需进行页面设置及打印预览，以使打印出来的效果符合实际需要。

✍ 页面设置

对幻灯片进行页面设置主要包括调整幻灯片的大小，设置幻灯片编号起始值以及打印方向等，以使之适合各种类型的纸张。

方法是在【设计】→【页面设置】组单击"页面设置"按钮▫，打开如图15-13所示的"页面设置"对话框，在"幻灯片大小"下拉列表框中选择打印纸张大小，在"幻灯片"栏中选择幻灯片及备注和讲义的打印方向，在"幻灯片编号起始值"数值框中输入打印的起始编号，完成后单击 确定 按钮。

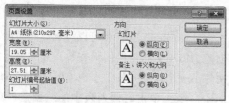

图15-13 "页面设置"对话框

📝 打印预览和打印幻灯片

对演示文稿进行页面设置后，便可打印预览并进行打印。

方法是：选择【文件】→【打印】命令，在右侧的"打印预览"列表中即可浏览打印效果，然后在中间列表中设置打印机、要打印的幻灯片编号、每页打印的张数和颜色模式，如图15-14所示，完成后单击🖶按钮即可开始打印幻灯片。

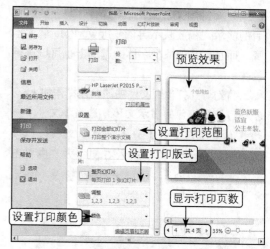

图15-14 打印幻灯片

> ❗ 提示：单击"编辑页眉和页脚"超链接，将打开"页眉和页脚"对话框，可以添加或编辑页眉和页脚的内容。

15.2 上机实战

本课上机实战将分别放映并打包"英语课件"演示文稿，以及打印"公司简介"演示文稿，综合练习本课所学习的知识点。

上机目标：

◎ 熟悉隐藏幻灯片和排练计时的方法；

◎ 熟练掌握放映幻灯片和添加标记的方法；

◎ 熟练掌握打包和打印幻灯片的方法。

建议上机学时：1学时。

📂 15.2.1 放映并打包"英语课件"演示文稿

1. 操作要求

本例要求根据排练计时放映上一课上机实战编辑的"英语课件"演示文稿，放映结束后打包演示文稿。具体操作要求如下。

◎ 隐藏幻灯片1，使其只放映第2~6张幻灯片。

◎ 为演示文稿进行排练计时。

◎ 从第2张开始放映幻灯片，切换幻灯片，为幻灯片添加标记，结束放映时保存该标记。

◎ 打包输出演示文稿。

2. 专业背景

在放映专业的幻灯片时应该注意以下几个问题。

◎ **限制要点与文本数量**：演示的对象是观众，幻灯片中的要点过多会令观众生厌。优秀的幻灯片可能根本没有文本。设置幻灯片时，一定要把目标定位于支持解说者的叙述，而不是使解说者成为多余的人。

◎ **限制切换与动画**：谨慎使用动画与幻灯片切

换，但应坚持使用最精致、专业的动画。至于幻灯片之间的切换，一般使用 1~2 种切换特效便可，或不添加切换效果。

◎ **使用高质量的图片**：用数码相机拍摄高质量的照片，或购买专业图库，尽量不用小尺寸、低分辨率的图片，以免影响放映清晰度。

3. 操作思路

根据上面的操作要求，本例的操作思路如图15-15所示。

（1）隐藏幻灯片并排练计时后从第2张开始放映

（2）放映幻灯片

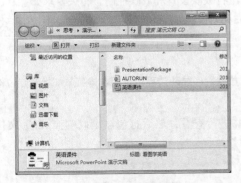

（3）打包后的演示文稿

图15-15　放映并打包演示文稿的操作思路

素材\第15课\上机实战\英语课件.pptx
效果\第15课\上机实战\英语课件.pptx
演示\第15课\放映并打包"英语课件"演示文稿.swf

本例的主要操作步骤如下。

❶ 选择第1张幻灯片，在【幻灯片放映】→【设置】组中单击"隐藏幻灯片"按钮，然后单击"排练计时"按钮，进行排练计时。

❷ 选择第2张幻灯片，在【幻灯片放映】→【开始放映幻灯片】组中单击"从当前幻灯片开始"按钮，开始放映幻灯片。

❸ 通过单击鼠标和动作按钮实现放映切换，并利用右键菜单进行标记，结束后保留墨迹。

❹ 选择【文件】→【保存并发送】→【将演示文稿打包成CD】命令，将演示文稿打包成"英语课件"文件夹。

15.2.2　打印"公司简介"演示文稿

1. 操作要求

本例要求打印"公司简介"演示文稿。具体操作要求如下。

◎ 设置页面大小为A4，幻灯片方向为横向。

◎ 设置打印第3~7页，版式为每页2张幻灯片的讲义风格，颜色为灰度，打印3份。

2. 操作思路

根据上面的操作要求，本例的操作思路如图15-16所示。

素材\第15课\上机实战\公司简介.pptx
演示\第15课\上机实战\打印"公司简介"演示文稿.swf

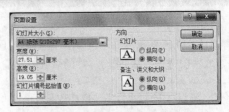

（1）设置页面大小和幻灯片方向

图15-16　打印"公司简介"演示文稿的操作思路

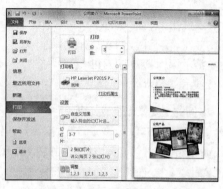

（2）打印幻灯片

图15-16　打印"公司简介"演示文稿的操作思路（续）

本例的主要操作步骤如下。

❶ 在【设计】→【页面设置】组中单击"页面设置"按钮，设置页面大小和幻灯片方向。

❷ 选择【文件】→【打印】命令，在中间的列表中设置打印机、要打印的幻灯片编号、每页打印的张数和颜色模式，输入打印份数后单击按钮打印。

15.3　常见疑难解析

问：可以将演示文稿输出为视频文件吗？

答：可以。方法是打开演示文稿后，选择【文件】→【保存并发送】→【创建视频】命令，单击右侧列表中的"创建视频"按钮，在打开的对话框中设置保存位置和名称即可。

问：一般播放幻灯片时都是全屏播放，有没有其他的幻灯片播放方式呢？

答：在"幻灯片"窗格中选择要放映的第1张幻灯片，按住【Ctrl】键的同时单击"从当前幻灯片开始幻灯片放映"按钮，窗口左上方会出现幻灯片缩略图的放映形式，这样既可预览所制作的演示文稿，又避免了全屏放映的麻烦。

15.4　课后练习

（1）打开"赢在沟通.pptx"演示文稿，然后对其进行放映设置和放映控制，相关要求如下。

◎ 设置放映方式为观众自行浏览，循环播放，不加旁白和动画。
◎ 设置排练计时，每张幻灯片时间约为5秒。
◎ 从头开始放映幻灯片。
◎ 修改设置放映方式为演讲者放映，然后从第2张开始放映，在放映过程中利用右键菜单切换和定位幻灯版，并练习添加标记。

（2）将"赢在沟通"演示文稿输出为PDF文档并进行查看，然后打包输出成"演讲1"文件夹，最后按每页显示3张幻灯片的版式打印输出所有幻灯片。

素材\第15课\课后练习\赢在沟通.pptx
演示\第15课\放映"赢在沟通"演示文稿.swf、输出"赢在沟通"演示文稿.swf

第16课
Office组件的协同办公

学生：老师，前面讲过在Word文档中可以插入和编辑表格，既然Excel是专业的电子表格制作软件，那是否可以直接在Word文档中插入制作好的Excel表格呢？

老师：这个问题问得很好！Office各组件除了自身的操作功能外，还能和其他组件进行协同操作。

学生："协同"是什么意思呢？

老师："协同"表示程序间数据的交互和调用。Office组件的协同操作就是指Word文档中能够插入Excel表格和PowerPoint演示文稿，Excel表格中能够插入Word文档和PowerPoint演示文稿，而PowerPoint演示文稿中也能插入Word文档和Excel表格，从而实现协同办公。

学生：原来是这样，那我们现在就开始学习吧！

学习目标

▶ 掌握在 Word 中插入 Excel 表格和 PowerPoint 幻灯片的方法

▶ 掌握在 Excel 中插入 Word 文档和 PowerPoint 幻灯片的方法

▶ 掌握在 PowerPoint 中插入 Word 文档和 Excel 图表的方法

16.1 课堂讲解

本课堂主要讲述Word、Excel和PowerPoint三大Office组件间协同操作的知识。通过相关知识点的学习和案例的制作,读者可以熟悉并掌握如何在Word、Excel和PowerPoint组件中插入另外两个组件对象。

16.1.1 Word与其他组件的协同

Word能够和Office中的大多数组件进行交互操作,最常用的就是Excel和PowerPoint,下面分别进行讲解。

1. 调用Excel图表

在Word中调用Excel图表的具体操作如下。

❶ 启动Word 2010和Excel 2010,在Excel 2010中选择所需的图表,然后在【开始】→【剪贴板】组中单击"复制"按钮🗐或按【Ctrl + C】键将其复制到剪贴板中。

❷ 切换至Word 2010,在【开始】→【剪贴板】组中单击"粘贴"按钮🗐下方的▾按钮,在打开的下拉列表中选择"选择性粘贴"命令,打开"选择性粘贴"对话框,在"形式"列表框中选择一种粘贴形式,如选择"Microsoft Excel图表 对象"选项,如图16-1所示。

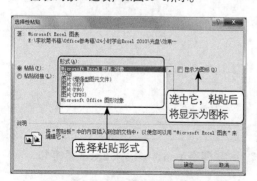

图16-1 "选择性粘贴"对话框

❸ 单击 确定 按钮,即可将该图表嵌入Word文档中,此后在Word文档中双击该图表将在Word界面中嵌入Excel 2010操作界面,并可像在Excel组件中一样对该图表进行编辑,如图16-2所示。完成后单击图表外的任意位置,便可返回Word界面。

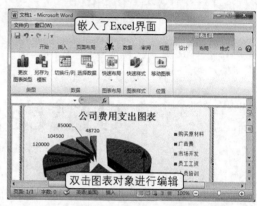

图16-2 在Word中嵌入和编辑Excel图表

> 提示:在Excel 2010中选择并复制图表后,在Word文档中也可以直接按【Ctrl+V】键粘贴到文档,此时在Word文档中选择图表后,可以直接在Word中像编辑图形对象一样进行编辑;而选择"Microsoft Excel图表对象"选项后,双击复制的图表则会调用Excel组件进行编辑。

2. 插入Excel表格

在Word文档中插入制作好的Excel表格,可以避免在Word中重复绘制表格,提高工作效率,实现的方法主要有以下两种。

✍ 直接插入

直接插入的方式是将Excel中的表格直接复制并粘贴到Word文档中,该方式可分为"粘贴为表格"和"选择性粘贴为文本"两种情况。

◎ **粘贴为表格**:在Excel中选择需要复制的单元格区域,然后按【Ctrl+C】键进行复制,在Word文档中定位鼠标光标后按【Ctrl+V】键进行粘贴,Excel表格即被转换成Word表格的形式粘贴到文档中,效果如图16-3

所示。

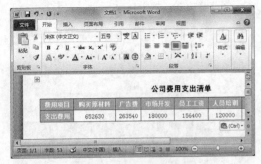

图16-3 直接粘贴为表格

◎ **选择性粘贴为文本**：如果只需将 Excel 工作表中的数据复制到 Word 文档中进行编辑，可以在 Excel 中选择需要的单元格区域后按【Ctrl+C】键进行复制，在 Word 中的【开始】→【剪贴板】组中单击"粘贴"按钮 下方的 按钮，在打开的下拉列表中选择"选择性粘贴"命令，打开"选择性粘贴"对话框，在"形式"列表框中选择"无格式文本"选项，单击 确定 按钮将只复制文本内容，不复制格式，效果如图 16-4 所示。

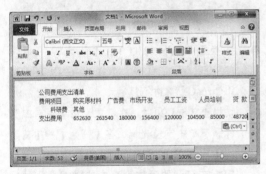

图16-4 选择性粘贴为文本

📎 **插入超链接**

插入超链接的方式是指将整个表格所在的 Excel 文件以超链接的形式插入 Word 文档中，其具体操作如下。

❶ 在 Word 2010中的【插入】→【链接】组中单击"超链接"按钮 ，打开"插入超链接"对话框。

❷ 在左侧列表框中单击"现有文件或网页"按钮 ，在"要显示的文字"文本框中设置超

链接名称，并在"查找范围"下拉列表框中选择文件位置，然后在"当前文件夹"列表框中选择要链接的 Excel 文件，如图16-5所示。

图16-5 "插入超链接"对话框

❸ 单击 确定 按钮，在 Word 文档中将显示链接提示文字，按住【Ctrl】键不放单击它，如图16-6所示，稍后将启动 Excel 并打开该链接文件。

图16-6 单击超链接

3. 插入PowerPoint幻灯片和演示文稿

在 Word 文档中插入 PowerPoint 幻灯片主要有以下两种方式。

◎ **将幻灯片作为图片插入文档**：在 PowerPoint 的"幻灯片"窗格中选择幻灯片并按【Ctrl+C】键进行复制，然后在 Word 文档中按【Ctrl+V】键，便可粘贴为图片进行使用。

◎ **将演示文稿作为对象插入文档**：在 Word 中的【插入】→【文本】组中单击"对象"按钮 ，在打开的"对象"对话框中单击"由文件创建"选项卡，然后单击 浏览(B)... 按钮，打开"浏览"对话框，即可选择已经制作好的 PowerPoint 演示文稿，打开后再单击

按钮，如图 16-7 所示，即可将演示文稿插入到 Word 文档中，双击便可开始放映整个演示文稿。

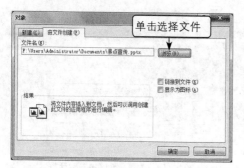

图16-7　将演示文稿作为对象插入文档

技巧：在Office各组件中均可通过选择对象后按【Ctrl+C】键复制，在另一组件中按【Ctrl+V】键进行粘贴的方式来快速调用对象进行使用，以提高工作效率。

4.　案例——在"总结报告"文档中添加Excel表格

本例要求在"总结报告"文档的"一、销售数据"标题下插入已有的Excel表格，在"二、市场占有率"标题下插入已有的Excel图表对象。通过该案例的学习，读者应掌握Word与Excel的交互操作。

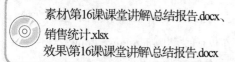

素材\第16课\课堂讲解\总结报告.docx、销售统计.xlsx
效果\第16课\课堂讲解\总结报告.docx

❶　启动Word 2010，打开"总结报告"文档，然后启动Excel 2010，打开"销售统计"工作簿。

❷　在"销售统计"工作簿中单击"Sheet 2"工作表，选择A2:E5单元格区域，按【Ctrl+C】键进行复制，如图16-8所示。

❸　切换到Word文档窗口，在"一、销售数据"标题下单击定位鼠标光标后按【Ctrl+V】键，将选择的Excel表格插入到文档中。

❹　单击选中整个插入的表格，通过【开始】→【段落】组将其设置为居中对齐，再通过

【表格工具】→【设计】→【表格样式】组修改其样式，如图16-9所示。

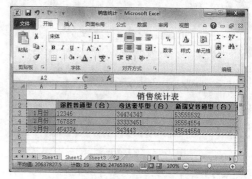

图16-8　选择并复制Excel表格

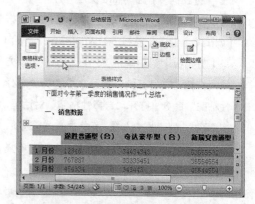

图16-9　在Word中编辑插入的Excel表格

❺　切换到Excel 2010工作簿窗口，单击"Sheet 1"工作表，选择其中的图表，按【Ctrl+C】键进行复制。

❻　切换至Word 2010，在"二、市场占有率"标题下单击定位光标，在【开始】→【剪贴板】组中单击"粘贴"按钮下方的 按钮，在打开的下拉列表中选择"选择性粘贴"命令，打开"选择性粘贴"对话框，在"形式"列表框中选择"Microsoft Excel图表对象"选项。

❼　单击 确定 按钮，将该图表嵌入Word文档中，并将其缩小，完成本例的操作，效果如图16-10所示。

试一试

将本例中的Excel图表以图片形式插入Word文档中使用，观察两种插入结果的区别。

图16-10 插入Excel图表的最终效果

16.1.2 Excel与其他组件的协同

在Excel中也可以调用Word文档和PowerPoint幻灯片。

1. 插入Word文档

在Excel中插入Word文档时，通常是将Word文档中的表格复制到Excel中使用，方法也很简单，即先在Word中选择数据并按【Ctrl+C】键进行复制，然后切换到Excel工作表中按【Ctrl+V】键进行粘贴，Word表格即被转换成Excel表格的形式插入到Excel工作表中，再对其进行编辑便可。

> 技巧：如果只是需要插入Word文档中的文本内容，不需要带有表格格式，则在Word中进行复制后在Excel中执行"选择性粘贴"命令，将其按文本的形式进行粘贴。

2. 嵌入PowerPoint幻灯片

在Excel中嵌入PowerPoint幻灯片的具体操作如下。

❶ 启动Excel 2010和PowerPoint 2010，在PowerPoint 2010的"大纲"窗格中选择幻灯片，然后在【开始】→【剪贴板】组中单击"复制"按钮或按【Ctrl + C】键将其复制到剪贴板中。

❷ 切换至Excel 2010，在【开始】→【剪贴板】组中单击"粘贴"按钮下方的按钮，在打开的下拉列表中选择"选择性粘

贴"命令，打开"选择性粘贴"对话框，在"形式"列表框中选择一种粘贴形式，如选择"Microsoft PowerPoint Slide对象"选项。

❸ 单击 [确定] 按钮，即可将该幻灯片嵌入到Excel工作表中，双击插入的幻灯片对象，将在Excel界面中嵌入PowerPoint 2010操作界面，并可像在PowerPoint组件中一样对该幻灯片进行编辑，如图16-11所示。完成后单击编辑区外的任意位置，便可返回Excel界面。

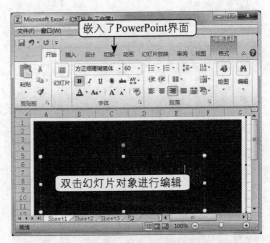

图16-11 在Excel中嵌入PowerPoint幻灯片

> 提示：在Excel中选择某个单元格后，单击鼠标右键，在弹出的快捷菜单中选择"超链接"命令，便可打开"插入超链接"对话框，在左侧列表框中单击"现有文件或网页"按钮，便可以设置链接到指定的Word文档或PowerPoint演示文稿。

3. 案例——将"年度销量"文档制作成电子表格

本例要求将"年度销量"Word文档制作成Excel电子表格，并设置表格格式。通过该案例的学习，读者应掌握Excel与Word的交互操作。

素材\第16课\课堂讲解\年度销量.docx
效果\第16课\课堂讲解\年度销量统计.xlsx

❶ 启动Word 2010，选择其中的表格名称和表格内容，按【Ctrl+C】键复制到剪贴板。

❷ 启动Excel 2010，在空白Excel工作表中选择A1单元格，按【Ctrl+V】键粘贴，效果如图16-12所示。

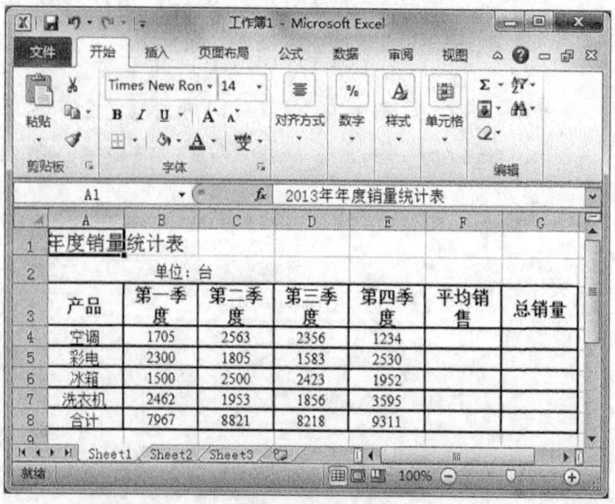

图16-12 复制Word表格到Excel中

❸ 在Excel 2010中重新对表格进行格式设置并计算出平均销售量和总销售量，完成后将其保存为"年度销量统计.xlsx"工作簿，效果如图16-13所示。

图16-13 编辑Excel表格的最终效果

⏱ **试一试**

使用"选择性粘贴"命令在Excel工作表中粘贴本例的Word表格文本。

16.1.3 PowerPoint与其他组件的协同

在PowerPoint中可以根据Word大纲新建幻灯片，也可插入Word文档、Excel表格和图表对象。

1. 根据Word大纲创建幻灯片

根据Word大纲创建幻灯片有一个特定的条件，就是只有定义了大纲级别的Word文档，才可以将其快速创建为PowerPoint演示文稿。

根据Word大纲创建幻灯片的具体操作如下。

❶ 在Word中打开文档，根据前面第6课中讲解的方法，在大纲视图下对各标题定义大纲级别。

❷ 在PowerPoint中的【开始】→【幻灯片】组中单击"新建幻灯片"按钮下方的按钮，在打开的下拉列表中选择"幻灯片（从大纲）"命令，打开"插入大纲"对话框。

❸ 选择要插入的Word大纲文档，单击 插入(S) 按钮，如图16-14所示。

图16-14 "插入大纲"对话框

❹ 稍等片刻，文档中的标题文本将自动转换为演示文稿中的文本，并建立相应张数的幻灯片，通过"大纲"窗格调整幻灯片结构便可。

> ⚠ 提示：若在文档中没有定义标题大纲，即没有使用标题样式来组织文档，则在PowerPoint中根据Word大纲创建幻灯片后会将正文等文字一同插入到幻灯片中，此时就需要进行整理。

2. 插入Word文档

在PowerPoint中插入Word文档的目的是简

化文本录入操作，提高制作效率，主要有以下几种插入方式。

直接粘贴

在Word文档中选择文本后按【Ctrl+C】键进行复制，然后在PowerPoint幻灯片的占位符或文本框中单击定位插入点，按【Ctrl+V】键进行粘贴便可。

> 技巧：从Word复制文本后在PowerPoint中的【开始】→【剪贴板】组中单击"粘贴"按钮下方的·按钮，在弹出的下拉列表中单击"只保留文本"按钮A，便可只粘贴文本并应用当前文本的格式。

通过"插入对象"对话框插入

在PowerPoint中的【插入】→【文本】组中单击"对象"按钮，在打开的"对象"对话框中选中◎由文件创建(F)单选项，单击浏览(B)...按钮，打开"浏览"对话框，选择Word文档或Excel工作簿文件，打开后再单击确定按钮，即可将整个文档的内容插入幻灯片中，双击便可编辑对象内容。

3. 插入Excel表格或图表

在幻灯片中插入Excel表格或图表的方法与上面介绍的插入Word文档的方法相同。另外，在"对象"对话框中选中◎新建(N)单选项，在"对象类型"列表框中选择"Microsoft Excel图表"或"Microsoft Excel工作表"选项，如图16-15所示，单击确定按钮，此时将切换到Excel界面，完成编辑后单击幻灯片中图表外的任意区域，返回PowerPoint操作界面。

图16-15　在PowerPoint中插入Excel表格或图表

4. 案例——根据"聘用制度"文档制作演示文稿

本例要求为"聘用制度"Word文档设置大纲级别，然后在PowerPoint中通过大纲方式导入Word文档的内容并制作成幻灯片。通过该案例的学习，读者应掌握PowerPoint与Word、Excel的协同操作。

> 素材\第16课\课堂讲解\聘用制度.docx
> 效果\第16课\课堂讲解\聘用制度.pptx

❶ 启动Word 2010，打开"聘用制度.docx"文档，切换至大纲视图，选中标题"第一章聘用"，在 正文文本 下拉列表中选择"1级"，如图16-16所示。

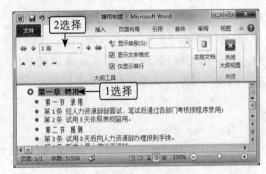

图16-16　设置级别

❷ 选中标题"第二章聘用"，将其级别设为"1级"，再分别选中各章下面的小节标题，将其设为"1级"，各小节下面的内容全都设为"2级"，退出大纲视图并保存文档。

> 提示：本例将各小节标题的级别同样设置为"1级"，是为了在后面使各小节单独成为一张幻灯片。

❸ 启动PowerPoint，默认新建一个空白演示文稿，在【开始】→【幻灯片】组中单击"新建幻灯片"按钮下方的·按钮，在打开的下拉列表中选择"幻灯片（从大纲）"命令，打开"插入大纲"对话框。

❹ 选择设置了级别的"聘用制度"文档，单击插入(S)按钮。

❺ 此时文档中的所有1级标题将转换为演示文稿中的一张幻灯片，效果如图16-17所示。

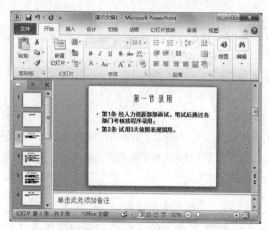

图16-17　根据大纲新建幻灯片

❻ 在第1张幻灯片中输入大标题"公司聘用制度"，副标题为"人力资源部"，然后应用软件自带的"茅草"设计主题。

❼ 选择第2张幻灯片，删除文本占位符，在【插入】→【文本】组中单击"对象"按钮，在打开的"对象"对话框中选

◉新建(N)单选项，在"对象类型"列表框中选择"Microsoft Excel工作表"选项，单击　确定　按钮，在插入的Excel工作表中输入相关数据并调整表格大小，完成后退出编辑状态，效果如图16-18所示。

图16-18　插入和编辑Excel表格效果

❽ 保存演示文稿为"聘用制度.pptx"，完成操作。

试一试

在Word中绘制一个解聘流程图，然后复制到本例的第7张幻灯片中。

16.2 上机实战

本课上机实战将分别编辑"楼盘策划报告"文档和"公司简介"演示文稿，综合练习本课所学习的知识点。

上机目标：

◎ 熟练掌握在Word文档中插入Excel图表、表格的方法；

◎ 熟练掌握在Word文档中添加超链接的方法；

◎ 熟练掌握在PowerPoint演示文稿中插入Word文档和利用Excel创建图表的方法。

建议上机学时：1学时。

16.2.1　编辑"楼盘策划报告"文档

1. 操作要求

本例要求编辑"楼盘策划报告"文档。通过本例的操作，读者应熟练掌握Word与其他组件协同的方法，具体操作要求如下。

◎ 在文档的第3段后面插入"楼盘简介"演示文稿的第1张幻灯片图片，然后为该图片添

加超链接，使其链接到相应的PowerPoint演示文稿。

◎ 将"开发情况"工作簿的"Sheet1"工作表中的A1：G6单元格区域插入到Word文档中"附表1：预计开发情况"文字的后面。

◎ 将"开发情况"工作簿的"Sheet2"工作表中的图表插入到Word文档中"附表2：推广费用预算"文字的后面。

2. 操作思路

根据上面的操作要求，本例的操作思路如图16-19所示。

素材\第16课\上机实战\楼盘策划报告.docx、开发情况.xlsx、楼盘简介.pptx
效果\第16课\上机实战\楼盘策划报告.docx
演示\第16课\编辑"楼盘策划报告"文档.swf

（1）在Word文档中插入幻灯片图片并添加超链接

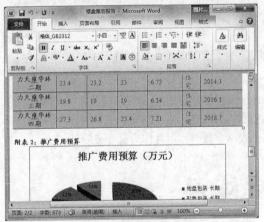

（2）在Word文档中插入表格和图表

图16-19 编辑"楼盘策划报告"文档的操作思路

本例的主要操作步骤如下。

❶ 在PowerPoint中打开"楼盘简介.pptx"演示文稿，选择第1张幻灯片，然后复制粘贴到"楼盘策划报告"文档的第3段文字后面，缩小图片后选择该图片，添加超链接，使其链接到"楼盘简介"演示文稿。

❷ 在Excel中打开"开发情况"工作簿，在"Sheet1"工作表中选择A1：G6单元格区域，复制粘贴到Word文档中"附表1：预计开发情况"文字的后面，选择表格并调整其大小等。

❸ 切换到"开发情况"工作簿的"Sheet2"工作表，选择图表，然后复制粘贴到Word文档中"附表2：推广费用预算"文字的后面并调整大小等。

16.2.2 编辑"公司简介"演示文稿

1. 操作要求

本例要求利用PowerPoint与Word的协同操作来编辑"公司简介"演示文稿。

具体操作要求如下。

◎ 在PowerPoint演示文稿的第2张幻灯片中插入"公司简介1.docx"文档，将正文文本字体设置为"方正姚体、四号"。

◎ 用同样的方法，在第3张幻灯片中插入"公司简介2.docx"文档，在第4张幻灯片中插入"公司简介3.docx"文档，在第5张幻灯片中插入"公司简介4.docx"文档。

◎ 在第6张幻灯片中复制"公司简介5.docx"文档中的组织结构图，修改图形颜色为"蓝色"。

2. 操作思路

根据上面的操作要求，本例的操作思路如图16-20所示。

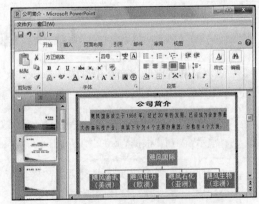

（1）在第2张幻灯片中插入并编辑Word文档对象

图16-20 制作"公司简介"演示文稿的操作思路

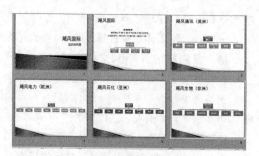

（2）最终效果

图16-20 制作"公司简介"演示文稿的操作思路（续）

素材\第16课\上机实战\公司简介.pptx、
公司简介1～公司简介5.docx
效果\第16课\上机实战\公司简介.pptx
演示\第16课\编辑"公司简介"演示文稿.swf

本例的主要操作步骤如下。

❶ 在PowerPoint中打开"公司简介"演示文稿，选择第2张幻灯片，在【插入】→【文本】组中单击"对象"按钮，在打开的对话框中选中 ◉ 由文件创建(F) 单选项，单击 浏览(B)... 按钮，选择"公司简介1"文档。

❷ 双击插入的Word文档，进入Word文档编辑状态，将正文文本字体设置为"方正姚体、四号"，单击幻灯片中除文档外的任意区域，返回PowerPoint幻灯片编辑状态。

❸ 选择第3、4、5张幻灯片，用同样的方法插入"公司简介2.docx"、"公司简介3.docx"和"公司简介4.docx"。

❹ 在Word中打开"公司简介5.docx"文档，选择文档中的组织结构图，复制粘贴到第6张幻灯片中，然后选择结构图形，在"设计"选项卡中修改颜色，完成编辑。

16.3 常见疑难解析

问：链接对象和嵌入对象有什么区别呢？

答：链接对象与嵌入对象的区别在于链接对象存在于其源程序中，即在相应的源程序中修改对象后，链接对象中的数据也将同步更新，而嵌入对象的内容不会改变。

——

问：在Word中制作工资条时怎样调用Excel中的数据，能否使用邮件合并功能操作呢？

答：在Word中先创建好主文档的内容，即每个工资条固定的内容部分，然后在【邮件】→【开始邮件合并】组中单击"开始邮件合并"按钮，在打开的下拉列表中选择"邮件合并分步向导"命令，在打开的任务窗格中根据提示按步操作便可。其中在选择收件人列表时可以选择制作好的Excel工资表文件，然后选择下一步，插入该表中的各个项目（表格字段名称）并作为合并域便可。

——

16.4 课后练习

（1）打开提供的"产品销量统计.docx"文档，然后根据其中的数据快速制作成Excel表格，然后进行计算后制作出图表。

素材\第16课\课后练习\产品销量统计.docx 效果\第16课\课后练习\产品销量统计.xlsx
演示\第16课\根据Word文档制作Excel表格.swf

（2）打开本课上机实战编辑后的"楼盘策划报告.docx"文档，将其制作成幻灯片，要求幻灯片不少于6张，并设置幻灯片的版式和动画。

效果\第16课\课后练习\楼盘策划报告.docx 演示\第16课\根据Word文档制作幻灯片.swf

附 录
项目实训

为了培养学生综合运用Office相关知识分析和解决实际问题的能力，本书设置了4个项目实训，围绕"办公文档制作"、"办公电子表格制作"、"办公演示文稿制作"和"Office协同办公实例"这4个主题展开，将Office办公的操作技能融入实践中。通过实训，学生能将所学的基础理论知识灵活应用于实践操作，提高独立完成工作任务的能力，增强就业竞争力。

实训1 制作"营销策划案"文档

【实训目的】

通过实训掌握Word文档的输入、编辑、美化与编排，具体要求及实训目的如下。

◎ 灵活运用收集的资料进行文本的输入与修改操作。

◎ 熟练掌握Word文档的新建、保存、打开与关闭的操作方法。

◎ 熟练掌握文本的复制、移动、删除、插入与改写、查找与替换等操作方法，且总结出快速、高效编辑的方法，如使用快捷键等。

◎ 熟练掌握对文本和段落进行设置的方法，了解长文档的段落格式设置等。

◎ 熟练掌握利用图片、艺术字、SmartArt图形、形状图形和表格等对象对文档进行美化的方法，能够制作出图文并茂的文档效果。

◎ 熟悉并合理运用页面设置、项目符号和编号等对文档页面效果进行编排与打印输出。

【实训实施】

1．文档录入与编辑：在Word中新建一篇文档，按照收集的资料输入文字，也可直接使用提供的"文本"内容，然后进行查阅，修改错误的内容，并保存至电脑中。

2．文档格式设置：设置文档的字体、字号、字形、对齐方式、段落缩进、行间距、段间落、项目符号和编号，使文档格式更加美观，并结合格式刷工具统一文档格式。

3．文档的图文排版：在文档首页插入提供的图片素材，再将文档标题制作成艺术字，最后设置底纹，美化文档。

4．文档表格的制作与设置：在文档中部标题下面插入表格并输入表格内容，对表格进行美化设置。

5．文档的版面设置与编排：设置文档页面大小，添加页眉页脚、插入页码并对设置后的文档进行打印预览。

6．编排长文档：设置样式并应用于文档的多个标题中，再为文档制作目录。

【实训参考效果】

本实训的部分页面参考效果如图1所示，相关素材及参考效果提供在本书配套光盘中。

素材\项目实训\实训1\文本.txt、图片.jpg
效果\项目实训\实训1\营销策划案.docx

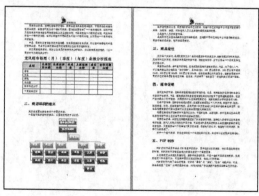

图1 "营销策划案"参考效果

实训2 制作"产品库存管理表"电子表格

【实训目的】

通过实训掌握Excel电子表格的制作与数据的管理，具体要求及实训目的如下。

◎ 熟练掌握Excel工作簿的新建、保存与打开方法，及工作表的新建和删除等方法。

◎ 熟练掌握输入表格数据、快速输入相同数据和有规律数据、输入特殊格式数据以及插入公式等操作方法。

◎ 熟练运用不同的方法对工作表行/列和单元格格式进行设置，设置表格边框线与底纹。

◎ 熟练掌握利用公式与函数计算表格数据的方法，得到正确的数据结果。

◎ 熟练掌握表格中数据的排序、筛选操作方法。

◎ 掌握对表格中的部分数据创建图表的方法。

◎ 能够根据不同的需要打印表格，如横向打印表格等。

【实训实施】

1. 录入和编辑"产品入库明细表"：输入表格数据，分别设置字体、字号、字形、单元格对齐方式，将数值型单元格设置为相应的格式，如货币格式等，对表格添加边框线，为表头设置底纹等。

2. 工作表的操作：通过已制作好的"产品入库明细表"复制两张工作表，然后重命名工作表。

3. 设置工作表行和列：分别在"出库明细表"和"库存汇总表"中删除行和列，调整行高和列宽，并添加需要的数据。

4. 计算和管理表格数据：分别在3个工作表中运用公式或函数计算表格中的数据，再对需要的计算结果进行排序和筛选。

5. 分析表格数据：对"库存汇总表"中的部分数据区域创建图表，分析表格数据。

6. 打印表格数据：结合需要打印各个工作表。

【实训参考效果】

本实训的参考效果如图2所示，相关参考效果提供在本书配套光盘中。

 效果\项目实训\实训2\产品库存管理表.xlsx

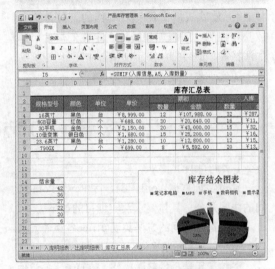

图2 "产品库存管理表"参考效果

实训3 制作"绩效管理"演示文稿

【实训目的】

通过实训掌握PowerPoint演示文稿的制作、美化与放映，具体要求及实训目的如下。

◎ 熟练运用不同的方法实现幻灯片的新建、删除、复制、移动等操作。

◎ 熟练掌握编辑幻灯片内容的方法，包括文本的添加与格式设置、图片的插入、图表的插入、图形的绘制与编辑、剪贴画的插入。

◎ 能够通过应用幻灯片模板、母版和配色方案来达到快速美化幻灯片的目的，了解不同场合下演示文稿的配色方案。

◎ 熟练掌握多媒体幻灯片的制作方法，包括添加动画等。

◎ 熟练掌握幻灯片的放映知识，了解在不同场合下放映幻灯片要注意的细节，如怎样快速切换、做标记等。

【实训实施】

1. 幻灯片的操作：创建演示文稿，在演

示文稿中插入多张幻灯片，改变幻灯片的顺序，删除多余的幻灯片。

2．编辑和美化幻灯片的内容：在各张幻灯片中输入相应的文本，对幻灯片文本进行格式设置，添加项目段落文本，在各张幻灯片中插入指定的素材图片并进行编辑，在部分幻灯片中插入剪贴画、艺术字和文本框等对象，丰富幻灯片的内容，使其更为形象、生动。

3．编辑幻灯片的动画和母版：对幻灯片应用一种预设的动画方案，再对部分幻灯片中的对象自定义动画效果和播放顺序，通过编辑幻灯片母版添加统一的侧边和形状图形。

4．放映演示文稿：对制作的幻灯片进行放映和控制，如添加超链接、定位幻灯片、添加注释等，最后打包演示文稿。

【实训参考效果】

本实训的部分页面参考效果如图3所示，相关素材及参考效果提供在本书配套光盘中。

素材\项目实训\实训3\文本.txt、场景1.jpg……
效果\目实训\实训3\绩效管理.pptx

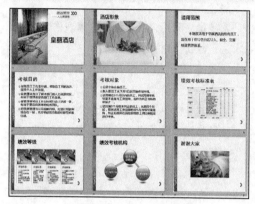

图3　"绩效管理"参考效果

实训4　Office协同实例

【实训目的】

通过实训掌握Word、Excel和PowerPoint之间的协同办公，具体要求及实训目的如下。

◎　熟练运用不同的方法实现Office各组件间的数据复制和粘贴操作。

◎　熟练运用选择性粘贴操作，在Office各组件间以图片、无格式文本等形式粘贴对象。

◎　能够在Office各组件中通过插入对象方式嵌入另一组件对象。

◎　熟练掌握添加超链接的方法。

【实训实施】

1．制作"年终总结"文档：创建Word文档，输入年终总结的内容并进行编辑和美化。

2．制作"全年销量统计"表格：在Excel中制作"全年销量表"和各季度销量统计图表。

3．在Word中调用Excel表格：将制作的Excel表格对象插入到Word文档中，使其构成一篇完整的文档。

4．制作"年终总结报告"演示文稿：根据前面制作的Word文档和Excel相关表格，通过调用文档和表格的内容快速制作幻灯片，最

后进行放映。

【实训参考效果】

本实训完成后的演示文稿参考效果如图4所示，其他相关素材及参考效果提供在本书配套光盘中。

素材\项目实训\实训4\背景.jpg……
效果\项目实训\实训4\年终总结.docx、全年销量统计.xlsx、年终总结报告.pptx

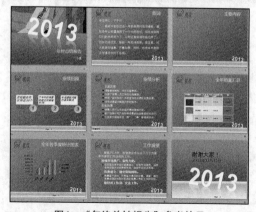

图4　"年终总结报告"参考效果